THE

BOOKS:

LEVEL READING

OF

SCIENCE

POPULARIZATION

刘兵◎编

科普分级阅读书系

科学技术的双刃剑效应

在对科学技术的理解中，
以及在对科学技术与社会的关系的认可中，
还有一个值得关注的问题，
即科学和技术的双刃剑效应问题。

微信扫码，加入科学技术圈，与8000读者一起探讨如何应对科学技术应用中的正负两面性效应。

长江出版传媒
Changjiang Publishing & Media

湖北科学技术出版社
HUBEI SCIENCE & TECHNOLOGY PRESS

图书在版编目（CIP）数据

科学技术的双刃剑效应 / 刘兵编 . -- 武汉 : 湖北
科学技术出版社 , 2017.11
（科普分级阅读书系）
ISBN 978-7-5352-9487-6

Ⅰ . ①科… Ⅱ . ①刘… Ⅲ . ①科学技术 – 青少年读物
Ⅳ . ① N49

中国版本图书馆 CIP 数据核字 (2017) 第 162906 号

出 版 人	何 龙	
总 策 划	何少华	彭永东
执行策划	刘 辉	高 然
责任编辑	刘 辉	高 然
整体设计	喻 杨	

出版发行　湖北科学技术出版社
地　　址　武汉市雄楚大街 268 号
　　　　　（湖北出版文化城 B 座 13-14 层）
邮　　编　430070
电　　话　027-87679450
网　　址　http://www.hbstp.com.cn
印　　刷　湖北恒泰印务有限公司　　　邮编 430223
开　　本　787×1092　　1/16　　15 印张
版　　次　2017 年 11 月第 1 版
　　　　　2017 年 11 月第 1 次印刷
字　　数　246 千字
定　　价　39.80 元

总序

　　科普，其重要性似乎已经无须再多说了，但关于如何进行有效的科普，特别是如何有针对性地对特定的人群进行有意义的科普，却还是值得讨论的问题。在传统中，科普强调的是对具体的、经典的和前沿的科学知识的介绍，但我们也看到了传统科普存在的问题，如并不为更多的受众所欢迎，影响力不够，没有达到其应有的教育效果，甚至于成为为某种"政绩"服务的表面化、形式化宣传。

　　在一些新的科普理念中，其实也并不完全否认普及科学知识的重要性，毕竟科学知识是作为理解科学的某种不可缺少的基础和载体。但除了科学知识以外，关于科学的理念，关于科学是如何运行的，关于科学家是什么样的人，关于科学家应承担什么样的责任，关于科学和技术的应用的社会影响是什么，等等，在新的科普理念中也同样被认为是重要的科普内容。尤其是，科普在非正规教育的意义上，与在学校学习的正规教育又有所不同（尽管这两者间有着密切的关联），绝大多数受众并非是以成为科学家来当作其人生发展的目标的。在这样的考虑下，那些既与科学密切相关又不属于具体的科学知识的内容，有时会显得更为重要。

学生时代，是科普学习的最好阶段，因而，有针对性地为青年学生选编一套科普阅读材料，是非常必要的。其实，在我们求学的阶段，学校的科学教育已经教授了很多具体的科学知识，虽然这些知识也还远远不够充分，但毕竟已经是很重要的基础了。而且，在以往的教育目标中，也还是同时强调知识与技能、过程与方法，以及情感、态度与价值观这三个不同维度的。由于种种原因，包括应试教育的影响，这三个维度的目标并未理想地同时被重视。而在目前的科学教育改革中，人们所强调的核心素养，其实也是更关注于受教育者的必备品格和关键能力，而这也同样不是仅仅靠对具体科学知识的学习就可以获得的。因而，在选编这套科普分级阅读丛书时，我们其实是有多种考虑的。

其一，是可以与在校的科学教育相结合，以强调对核心素养的培养为重点，补充一些大学与中学的正规科学教育中有所缺失或体现得不充分的内容。

其二，是考虑到现有的传统科普所具有的局限性，让我们选择的主题和内容有别于传统科普。这五本读本的主题和内容的选择鲜明地体现出了这一点，以介绍一些更新的科普理念。

其三，编者注意到，以往在我们的科普中，尤其是在针对青年学生的科普中，往往有些低估了年轻人的水准，使得一些科普读物偏于幼稚化。所以，我们这几本读本的一部分内容会偏深一些，篇幅会偏长一些，虽然这样读起来有时会遇到一时不是很懂的困难，但这种留下部分问题，并注意在阅读过程中的挑战和思考，恰恰是编者设定的目标之一。

希望以这种方式选编的读本能够激发起青年学生读者的阅读兴趣和对于有关科学问题的思考。

2017年8月18日

本册导读

目前在各种类型的科普著作中，一般都是在介绍科学和技术如何为人类谋求福利，带来社会和经济的发展及人的解放。但是，在对科学技术的理解中，以及在对科学技术与社会的关系的认识中，还有一个值得关注的问题，即科学和技术的双刃剑效应问题。即科学和技术的发展和应用在给人类带来积极的正面影响的同时，也会带来负面的消极影响，而对于这个问题，在通常的科普著作中，被提到的要相对少得多。

但是，按一种对科普的理解，公众除了应该知道具体的科学知识之外，亦应该对科学和技术的本质，对于科学和技术的社会功能和影响有所了解，通过这样的认识，人们才会更全面地理解科学和技术，知道如何理性地发展和利用科学和技术，以避免其不当的研究和应用给人类带来负面的消极后果。

本册读本，即围绕这一主题选文。其中，既有来自科学家的思考，也有来自对科学和技术进行人文、历史和哲学研究的学者，甚至于文学家的思考。由于篇幅限制，除了关于可持续发展和生态环境问题的选文稍多之外，其他涉及双刃剑效应的文章所选极为有限，远未能完整地概括这一主题。不过，如果这种阅读能够作为让青少年读者开始关注这一问题的出发点，并让读者能在未来的阅读中继续关注和思考这一问题，也就基本达到编者的目的了。

目 录

第一编　理性地思考科学、技术与社会

科学的不确定性　　　/003

向一个更加持续的世界转变　　　/017

一个正义的和可持续发展的世界　　　/035

生死本世纪　　　/059

好的归科学，坏的归魔鬼　　　/073

科学和利用科学知识宣言　　　/081

第二编　生态与环境

再也没有鸟儿歌唱　　　/091

名媛和医生大战烟雾记　　　/108

失衡的乡村生态　　　/130

不满的种子　　　/140

现在的噪声　　　/153

第三编　科学、技术与伦理

弗兰肯斯坦难题　　　/175

无妄暴亡　　　/198

孤单的人声　　　/208

《物理学家》剧本节选　　　/221

第一编

理性地思考科学、技术与社会

科学的不确定性[①]

费恩曼

费恩曼（又常被译为费曼），美国物理学家，加州理工学院物理学教授，1965年诺贝尔物理奖得主。他曾加入美国研制原子弹项目"曼哈顿计划"，提出了粒子物理学中的费曼图、费曼规则和重正化的计算方法等，在物理学中贡献颇多，是一位极具独立思考特色的科学家。在此文中，费恩曼对于科学的不确定性的思考，是一个科学家独立的重要思考。

约翰·丹兹先生要我以科学对人类其他领域思想的影响作为演讲的题目。在第一讲中，我将讨论科学的本质，并着重讨论对科学存在的怀疑和忧虑。当然，这只是我个人的看法。

什么是科学？我认为不需要给它下个严格的定义，因为定义太严格和准确都不便于更好地理解。"科学"一词通常是指下面三个方面的含义之一或是三者的混合：有时人们谈起科学，是指导致科学发现的具体方法；在另一些情况下，人们所说的科学指的是源于科学发现的知识；第三方面，科学也可以是指，当你有了某些科学发现后所能做的新事情或实际上正在做的新事情，这一方面通常被称为技术。但是，如果你浏览一下《时代周刊》的科学栏目，你将会发现大约百分之五十的内容是关于科学中的新发现，另外约百分之五十的内容是关于什么将会是下一个新发现和哪些是正在进行的新研究。因此，关于科学的一般定义在一定程度上也是指技术。

我将以相反的顺序来讨论科学的这三个方面。首先，我谈一下由于科学上的发现人们能够做的新尝试和新应用，即应用技术。科学最明显的特征是

---

① [美]理查德·费恩曼.费恩曼演讲录：一位诺贝尔物理学奖获得者看社会[M].上海：上海科学技术出版社,2001.

它的应用。事实上，作为科学的一种结果，技术是指一个人具有做某些新事情的能力。但是，这种能力所产生的效果很少引起人们的注意。没有科学的发展，整个工业革命几乎是不可能成功的。今天，由于科学发展和生产手段的进步，能够生产出养活如此众多人口的食物和控制各种疾病的药品，这一事实表明人类不再是将全部精力用于生活必需品生产的奴隶。

现在，没有一本指导性的书籍能告诉人们，应如何使用好科学的力量，才能给人类社会造福。科学力量的产物或者有益或者有害，主要依赖于人类如何使用它。我们愿意改进生产技术手段，但是在自动化应用方面仍然存在着许多问题。一方面，我们为医学领域取得的新成就、新进展而高兴，因为它们消除了种种疾病，延长了人们的寿命，降低了死亡率；另一方面，因为如此高的出生率和低死亡率，导致人口的迅速增长又使得我们忧心忡忡。此外，在社会上，还有一些秘密的实验室，在那里一些人正在想方设法培育出其他人将无法找到治疗方法的新病菌。我们为航空运输业的发展而高兴，它给我们的旅行提供了便利，但是我们也应该意识到空战的恐怖。我们为国家之间日益增长的相互交流与合作高兴，但是另一方面也为我们的行动和计划可以轻而易举地被间谍窃取而感到忧虑。我们为人类能够进入太空而激动，咳！毫无疑问在那里我们也会遇到不利的方面。在所有这些利弊共存的项目中，最著名的就是核能的发展以及核武器所带来的显而易见的问题。

科学有价值吗？

科学能够使人做原来不能做的事情，我认为科学的这一力量是有价值的。不管它是被怎样使用，造成的结果是好还是坏，但是这种力量本身就是一种价值。

有一次在夏威夷，我被别人拖去参观一座佛教的庙宇。那座庙里有一个人说："我要告诉你一些你永远不会忘记的话。"然后他说："对每一个来这里的人来说，他得到的是打开天堂之门的钥匙，但是这同一把钥匙也能打开地狱之门。"

对于科学来说也是如此。一方面，人们可以使科学为人类造福，它是迈向天堂之门的钥匙；另一方面，人们也可以用科学危害社会，这同一把钥匙也就开启了地狱之门。至于哪一个是迈向天堂的门，哪一个是通往地狱的门，没有任何指导性的信息供我们判断。难道我们应当扔掉这把钥匙，使我们不再有办法进入天堂吗？或者我们应当努力发现正确使用这把钥匙的最好方法？当然，这是一个十分严肃的问题。但是，我认为，我们不应当否认这把能开启天堂之门的钥匙的价值。

所有科学与社会关系的主要问题也就在于这一方面。当科学家被告诫说他们必须对科学发现产生的社会影响负有责任时，暗示的也是科学的应用。如果你从事研究开发利用原子能方面的工作，必须同时认识到原子能也可以被用来杀人。但是，我不想进一步详细谈论这个问题。因为说这些是科学本身的问题未免夸大其词，它们只不过是人道主义者谈论的问题。事实上，怎样产生出这种力量的机制是清楚的，但是我们还不知道如何控制它。这不是科学应当解决或能够解决的问题，科学家在这些方面懂得也并不多。

让我来解释一下为什么我不愿意谈论这类问题。大约是在1949年或1950年，我曾到过巴西教物理学。当时，那是个令人激动的"第四点计划"（Point Four Program），人人都愿意帮助落后的国家。

在巴西，我住在里约市，该市周围有山，山上有许多木屋。那里的人们很穷，他们没有缝纫机，甚至连自来水也没有。为了得到生活所必需的水，他们头顶着破油桶下山，去一处建筑工地，因为那儿有为了配制混凝土准备的水。人们将桶盛满水，再把它们扛到山上。再往后你将看到这些水又变成了污水流下山。真是太可怜了！而在山的右侧是科帕卡巴纳海滩的迷人建筑群、漂亮的公寓等。

我对一位一同参加这个项目的朋友说："这是他们不知道技术上如何做的问题吗？难道他们不知道怎样从山下到山顶铺一条管道，至少可以沿着这条管道将盛满水的桶搬到山上再将空桶搬到山下吗？"

这显然不是一个关于如何做的技术问题，因为在附近的公寓大楼内就有各种型号的管道，而且也有水泵。现在我们认识到了这是一个经济援助上的问题。铺一条管道和建设水站把水输送到山上究竟需要花多少钱，这不属于我所讨论问题的范围。

尽管我不知道如何解决这一难题，但我想指出的是，我们曾试着做了两件事情，技术上知道如何做和经济上的资助。这两种措施都不那么令人鼓舞，我们正在尝试其他的方式。我认为继续尝试新的措施是解决一切问题的方法。这样，解决问题的新措施就成了科学的实际应用方面，使人们能够做以前不能做的事。它们是如此明显，以至于我们不需要再进一步详细讨论。

科学的另一个方面是科学的内容，即已经发现的理论和定律。这是科学家从事科学研究后的收获，也是他们所能得到的最高奖赏。做这类工作不是为了应用，而是为了取得令人振奋的发现。或许你们中的大多数人理解这一点。但是，对你们中间不理解这一点的人，也不可能通过我的一次演讲就能领悟到科学研究中的这一重要方面，这一令人激动的部分也正是科学家从事科学研究工作的真正原因。但是，如果不理解这一点，你们也将不会理解我的整个观点。除非理解和欣赏我们时代的伟大探险活动，否则，你们就不能理解科学以及它的应用与其他事物之间的关系。除非你认识到科学是一种伟大的探险活动，是一种充满刺激和令人振奋的事情，否则，你们就无法生活在属于你们的时代。

你们是不是认为这个问题枯燥乏味？我希望不会。要清楚地说明这一点是非常困难的，但是或许我能随便谈谈我的一些想法。

例如，古人认为，在无边无际、深不可测的大海上漂游着一只海龟，在这只海龟的背上站着一头大象，我们生活的陆地就是大象的脊背。当然，什么支持着大海是另一个问题。他们也不知道这个问题的答案。

古人的这种宇宙观就是想象力的结果。它是一种富有诗意、优美、生动的宇宙观。让我们来看看今天的人们是如何看待宇宙的。地球是一个旋转的球体，人类居住在它的表面，当我们头朝上时，有一些人是头朝下的。我们就像在火上转动着的肉串一样随地球的自转而旋转着，同时，地球还要围着太阳公转。这看起来更浪漫，更令人激动。那么，是什么力量使得我们没有被甩到太空中去呢？万有引力。它不仅对地球上的物体起作用，而且也使地球在最初形成的时候保持圆球状，使太阳系保持为一个整体，在我们的地球不断尝试远离太阳时使我们围绕着太阳公转。这种引力不仅存在于地球上和太阳上，而且还存在于恒星之间；它把星系中处于不同距离和不同方向上的恒星维系在一起组成星系。

但是，假设大自然的想象力远远超过人类的想象力，对于那些没有意识到这一点的人们，通过观察绝不可能想象到大自然是如此的神奇。

让我们来谈论一下地球和时间。最初，地球上不存在任何生命。在长达数十亿年的时间里，这个球体伴随着日出日落、潮起潮落不停地旋转着，没有任何具有生命力的事物来欣赏它。你们能否想象到在这个世界上还没有生命存在的时候，宇宙的含义是什么吗？尽管在地球演化过程中的大多数时间里，地球上不曾有生命，但是我们如此习惯地从人类的角度来看待这个世界，以至于我们不能理解在没有生命存在时宇宙意味着什么。事实上，今天宇宙中的大多数地方很可能没有生命。

我们再讨论一下生命本身。生命体的内部机制和化学组成体现着完美与和谐。它表明所有的生命与其他生命是相互联系的。作为植物同化过程中的重要化合物——叶绿素，其中有一部分具有平面结构，它是一个被称为苯环的漂亮环。与植物离得较远的是像我们人类一样的动物，在我们的血液和血色素中，也有这种同样有趣并具有奇特平面结构的苯环。在这些环中心的元素是铁元素而不是镁元素，尽管它们有着同样的环状结构，但不是呈绿色而是呈红色。

细菌的蛋白质和人类的蛋白质是一样的。实际上，最近发现，细菌中蛋白质的生产机制取决于从红细胞到红细胞蛋白质的生产过程中原料的顺序。所以，不同的生命形式是紧密联系的。生命体内部化学过程的普遍性的确是一种绝妙的想法。长期以来，我们人类太过于自恃清高，甚至无法正确地认识我们与动物的联系。

我们再来谈谈原子。在晶体中，一个挨着一个的小球以某种方式重复地排列着，构成一幅美丽的图案。盖着盖子放置了好几天的一杯水，看起来是静止不动的。实际上内部的分子、原子一直在不停地运动着：有的原子正在离开表面，有的原子因为碰到杯子的壁正在被弹回，有的原子在来回地运动着。虽然许多物体在我们肉眼看来似乎是静止不动的，实际上它们在微观层次上的运动相当活跃、相当激烈。

再者，科学发现表明，整个宇宙都是由同样的原子构成的。组成天体的元素与组成我们人类的元素也是相同的。这样就又有了一个问题，组成我们人类的材料是从哪里来的？不仅要问生命是从哪里来的，地球是从哪里来的，而且我们还要问构成生命体和地球的物质是从哪里来的。像有些恒星现在仍在进行着爆炸一样，这些组成生命体和地球的材料看起来好像是来自某一恒星大爆炸的尘埃。因此，这些尘埃经过了45亿年的聚集和演化后，也就有了现在站在这里的一个奇怪的动物对一群奇怪的动物做讲演。多么神奇的宇宙啊！

让我们再来看一看人类的生理系统，它与我上面讲的也没有什么区别。如果你仔细观察周围的一切事物，你将会明白，没有什么东西能比科学家通过辛勤的努力发现真理更让人激动。从生理学的角度，当你看到一个正在做跳绳运动的小姑娘，就会联想到心跳加快。这时小姑娘的体内发生着什么变化呢？心跳加快联系着神经系统，肌肉神经的这种影响迅速反馈到大脑，好像在说，"现在我已经接触到地面，我必须增加肌肉紧张以便我的脚后跟不会受伤"。随着这个小姑娘上下地跳动，另一部分的肌肉紧张反馈到其他的神经，在说，"一、二、三，一、二、三"。当她在不停地跳时，或许正微笑地注视着她的那个生理学教授，也会被她这种欢快的情绪所感染。

让我再来谈一谈电。正负电荷之间存在着很强的吸引力，带有不同性质电荷的物体之间会相互吸引，但在一般的物质内部，所有的正电与负电相互抵消。除了人们由于偶然的机会摩擦琥珀并且发现它吸引纸屑之外，很长时间并没有人注意到电现象。但是，今天我们发现，有许许多多的物品的内在机理是根据这一原理设计的，它们给人们的生活带来了极大的方便和乐趣。然而，科学并没有完全得到人们的赏识。

为了寻找一些合适的例子，我阅读了法拉第的《蜡烛的化学史》。该书收集了法拉第为儿童做的六篇圣诞演讲。如果很细心地阅读这本书，你会发现法拉第在这些演讲中的观点是：不管你怎样看，你都与整个宇宙密切相关。所以，在这种对事物之间存在着普遍联系的信念指导下，法拉第通过观察蜡烛的各个方面的特征，来研究燃烧现象的物理性质和化学规律等。但是，在谈到法拉第的生平和他的科学发现时，这本书的编者在序言里却解释说，法拉第发现了电解定律，即电解化合物所需的电量与化合物中被分离原子的化合价成正比。这篇序言还进一步解释说，法拉第发现的这一定律今天在工业上被广泛用于金属电镀和阳极染色工艺以及许多其他的方面。我不喜欢这类的表述。下面是法拉第对自己的发现所做的评论："物质的原子以某种方式具有带电的能力或具有与带电能力相关的性质，原子所具有的最显著的性质也在于这种带电能力，它们之间存在着相互的化学亲和力。"他发现，决定着原子如何结合在一起的根本原因，或决定着铁原子与氧原子结合形成氧化铁的根本原因，是因为在氧化铁这种化合物中铁原子的正电性和氧原子的负电性，它们相互吸引并以确定的比例结合在一起。他还发现，在原子中，电是以基本单位的整数倍的形式表现出来的。这两方面都是重要的科学发现，也是科学史上罕见的重要科学成就之一，它标志着物理和化学两大领域的结合和统一。他一下子发现了两个明显不同的东西是同一事物的不同方面。所以，他既研究了电学，又研究了化学。这样一来，电学和化学就成了研究同一事物的两个不同方面的学科，化学变化是电荷之间相互作用的结果。但是，如此重要的科学发现却被按照上述方式来理解，仅仅说明这些原理可以被用于电镀，这是不可原谅的错误。

就像你们所了解的一样，报纸对今天生理学领域中的每一项发现的评价都有一个基本标准："发现者说这项发现可以用于治疗癌症。"但是，这些发现者不能解释他们的发现本身所具有的价值。

试图理解大自然的规律是对人类理性能力最严峻的考验。为了避免人们在预言某些事件上犯错误，人们必须排除种种假象的欺骗，将自己的理论建立在严密逻辑的基础上。量子力学和相对论的思想就是这方面的典范。

科学的第三个方面是指用来进行科学发现的方法。科学方法是建立在这样的原理的基础上的：观察实验是判断一项科学发现是否被证实的标准。当我们懂得观察实验是检验一个理论是否正确的唯一和最终标准时，我们也就真正地理解了科学的其他所有方面以及科学的本质。但是，在这里，"证实"一词的真正含义是"检验"。按照同样的方式，一百个证据证明一种液体是酒精，也只是说明对被称为酒精的液体进行了实验检验的结果。对于今天的人们来说，真正的含义应当被理解为"例外的情况来检验判断"。或换另一种说法，"例外的情况来证明某个判断是错误的"。这就是科学的证伪原则。对于任何理论来说，如果有一个反例存在，并且能够通过观察实验来证实这种反例确实存在，这个理论就是错误的。

对于任何理论的反例，最令人感兴趣的就是这些反例本身。因为它们向我们揭示了旧理论的错误，然后我们才能发现正确的理论是什么，这是最令人激动的事情。科学家将综合利用产生这些类似结果的条件来研究所出现的反常情况，将努力发现更多的反例，并且确定这些反例的性质。随着研究的不断深入，一个不断激励他继续研究的进程就这样展开了。他并不是极力地回避那些证明现有理论错误的例证，而是恰恰相反，他将努力地发现那些证伪旧理论的证据，并且为自己的发现而兴奋不已。他甚至希望尽可能快地证明自己已有的发现是错误的，从而导致更新的发现。

当然，用观察实验来评价理论是否正确，这一标准有严格的限制。这一评价标准被限制用于以这种方式提出的问题，例如"如果我做这件事，将会发生什么"这类问题是可以通过观察实验来检验的。像"我应该做这件事吗"和"这件事有什么价值"之类的问题不属于可以通过观察实验来检验的科学问题。

然而，如果一个命题不属于科学的命题，而且它不能够接受观察的检验，并不意味着它是个无意义的命题、错误的命题或愚蠢的命题。我们不是为了说明科学为什么好和其他东西为什么不好，科学家们面对和努力解决的是那些能够通过观察实验分析的问题。但是，仍然有一些问题被遗漏，因为这种方法对于那些问题来说是不奏效的。这并不意味着这些问题是不重要的，相反，事实上在许多情况下它们是最重要的。在做出任何决定和采取行动之前，以及你必须考虑做什么的时候，总是涉及"应该怎么做"之类的内容。这类问题无法仅仅从"如果我做这件事，将会发生什么情况"之类的问题中找到答案。当然，你会说，"的确，你认识到什么事情将会发生，然后你决定是否要它发生"。但是，这是科学家所不能采取的步骤。你可以断定什么事情将会发生，然后必须决定是否愿意它发生。

在科学中，有许多技术上的结果是以观察实验作为评判标准原则的。但是，在观察中不能粗心大意，必须非常仔细认真。如果观测仪器的镜头上有一点污迹，就会导致颜色的变化，这是你事先想不到的。并且必须非常仔细地核对观察结果，重新审查它们，确信你了解到了所有的情况，并且没有曲解你的观察结果。

有趣的是，这种周密细致的考虑作为一种美德常常被人们误解。当某人说他已经科学地研究某一现象时，他往往是指他已经彻底地研究了这一现象。我听人们谈论过对德国犹太人的"科学的"灭绝，其实这中间没有一点科学的成分，只是彻底的灭绝而已。毫无疑问的是，为了确定某种东西，必须首先进行观察，然后再核查它们。按照这样的理解，在罗马时期也有对人"科学的"灭绝，尽管那时科学并没有发展到今天这种水平，并且人们也没有对观察予以高度重视。在这些例子中，人们应当说"完全的"或"彻底的"而不是"科学的"。

举一个日常生活中的小例子，有一个著名的笑话，说的是一个人向他的朋友抱怨一个奇怪的现象。在他的农场，白马比黑马吃得多。他为此很担心，也不理解这一现象。后来，他的朋友建议说，他或许应该多养黑马少养白马。这则笑话看起来很荒唐，但是想一想有多少次类似的错误发生在各种各样的判断中。在生活中，有时会说，"前些天我的妹妹感冒了两个星期……"如果你想到上面的笑话，其中有关于"更多的白马"的说法，这就是错误判断例子中的一个。科学的推理需要一定的训练，我们应该设法教人们学会这种推理的方法，因为即使在最低的层次上，这类错误今天也并不少见。

科学的另一个重要特征是它的客观性。客观地对待观察的结果是必须的，因为实验者很可能偏爱某一种结果。由于偶然的因素，如一粒尘埃落到仪器的镜头上，你进行了几次实验，每次都得到不同的结果，你并不能控制实验中的所有因素。你希望得到一个确定的结果，这次实验的结果跟你希望的一样。你会说，"看，这就是我所希望的结果"。下次，你再做这个实验，结果又不一样。也许在上一次实验中，就有一粒尘埃落到了观察仪器的镜头上，但是你没有注意到它。

这些情况似乎是明显存在的，但是在决定科学问题或科学的周边问题时，人们没有给予它们足够的注意力。当然，有一定程度上的感觉因素，例如，因为总统说了什么或没有说什么，你便据此来推断股票价格的上涨或下跌。

另一个非常重要的技术要领是：一项陈述越具体，它越能引起人们的兴趣。越是明确界定的陈述，越能引起人们通过观察实验来检验它的兴趣。如果某人试图提出，行星围绕着太阳运转是因为组成行星的所有物质有一种运动的趋势，即运动性，让我们称它为一种"本能"，这种理论也能解释许多其他现象。难道这不是一个好的理论吗？它确实不是。它无法与这样的一种观点相比，这种观点认为：行星围绕着太阳运转是在一种向心力的作用下进行的，这个力的大小与行星到太阳的距离的平方成反比。第二个理论比第一个更好，这是因为它更具体，显然不像是偶然得到的结果；它的陈述是如此的明确以至于利用在运动过程中最显而易见的错误就可以检验它是否正确；至于行星会在它的轨道附近摇摆不定，根据第一个理论，你会说"噢，那是本能的滑稽表现而已"。

所以，一个理论越具体详细，它就越有说服力；越容易直接面对出现的反常情况，它也越能引起人们检验它的兴趣。并且，检验它的工作也越有价值。

有些词是无意义的。如果用这类的词，就像上述例子中的"本能"一样，不能从中推导出严格的结论来，那么，用这类的词来表达的观点几乎也是没有意义的。因为利用事物有一种运动趋势的观点，你几乎可以解释任何事物。哲学家在这方面做了很多工作，他们认为必须非常精确地界定概念的含义。实际上，在某种程度上我不同意这种观点。我认为要给一个概念下一个非常严格的定义往往是不值得的。事实上，大多数情况下也是不可能的，但是在这里我不打算进行深入的讨论。

关于科学，哲学家谈论最多的是怎样确保科学方法行之有效，我不知道这些观点是否在不能够用观察实验来评判的领域中仍然有效。当一些与观察证实不同的方法被采用时，我不准备说任何问题都必须以这种方式来进行研究。或许在不同的领域，对概念含义的明确界定并不如此地重要，或许在那里，定律、定理的内容也不需要非常具体等。

综上所述，有些很重要的东西我并没有考虑到。我说过观察是检验一个理论观点真理性的标准。科学的迅速发展和进步要求人类发明某些东西来检验知识的正确性。

人们认为，中世纪的人们只不过简单地进行了许多具体的观察，这些观察结果本身暗示着现象背后的规律。但是事实上并非如此。在某种程度上说，他们的观察结果与其说是来自观察，倒不如说是来自想象。所以，接下来我必须谈一谈通过观察来证实的思想是如何来的。我们有了一种检验一个理论是否正确的方法，但是我们并不留意这种方法是从哪里来的。我们只是同观察相比较来判别一种理论的正确与否。所以，在科学界，我们对一种想法是如何获得的也不感兴趣。

没有任何一个权威能决定哪一种观点比其他想法更优越。为了弄清一个观点的正确与否，我们不必求助于任何权威。我们可以阅读一位权威人士的论著，听取他的建议；但是我们必须推敲他的观点是否具有合理性，并且检验他的想法是否正确。如果他的观点是错误的，更严重一些的话，这些"权威"将失去其"权威性"。

正像大多数人之间的关系一样，起初科学家之间也充满着争论。例如，在早期的物理学中，就存在着激烈的争论。但是，在今天的物理学界，科学家之间的关系却非常好。随着争论双方不断地设计出新的实验，并且将其赌注押在可能出现的结果上面，一个科学争论对于双方来说都很可能会留下许多笑料，并且给双方的胜负带来不确定性。在物理学中，由于长期以来已经积累了大量的观察实验事实并建立了相当成熟的理论，如果一种新思想与现有的所有观念不同，并且与所有经观察实验证实的理论相抵触，物理学家们就几乎不予以考虑。因此，无论你从任何人或任何地方得知一种新的想法，可能你乐于接受它，但是，你没有理由认为其他人也会接受它。

然而，许多学科没有发展到物理学的这种高度。在这些学科中，科学家之间的关系与物理学早期的情形差不多。那时，没有这么多的观察事实，也没有被人们普遍接受的理论。于是，各种观点学说林立，科学家们各执己见，存在着激烈的争论。我之所以提出这一点，是因为必须要有一个独立的、客观的检验真理的方法，人们之间的争论才能得到解决。

大多数人觉得奇怪的是，在科学界没有人对提出科学观点或理论的科学家的个人背景或动机感兴趣。请你们注意，一个观点或想法看起来好像值得去检验，与能够对它进行检验是不同的。而且，有些观点过去看上去似乎不值得去验证，但是，随着一些相关的新理论或事实的出现，这些观点可能会变得越来越令人感兴趣，越来越值得对其进行检验了。你不必担心这些科学家花费了多长时间来研究这些问题，或他们为什么要你相信这些观点。在这种意义上，究竟这些观点是从哪里来的，对我们来说并没有什么区别。它们的真正来源是未知，我们称其为人类大脑中的想象，即人们所说的创造性的想象力。

令人吃惊的是，人们不认为科学中有想象力。与艺术家的想象不同，科学中的想象力是一种非常有趣的想象。非常难以做到的是，你试图想象某种你从未见过的东西，它与你已经见过的东西在各个方面都非常一致，但又与人们通常认为的那样不同；具体地说，科学中的想象必须是明确的、确定的，不能只是一个模糊的假设。要做到这一点，的确是很困难的。

顺便说一下，在自然界存在着可以被证明是正确的规律这一事实本身就是一种奇迹。像发现平方反比的引力定律一样，人们可以发现这些定律也是奇迹。人们不能完全理解这些，但是这些定律导致了预言的可能性——即它们会在没有做实验以前告诉你将期待着发生什么。

令人感兴趣并且也是绝对必要的是，科学中的各种定律具有相容性。既然观察实验结果都是相同的，就不能一个定律给出一种预言，另一个定律给出另一个预言。这样，科学不是研究者个人的事。它排除了研究者个人的影响，具有普遍适用的性质。我在天文学、电学和化学中都谈论电子，它们是具有普适性的，在不同的场合必须是一致的。你不能找出任何一种不是由原子组成的新东西。

有趣的是，在尝试发现科学定律的过程中，逻辑推理发挥着重要作用。至少，物理学中的定律通过逻辑推理被简化了。举例来说，化学和电学中的一些定律简化成了对两个学科都适用的定律，这类的例子可以说不胜枚举。

大自然的定律似乎是可以用数学语言来表达的。这并不是因为观察实验是判别理论真理性的标准，也不是因为数学形式的定律是科学的必要特征。它只是说明你能够以数学形式表达定律，至少在物理学中，这种描述方式便于做出富有生命力的预言。至于自然界的规律为什么是数学化的，至今仍是一个谜。

这样，我们又有了一个重要问题。旧的定律可能是错误的，观察怎么会出错？如果观察的结果已经被认真地核对过，它怎么还会错呢？首先，这个问题的答案是那些旧的定律不是建立在观察事实的基础上的；其次，观察实验总是不可避免地带有误差。除此之外，定律总是通过猜测和外推获得的，不只是观察和实验结果的堆积。它们只不过是经过筛选后的、在当时被认为是最好的猜测而已。后来的结果证明，现在用的"筛子"比过去的"筛子"洞更小，排除了过去的一些错误，从而发现了新的定律。所以，科学中的定律和定理具有猜测性，它们是从已知外推到未知。你不知道将来会发生什么情况，但是你必须选择一种猜测作为定律。

例如，过去人们普遍认为运动不影响一个物体的质量，即如果称一下一个旋转着的陀螺的质量，然后等它停下来再称一次，两次测量得到的结果是一样的。这就是一种实验结果。但是，你无法称非常非常小的物体的质量，比如说十亿分之几克的东西。现在我们知道，旋转起来的陀螺要比它静止的时候重大约十亿分之一。如果这只陀螺旋转得足够快，以至于它的边缘的速度接近300000千米/秒，它的质量增加将是明显的。但是，如果达不到这个速度，这种质量差别很难被测量出来。在最初的实验中，陀螺旋转的速度比300000千米/秒低很多。旋转着的陀螺和不旋转的陀螺的质量似乎是完全一样的，因此，有人猜想质量绝不会随着物体的运动速度的变化而变化。

这是多么愚蠢的错误呀！人们是多么傻啊！质量不变只是一个猜测性的结论，只不过是一种实验结果的外推。为什么得出这个结论的科学家会做出这样不科学的事情呢？其实，这位科学家做的实验是无可指责的，他的做法也没有什么不科学的地方。只是他的结果具有不确定性。你知道，如果科学家进行猜测，他们就会冒着犯不科学错误的危险。但是，另一方面，科学又要求科学家必须通过已知去推测未知，因为这个外推才是唯一有价值的东西。在一定场合下，在你还没有做某种事情之前，你要是能够猜测到将会发生什么，这不是非常有价值吗！如果你告诉我的全部内容都是昨天发生的事情，这类的知识尽管具有确定性又有什么真正的价值呢？如果你做某些事情，哪怕不是非做不可的事，而只是为了乐趣，说出明天将会发生什么也是非常重要的。但是，同样，你将冒着犯错误的危险。

每一个科学定律、每一个科学原理、每一项观察结果的陈述都是省略掉某种细节后的概括，因为没有任何东西能够被完全精确地描述。那位科学家只是忘记了加上一个控制条件，他应该把那个原理描述为："当速度不是非常大时，物体的质量没有发生明显的变化。"科学这种游戏的规则是，提出一个明确的想法然后看看它是否经得起检验。所以，这位科学家关于这项猜测的结果是：无论物体的速度怎样变化，它的质量都不会改变。当然，它并没有妨碍人们去证明这个结论是错误的。它只是具有不确定性，并且是没有危害的不确定性。谈论某些东西，哪怕是给出具有不确定性的结论，也总比什么都不说好得多。

毫无疑问，在科学中我们说的所有的东西、所有的结论都具有不确定性，因为它们只是推论而已。它们是对什么将会发生所做的猜测，但是，你无法知道将来真会发生什么，因为你并没有穷尽所有的实验。

令人好奇的是，旋转对陀螺质量的影响是如此的小，你可能会说，"噢，旋转没有对物体的质量造成多大差别"。但是，为了得到一个正确的定律，或至少得到一个不断地经历着考验、为更多的观察实验事实所验证的定律，需要研究者具有聪明睿智和丰富的想象力，打破我们现有的观念和对时间空间的理解。这里，我指的就是相对论。这一事实表明，实验中发现的这类微弱效应，必须要求在思想和观念上做出最大胆、最革命的改进。

因此，科学家往往与疑难和不确定性打交道。所有的科学知识都具有不确定性。这种与疑难和不确定性打交道的经历是很重要的。我认为它具有很大价值，甚至远超出科学领域。我认为，为了解决以前从未解决的问题，你必须给未知留有余地，必须允许不确定性存在，因为你并没有穷尽所有的观察实验来确保你的结论绝对正确。否则，如果你总是害怕你的结论具有不确定性，也就无法解决所研究的问题。

当一位科学家告诉你他不知道问题的答案时，你会认为他是个无知的人。当他告诉你他有了一个关于如何开展某项工作的大致想法时，他对要研究的问题还是没有把握的。当他非常确切地知道如何开展工作时，他会跟你说："这就是研究这个问题的方法，我打赌是这样。"但是，他仍然有些疑难没有解决。为了取得科学的进步，非常重要的是，我们认识到了这些未知和疑难。因为我们有了疑问，才会从新的角度寻找新的解决办法。科学发展的速度不仅仅是指进行了多少次观察实验，获得了多少实验数据，更重要的是，你提出了多少供人们检验的新思想、新观念。

如果我们不能或不愿意从新的角度去观察事物，如果我们没有疑问或没有意识到自己的无知，就不会有新的想法产生。因为若知道的东西都是正确的，也就没有什么东西需要去检验。所以，我们今天称之为科学知识的东西，就是由具有不同程度的确定性陈述所构成的集合体。它们中的一些很难确定是否正确，一些几乎可以肯定是正确的，但是没有确定无疑是绝对正确的。科学家们对这种情形已经习惯了。我们知道能够生存下去和有未知的东西是不矛盾的。有些人会说："有这么多未知的东西你怎样能活下去？"我不理解他们的意思是指什么，但我总是生活在对周围世界无知的包围之中。

我相信，无论是在科学领域还是在其他领域，探索和怀疑的自由是非常重要的。它是人类与生俱来的一种追求，是人类为了获得怀疑和探索的权利、为了克服不确定性而进行的斗争。我不是要我们忘记这种追求的重要性和采取默认的方式使其放任自流。作为一名科学家，我感到一种责任，我知道承认我们无知的思想所具有的巨大价值。我认为正是这种观念使得科学和人类社会的进步成为可能，也认为这些进步是思想自由的成果。我有责任来呼吁自由探索的价值，教导人们不要害怕疑难，而是作为人类社会发展的一种新的潜在的可能性来欢迎它。如果你有某些不能肯定的东西，你就有可能会设法改变这种状况。我愿意为我们的后代呼吁这种自由。

显然，在科学中，怀疑是举足轻重的。是否在其他领域它也同样重要，这是一个没有明确答案和不能贸然断言的问题。在下一讲中，我打算讨论这个问题，并且试图说明怀疑的重要性。我的观点是，怀疑不但不可怕，而且是极具有价值的东西。

阅读思考：费恩曼所说的科学的不确定性是指什么？这种不确定性与我们通常对科学的理解有什么不同？

向一个更加持续的世界转变①

盖尔曼

盖尔曼,美国物理学家,加州理工学院教授,夸克理论提出者,1969年诺贝尔物理学奖获得者。在这篇文章中,盖尔曼从一个科学家的视角,讨论了可持续发展的问题,提出了目前存在的诸多挑战,也提出了可持续发展要求人类社会出现的各种转变。

生物多样性的保护问题与整个生物圈的未来问题分不开,而生物圈的命运反过来又与人类未来的几乎每一方面都有着密切的联系。我打算在这里描述一种关于人类及生物圈其他部分的未来的研究计划。不过,那一计划并不要求有威力无比的预言。它只要求各机构各行各业的人们一起来考虑这样一个问题,即是否有一个渐进的方案,使21世纪能向一个更接近于持续的世界迈进。这样一个方法更集中于研究将来可能发生什么,而不仅仅是作些简单的臆测。

为什么要从这么大的规模上来思考呢?一个人难道不应该把规划集中于世界情势的某一特殊方面,以便于更容易实现该计划吗?

我们生活在一个不断专业化的年代,而且这种趋势有足够的理由。人类不断地从每个研究领域中学得更多的东西;每当一个专业形成,它都倾向于分裂成一些子专业。这种过程不断发生,而且这也是必要的和值得做的。然而,专业化也越来越需要以统合作为补充,理由是对于一个复杂非线性系统来说,我们不可能跳过将它们分解为既定子系统或不同方面而完整地描述它们。如果那些彼此有着密切相互联系的子系统或不同方面被分开研究,即使

---

① [美]默里·盖尔曼.夸克与美洲豹——简单性和复杂性的奇遇[M].长沙:湖南科学技术出版社,1997.

是非常的小心谨慎，所得结果的总和也仍然不能构成一个有用的整体图景。从这一意义上说，"整体大于部分之和"这一古代格言蕴含着深奥的真理。

因而人们必须摒弃这种观点，即认为严肃工作仅限于将一门狭窄学科中一个定义明确的问题推翻，而将大胆的整体性思考放在鸡尾酒会上。在学术生活、官僚机构及其他一些地方，整体性工作并没有得到足够的重视。可一个机构的头头、一个总统、首相或首席执行官在做出决策时却要装出一副将情况的各个方面及其相互作用都考虑进去的样子。对于领导者来说，在向下层组织了解情况时，只接触有关专家，并且只是在作最后的直觉判断时才进行整体性思考，这难道明智吗？

圣菲研究所的科学家、学者以及其他思想家，他们都来自世界各地，而且差不多代表了所有学科。他们聚集在一起，研究复杂系统及复杂性怎样产生于简单的基本定律。这些人除用传统的方式来对系统各部分的行为进行研究之外，还敢于对整体作一个大致的考虑。或许，圣菲研究所能促进世界各地致力于世界情势特殊方面研究的机构，在通向一个更接近持续稳定发展世界的潜在途径方面进行合作研究。上面所说的那些特殊方面通常必须包括政治、军事、外交、经济、社会、意识观念、人口统计及环境等问题。一个比较适当的行动已经以2050计划的形式开始实行，该计划在世界资源研究所、布鲁金斯研究所及圣菲研究所的领导之下，有世界各地的人们和机构参与其中。

那么，这里所说的持续（sustainable）一词是什么意思呢？在《镜中世界》（*Through the Looking Glass*）一书中，哈蒂·敦蒂向爱丽丝解释，他如何在每个星期六晚上（19世纪时工作周的周末）为一些词汇的使用权支付费用，然后用那些词汇表达他所想要的东西。现在许多人必然也在为"持续"一词花费薪水。例如，如果世界银行资助某个对环境有破坏作用的老式大型发展计划，那么那个计划就很可能被冠以"持续发展"的名称，以指望它能更加为人们所接受。

这使我想起蒙迪·皮同的故事。一个人来到办公室为他的鱼申请准养证。在被告知没有鱼准养证这样的东西时，这人指出，他在询问有关猫准养证问题时得到的也是同样的回答，但后来他却有了一个。当他出示他的猫准养证时，他被告知，"那不是猫准养证。你在一个狗准养证上将'狗'字划去，再用铅笔将'猫'字添上去"。

如今许多人正忙于用铅笔加写"持续"一词。它的定义并不总是很清楚的，因此在这里给它指定一个意义应该说得过去。该词的文学意义显然不足以说明问题。地球上完全没有生命的状态可能持续稳定数亿年时间，但这里的持续稳定并不是我们所指的。普遍流行的暴政可能延续了许多代，但我们指的也不是那个意思。假想一个非常拥挤与高度组织化，或许极端暴烈的世界，里面只有几种动物与植物生存着（它们与人类社会有着密切的联系），即使这些条件以某种方式持续下去，它们也与我们所说的持续稳定世界没有联系。很清楚，我们所追求的东西除了持续稳定以外，还含有不多的可取之处。值得注意的是，关于什么是人类所期盼的理想，比如联合国宣言中所体现的那些，如今达成了相当程度的理论一致性。

那么，当我们谈论持续性时，我们为我们的地球与人类设想着怎样一种未来呢？怎样将我们的理想与某种程度的现实主义调和起来呢？无疑，我们的意思并不是停滞不前，并不是指那些忍饥受饿与被压迫人们的生活没有希望得到改善。但我们也不希望随着人口增加，随着贫穷的人们试图提高其生活水准，以及富有的人们对环境施加的巨大影响而日益滥用环境。而且，持续性并不单指环境与经济事务。

从消极的方面来讲，人类不仅要避免生物圈退化与生物及生态多样化的破坏，而且需要避免毁灭性的战争，普遍的暴行以及极度贫困的继续普遍存在。关键的概念是人类生活质量与生物圈状态的改善，并非主要以牺牲将来为代价而取得。这种改善包括允许相当程度的人类文化多样性，以及让更多的生物和由它们组成的生态群落共享我们这个行星的一切。

有些人是技术上的乐观主义者，他们认为，为达到避免灾难性未来的目的，我们不必大大地改变我们的做法，并认为，我们不需要经过特别的努力，而只需通过不断发展的技术，即可实现近似的持续稳定性目标。而另有一些人则根本不相信什么持续稳定性目标。但是，即便是那些不接受持续稳定性目标的人，也仍然可以思考这样一个问题，即在未来50年到100年的时间里是否有办法实现这一目标，如果有，那些方法可能会是什么样的，由此而致的世界状况看起来又应是什么样的。讨论这一问题并不要求人们具有与提出那些问题的人相同的价值观。

历史学家很讨厌人们说"这是历史上一个特殊时期"，因为这一句话已被说了很多个时代了。然而，我们的时代确实在两个定义明确并彼此有着密切联系的方面很特殊。

首先，人类已经具备了通过巨大的环境效应来改变生物圈的技术能力。战争已经不是什么新鲜事，但它现在可达到的规模却是前所未有的。人人都知道，一次全面的热核战争能够彻底毁灭地球上大量的生命，生物与化学战争可导致的灾难就更不用说了。而且，由于人口增长及某些特定的经济活动，人类正改变着地球的气候，并正在消灭许多动植物物种。实际上，人类过去所产生的破坏比人们通常所认识到的更大。各种形形色色的人为森林破坏，以及随之而来的水土侵蚀与干化，已是存在了数千年的古老问题了，并早就被人们评论过，比如大普林尼[①]。即便是一万年以前生活在北美的一些规模不大的人群，也可能促成过北美冰河时代大型动物的绝灭，比如巨象与巨树獭、可怕的狼、剑齿虎及一些骆驼与马的种别（有这样一个理论，它将某些绝灭的原因至少部分地归咎于人们为了使用动物的肉与皮毛而习惯于将整群动物赶下悬崖绝壁）。然而，当今整个生物圈遭受破坏的可能性比以往任何时候都大得多。人类活动已经导致了众多的环境问题，包括气候的变化，海洋污染，淡水质量的降低，森林的破坏，土壤的侵蚀，等等，而且它们之间又具有密切的相互联系。许多环境破坏都是古老的问题，但它们现在的规模却是空前的，这听起来似乎有些矛盾。

其次，世界人口与自然资源枯竭的上升曲线，不可能永远都陡峭地上升；不久后它们必然将经过拐点（这时增长率开始下降）。对于人类与地球来说，21世纪是很重要的一段时期（从十字路口的本义上说）。在过去的许多世纪里，总人口随时间的变化很精确地服从双曲线规律，根据这一曲线，它将在2025年左右达到无限大。在我们这一时代，世界人口显然应该偏离那一双曲线，而事实上它也已经开始发生这种变化了。但是，人口曲线是由于人类的远见与朝向一个更持续稳定世界所取得的进展而逐渐变平，还是由于传统战争、饥荒及瘟疫流行的结果，而使人口曲线发生不规则的上下波动呢？如果人口与资源减损曲线确实是逐渐地变平，那么，它们是以什么方式来实现这一点的呢？它带来的是一个能保证人类正当的生活质量（包括相当程度的自由），并允许大范围生物多样性继续存在的世界呢，还是一个资源缺乏，存在

[①] 大普林尼（23—79），古罗马作家，现仅存他的一部百科全书式著作《自然史》。

严重污染，其动植物也只剩下与人类易于共处的有限物种的悲惨世界呢？

针对军备竞赛手段与规模的发展，有人可能会提出类似的问题。人们是允许大规模的、彻底毁灭性的战争爆发呢，还是他们使用智慧与远见来限制与引导竞争，平息冲突，以协作来平衡竞争呢？我们将学习，或也许已经学会用灾难性战争之外的方式来驾驭我们的分歧吗？对于源自政治蜕变而来的较小冲突，又怎么处理呢？

世界资源研究所（我为自己对其成立发挥过作用而感到骄傲）首任所长古斯·斯佩斯指出，人类在未来几十年里所面临的挑战是要完成一系列彼此相关的转变。我打算将他提出的那些转变的概念稍加扩展，这样，除了他所强调的社会、经济、环境方面之外，将会有更多有关政治、军事与外交方面的事物也包括进来。在对这些概念加以修改后，本文剩下的内容将围绕一组粗略但很有用的转变观念来阐述。

人口统计转变

我们已经看到，在未来的几十年里，世界人口随时间变化的曲线必然发生历史性变化。许多权威人士估计，下一世纪里世界人口将停止增加，但总人口大约将达到现在人口（55亿左右）两倍的水平。今天，高人口增长率（尤其是由于医药与公众健康状况的改善而出生率并未下降）仍然存在于世界的很多地方。在热带一些不太发达的地区，包括生态上或经济上最不能负担其人口的肯尼亚，尤其如此。而此时，发达国家中的人口通常达到了相当程度的稳定，但移民影响除外，后者在未来几十年中将成为一个主要的问题。

关于与大多数发达国家中净出生率下降的有关因素，学者们已经进行了大量的讨论。他们现在提出一些能帮助各热带地区实现类似下降的方法。这些方法包括改善妇女健康、文化、再教育的状况；增加她们参加工作的机会以及其他一些提高妇女地位的措施；降低婴儿死亡率（当然，这一方法开始时可能会起相反的作用，但逐渐地它可以帮助阻止人们通过生育比他们实际想要的更多的孩子，来补偿可能发生的死亡现象）；为老年人设立社会保险，等等。不过这对许多发展中国家来说还是一个遥远的目标。

安全保障与有效的避孕方法自然很重要，但大家庭传统观念的冲击同样也不可忽视。在世界有一些地方，平均每对夫妇（特别是平均每个男性）想要的孩子数目仍然较多。能为一个与两个孩子的家庭提供什么奖励呢？怎样用文化上适当的方式劝说人们，在现代世界，小家庭更符合人们的共同利益，它可以使大家的健康、教育、经济及生活质量水平，比有很多孩子的大家庭要高呢？时尚的改变对人类事务有着如此大的重要性，那么，可以采取什么措施来使小家庭的观点流行起来呢？可悲的是，这些问题在很多地方仍然得不到重视，即便那些声称将帮助解决世界人口问题的组织也是如此。

如果人类人口真的正在通过一个拐点，并将在几十年内在全球大多数地方停止增长，那么，这一过程不仅是一个具有最重大意义的历史性过程，而且人口开始停止增长的时间与最终的总人口数，也可能同样具有重要意义。人口增长对环境质量影响的性质与大小和许多因素有关，比如土地保有模式，就值得各不同地区的人们去认真仔细地研究。不过，就整体而言，人口增加极有可能加剧环境的恶化，要么由于富裕的人们巨大的消耗率，要么是因为贫穷的人们以不惜牺牲未来的一切代价而进行的生存斗争。

如果我们只是等待赤贫人口经济条件的改善来导致净出生率的降低，而不试图在经济发展的同时采取措施来促进这种降低，那么对环境的影响可能会更加严重。每个人对环境总的影响在经济状况改善后可能要比改善前大很多，而且，在最终实现相对富裕时，总的人口数越少，人类及生物圈其他部分的生存条件就越好。

技术转变

几十年前，我们中的一些人，特别是保罗·艾尔里希和约翰·霍耳准恩，就指出这样一个很显而易见的事实，即假定在一个给定地理区域中，对环境的影响可以有效地分解为三个相乘的因子：人口、以约定方法衡量的人均财富以及每个人每单位约定财富对环境的影响。其中最后一个因子特别依赖于技术。只是由于有了技术革新，今日庞大的人口才能够得以生存。尽管上十亿的人们还处于极度贫困状态，但由于科学与技术包括医药的进步，另外相当数量的人们已经设法过上了合乎情理的舒适生活。环境破坏已经非常严重，但如果人类不采取某种有远见的措施，那么未来可能出现的破坏将更加可怕。

如果利用得当，技术能够促使第三个因子小到根据给定的自然定律可达到的值。对非常贫穷的人们来说，财富因子可以被提高多少，在很大程度上取决于第一个因子即人口数的减少量。

在许多地方已经开始出现技术转变迹象，但它还有待于进一步发展。然而，即便是表面看来十分简单的技术困境，也仍然可能因陷入极其复杂的困窘而告终。

我们以人类根除疟疾的例子来说明这一点。就在不远的过去，排干沼泽仍然是消灭疟疾的主要方法。但现在人们已经懂得，应该尽可能避免破坏湿地。同时，科学已经发现导致疟疾的疟原虫以及携带这种细菌的蚊子。通过喷洒化学杀虫剂滴滴涕来消灭这些蚊子，似乎是向前迈出了一步，但结果却导致了严重的环境影响。首先，处于水生食物链上层的鸟类产生了大剂量代谢产物滴滴伊，这种物质使许多种动物的卵壳变薄，并导致繁殖失败。这些动物包括美国的国鸟白头鹰。20年前，滴滴涕在发达国家中就已被淘汰，受到危害的鸟群已开始恢复。但其他有些地方虽然已开始出现具有耐药性的带菌蚊群，却仍在使用它。

后来又发现，滴滴涕被淘汰后紧接着使用的一些替代品对人类有很大的危害性。不过现在已经可以利用比那些高级得多的方法来杀灭带菌蚊群，包括使用专门针对它们的化学药物，与释放不孕性蚊群，及其他一些"生物—环境控制"（bio-envirmentalcontrols）。这样的方法可以在被称为"综合害虫管理法"中得到协调。迄今为止，如果大规模部署的话，这些方法所需费用还是挺昂贵的。将来也许能够发展更便宜且同样易控制的技术。当然，除虫剂仍然可以使用，但它们同样很昂贵，并且会产生一些新的问题。

同时，还有一种简单的方法，在很多地方都行之有效，那就是使用蚊帐，在早晨与傍晚蚊子比较猖獗的各半小时里待在蚊帐中。但不幸的是，在很多热带国家，那段时间内农村贫穷的人们正忙于户外劳作而无法待在蚊帐里。

将来某一天很可能会发展出抗疟疾疫苗，它们甚至可能完全消灭各种形式的疾病，但那时又会产生另一种难题：那些由于有疟疾流行的危险而得以保护下来的重要野生地区，容易被人们进行不明智的开发。

显然，我花费了太多的时间来分析这一表面上很简单的例子，为的是由此揭示它的一些复杂性。在技术向降低对环境影响方面转变时，随时随地都可能突然出现类似的复杂性，不管是工业生产、矿物开采、食物生产或能量生产都是如此。

像国防工业向民用生产转变一样，技术转变需要财政支持以及工人的再训练，因为一些就业机会将逐渐消失，而另一工种的就业机会将被开辟出来。应当建议政策制定者将这些不同类型的转变视作相关的挑战。因此，停止生产化学武器应当被认为与禁止砍伐美国西北部的太平洋成熟原始森林一样重要。而且，当社会试图减少对人类健康有害物品的消费时，不管是合法的，如烟草，还是非法的，如可卡因，也会存在同样的政策问题。

然而，从需要这一角度来讲，三种转变提出了各不相同的问题。在化学武器的情形中，主要的挑战是要说服政府不再订购这样的武器，探查出并销毁已有的库存品。在药品情形中，主要的问题在于争执时怒气太大。在技术向低环境影响型的转变中，问题在于发展与使用较易控制技术的动机是什么。这就将我们带到了经济转变的问题上。

经济转变

如果空气或水在经济事务中被视作免费物品，那么污染、竭泽而渔，也就算不上是经济损失；相关的经济活动于是以牺牲环境与未来的方式来进行。几个世纪以来，权威人士试图通过禁令与罚款来应付这种问题，但那些处理方式常常达不到目的。现在，某些地方正尝试大规模运用规章制度的方式，并取得了一些成功。对政府来说，处理这些问题的最有效方法，还是或多或少索取恢复环境质量所需花的费用。这就是经济学家所称作的外在因素内部化（internalizing externalities）。通过罚款或其他惩罚方式，规章制度本身就是一种索费方式。但是，虽然内部化成本促使环境质量恢复，或首先就避免它的恶化，而规章制度通常还要求污染者以任何最便宜的方式采取一些特殊保护行动。工业中负责按规定采取措施的人是那些有关的工程师与会计员，不必用官僚进行微观管理。

从大部分依靠自然的资本（natural's capital）生活转向主要靠自然的收入（natural's income）为生的经济转变，其主要要素就是试图索取真实成本。虽然索取成本费只是略微胜过规章制度，但它比单纯的口头劝告肯定要好得多。首先，它减少了模糊性。

假定你的职业是给对环境影响小的产品颁发绿色奖牌，那么你很快就会碰到一个问题。例如，某种特殊的清洁剂所含的磷酸盐可能低于另一种清洁剂，从而在保证降低湖泊中海藻污染（enthropication，藻类植物增加）方面略胜一筹，但它可能需要耗费更多的能源，因为使用它洗涤时需要用热水。随着颁奖工作的继续进行，你还会发现更多这样的两难问题。如何权衡这样的两种考虑呢？如果至少做这样一个尝试，即向制造商索取费用以恢复由他们的清洁剂所导致的海藻污染，并且如果将洗涤所需能量之费用也清楚地标注于包装上，那么消费者可以只凭总的费用来做决策，市场将体现出它们的价值。绿色奖牌就可能变得不必要了。

当然，索取真实成本的一个大难题在于如何对它们进行评估。我们在前面已经讨论到，经济学从未真正成功地处理过质量和不可逆性这样的微妙问题，这些问题类似于自然科学中热力学第二定律所产生的问题。当然，这样的问题可以归于政治范围，并只被当作公众意见问题来处理，但从长期来看，科学肯定也能对此做出解答。现在，最简单的方法是评估补偿所破坏环境要花的费用。对于不可替代的环境破坏情形，有必要采取严格地强行禁止的形式，但在其他方面，质量的持续性则与负担恢复环境所需费用密切结合起来，而质量的定义将由科学与公众意见两者结合来做出。

任何索取真实成本计划的一个关键性部分，是取消政府给予破坏性经济活动的补助金。要不是因为有补助金的话，那些经济活动一点也不经济。在由世界各地著名政治家组成的世界环境与发展委员会（布隆特兰委员会）的工作中，委员会秘书长，加拿大的吉姆·麦克尼尔指出，要想了解环境正在发生什么变化，你不仅仅要看环境部所采取的行动，更要了解财政部与预算的政策。只有在那里才能找到破坏性经济活动补助金的根源，而且有时能将它们砍掉，即便存在很大的政治困难。

预算的讨论直接将我们引导到了这样一个问题上，即国民经济会计程序中是否包括自然资本减损。通常它们并不包括这一点。如果一个热带国家总统与一家外国公司签订买卖合同，为了一个很低的价格与一笔贿赂金而将国家森林中的树木砍掉一大批，那么国民收支账户上所显示价格只是国民收入的一部分，甚至贿赂金也同样只有一部分在收支账上显示出来，如果它在家中被花掉而不是存入瑞士银行的话。但是森林的消失，以及它所带来的好处与潜在价值的丧失，作为相应的损失无法挽回。而且，不只是热带国家以相当便宜的价格出卖他们的森林物产，美国太平洋西北部，英属哥伦比亚以及阿拉斯加的温带雨林的命运，就是一个有力的证明。很显然，国民经济会计制度的改革是所有国家的一个重要问题。幸而，实行那一改革的努力在有些国家中已经开始起步了。我们的例子也表明，同重大的贪污腐化做斗争是实现经济转变的一个关键要素。

对于依靠自然资本生活现象关心程度的另一个晴雨表是贴现率（discount rate）。我获悉，世界银行在为有重大环境影响的计划提供经费时，仍然使用每年10%的贴现率。如果这是真的，那就意味着未来30年里一些重大自然资产的损失被打了20%的折扣。下一代的自然遗产的价值只有现在给定值的5%，如果它真被估算过的话。

用这一方法使用的贴现率是对所谓的代间公平（intergenerational equity）的一种量度，后者对持续质量的观念很重要。过分地折扣未来等于掠夺未来。如果以某种方式将贴现率的概念推广，那么它也许能用来包括持续性所指的大部分意思。

社会转变

一些经济学家极其重视代间公平与代内公平（generational equity）之间可能的平衡，这也就是对将来之关心，与对今天贫穷人们为了生存而需要利用一些自然资源的关注之间的平衡。虽然当今生物圈某些方面的恶化是由极度贫困的人们在谋生过程中所致的，但恶化的大部分原因应归咎于富裕的人们对资源的挥霍浪费。然而，许多情况下，环境恶化与一些大型计划联系在一起，这些计划是打算用来帮助比如发展中国家农村贫困人口的。但这些计划实行的结果，如果不全部是那至少常常是相当低效与具有破坏性的。其实，我们可以通过大量地方性的小型行动来有效地帮助那些人们，比如以称作微型借贷（microlending）的形式进行。

在微型借贷情形中，由一个专门的金融机构为地方企业家，其中许多是妇女，提供小型贷款，以便他们开办小型企业，从而使当地许多人能借此找到谋生的机会。这些商业活动提供的职业对环境的破坏往往不那么严重，并且既能促成代内公平，又能促使代间公平。幸运的是，支持持续型经济活动的微型借贷正越来越普遍。

如果生活质量在人与人之间非常的不平衡，如果众多的人过着缺衣少食的生活或早早地因病夭折，而他们却看到其他数十亿的人们却过上了更舒服的生活，那就很难说生活质量最终会达到持续性目标。很显然，为实现持续性目标，向着代间公平的方向采取大规模行动是必要的。如为持续发展提供微型借贷的情形一样，代间公平与代内公平之间的协同性更多于对立性。对发展中国家农村贫困人口真正有帮助的政策与那些保护自然的政策之间的相容性，比通常所声称的要大得多。真正对城市贫困人口有益的政策，当然应该包括避免城市环境灾难的条款，也应该包括解决农村人口大规模向城市移民的问题（其中有些城市已经膨胀到难以管理的地步）。事实上，社会转变显然必须包括缓和上百万人口的大都市的一些最恶劣的问题。

如今，比以往更甚的是，没有哪个国家能在不考虑国际问题的情况下，处理好同时影响城市与农村经济活动的难题。全球经济的出现就是现代形势的一个主要特征，更积极地参与这一经济的愿望是影响世界各地政府与商业政策的主要力量。全球经济问题的突出性以及快速运输、全球通信与全球环境影响，都意味着更大程度的世界性合作对于处理整个人类所面临的一系列严重的连锁问题是必要的。这又将我引向机构或管理的转变。

机构转变

地区性或全球性合作并不局限于环境问题，或只限于环境与经济事务。维持和平，即所谓的国际安全保障，至少也一样重要。

对联合国来说，组织选举监督或赞助为终止内战而进行的谈判，已是例行公事。"维和"（peacekeeping）行动正在世界的许多地方进行。结果并不总是令人满意，但至少这一方法正逐渐制度化。

同时，国家间合作还以许多其他方式进行着，而且，国家的作用势必被削弱，因为在我们的世界中，太多的重要问题逐渐地超出国界。在人类活动的许多领域中，国家间、甚至世界性（或近似世界性）的机构，不管是正式的还是非正式的，已经在很久之前就发挥起了作用。如今又有了更多这样的机构。通常，它们将竞争导向持续模式，并使之由敌对型转为协作型。一些机构比另一些更加有效，但总的来说它们都有一定的重要性。下面列出了几类不同的机构。比如，空中旅行系统；国际邮政联盟；广播频率协约；国际刑警委员会（Interpol）；候鸟协约；国际濒危物种贸易条约（CITES）；化学武器条约；国际理论与应用物理联合会；国际科学联合理事会（简称国际科联）；世界数学、天文学、人类学、精神病学等学科会议；世界作家组织——国际笔会（PEN）；金融机构如世界银行与国际货币基金组织；跨国公司，包括麦当劳公司与IBM公司；联合国机构，比如世界卫生组织（WHO），联合国环境规划署（UNEP），联合国开发计划署（UNDP），联合国人口活动基金（UNFPA），联合国儿童基金会（UNICEF）与联合国教育、科学和文化组织（UNESCO，简称联合国教科文组织）；以及红十字会，红新月会（土耳其的红十字会——译注）大卫王的红盾会（犹太人红十字会——译注）与红狮和红太阳会（伊朗红十字会）。而且，英语作为一门国际性语言其渐增的重要性也不容忽视。

人类已经逐渐开始在全球或高度国际化的基础上，一步一步地处理一些有关生物圈及其中的人类活动的控制问题。

并且，关于全球公地——那些未被认定属于谁，因而属于全人类的地方——问题的磋商正在取得进展。不通过合作而自私地利用那些地方的资源，只会导致对大家都不利的结果。最明显的公地例子就是海洋、太空与南极地区。

较发达与较不发达国家之间的协议可以遵循星球交易的模式，后者我们在前面讨论自然保护的时候就已经提到。不过，在这里它又显示出了更广泛的意义：富裕国家向贫穷国家提供援助时规定贫穷方履行这样一项义务，那就是采取措施推动广义的持续性发展，因而避免增加核武器以及采取保护野生地区的行动也被包括进来（温带国家通过为热带国家森林保护提供费用来补偿他们在发电事业中排放二氧化碳所造成的环境污染，也是星球交易的一种形式）。

然而，消极排他主义——具有不同语言、宗教、民族、国家及其他差别的人们之中的激烈并常常是暴力式的竞争——在近几年里已经比以往更加突出，特别是当一些独裁政权强加于这些竞争之上的一些管制被解除之后。在地球的不同地方正发生着很多起民族或宗教暴力冲突。原教旨主义的不同分支正逐渐发展起来。世界正在迈向联合的方向，而在这种联合之中又有一种走向崩溃的倾向。

我们已经提到，不管多么小的差异都可用来将人们划分成严格敌对的群体。比如，我们可以看看索马里所进行的残酷战争。是因为语言差别吗？不，他们都说索马里语。是宗教差别吗？不，几乎所有索马里人都是穆斯林。是由于伊斯兰教内部存在不同的教派吗？也不是。那么是宗族差别吗？有一点，但造成如此大骚乱的并不是它。随着法律秩序的崩溃，挑起与进行战争的主要原因是在敌对军阀们领导下的宗族下的小宗派（subclans）。

观念的转变

上述这些倾向将会导致什么结果呢？如果过度纵容早已过时的消极排他主义倾向，将会发生军备竞争、生育竞争以及为争夺资源而进行的竞争，这些竞争将使质量持续性难以或不可能实现。我们的观念似乎需要来一个戏剧性的转变，包括我们的思考方式、我们的图式以及我们的范式的改变。如果我们人类想要实现彼此之间关系的持续性发展的话，我们必须进行上述转变；如果我们还希望实现同生物圈其他部分之间持续的相互作用，那就更不用说了。

科学研究还没有弄清楚，人们对其他被认为不同的人们（以及对其他生物）的态度，在多大程度上受很久以前在生物进化过程中出现的遗传、硬连线（hard-wired）的倾向所支配。或许在某种程度上，我们惯于组成彼此互不相容的集团并对环境施加不必要的破坏，具有生物学的起源。它们可能是在生物进化中获得的，也许从前十分适应于大自然，但在一个相互依赖、拥有毁灭性武器及破坏生物圈的能力大大增加的世界中，这种习性不再能适应了。生物进化太慢，跟不上这些变化。不过，我们知道，快得多的文化进化能够修正生物学倾向。

社会生物学家强调，像其他动物一样，我们人类继承了这样一种倾向，即保护我们自己以及我们的近亲，从而使得我们与近亲能够生存至生育并将我们的一些基因模式传递下去。但在人类中，那种增加相容适应性的本能被文化深深地改变。对于某人跳进河里去抢救另一个面临被鳄鱼吃掉的危险的人这样一种情景，一个社会生物学家可能会主张，当水中那个人是近亲时，这种"利他"行为发生的可能性更大。文化人类学家则可能指出，在许多部落中，某些亲戚，包括相当远的亲戚，是"本族"成员或父母、后代，他们在很多方面会被当作真正的近亲来对待。或许这样一个部落的成员，会愿意冒牺牲自己生命的危险像救他们真正的兄弟姊妹一样，去救他们的本族同胞。无论如何，社会生物学家现在同意，人类中的利他行为模式大大地受文化的影响。冒生命危险去搭救另一个人的某种特定的意愿，会很容易感染部落里的所有成员。

这样的行为也会发生在更高级的组织中。在国家规模上，它被称作爱国主义。随着人们聚集成越来越大的社团，"我们"的概念在范围上不断扩大

（不幸的是，由于压力的作用，可能会显现出社会结构的一些弱点，这些弱点致使社会重新分裂成较小的单元。比如，萨拉热窝附近所发生的就是这样一个过程，当地一位居民如此评论："我们同那些人和睦相处了40年，我们彼此通婚，但现在我们认识到他们并不完全是人。"）。虽然有这样的挫折，但总的倾向仍然是朝向范围越来越广的团结。

最大的观念问题是，那种团结感是否能在较短的时间尺度上影响到整个人类，并在一定程度上影响到我们所属于的生物圈与生态系统中的其他生物。能有越来越多的全球性长期考虑来补充地方性的短期考虑吗？家庭意识能经历非常快速的文化进化，从而发展到星球意识吗？

过去的政治联合常常是通过征服而实现的，有时继之而来的是试图压制文化多样性，因为文化多样性与民族竞争像一枚硬币的两面，相互对立。然而，为了满足持续质量的要求，向星球意识的进化必须包容文化多样性。人类需要多样性的统一，其中多样化传统经进化后能允许彼此之间的协作，并使许多具有连锁关系的、向持续型的转变能够实现。社团对人类活动来说是必要的，但只有具有合作动机的社团才有可能适应未来的世界。

同时，人类文化多样性导致了意识观念或范式、图式的多样性，它们具有地球人类思考方式之特征。其中一些世界观，包括关于什么是美好生活的特定观点，可能特别有助于持续质量目标的实现。这样的观念最好能变得更加普及，尽管文化多样性可能由于其他观念的衰败而得到更大破坏性的后果。通常，文化多样性的保护不仅能产生与正统观念相抵触的主张，而且还会导致与其他目标之间的冲突。

几年前，我去听了加州大学洛杉矶分校的一次演讲，主讲人是瓦克拉伏·哈威尔，他当时是即将分裂的捷克斯洛伐克联邦共和国总统，现在则为捷克共和国的总统。他演讲的主题是最近几十年里他的国家所受到的环境损害，这些损害对人们的健康造成了严重的影响。他将环境损害归咎于人类中心主义（anthropocentrism），特别是其中这样一个观念，即我们人类拥有地球，并有足够的智慧去学会如何开发它。当然，哈威尔不仅是位政治家，也是位作家与人权卫士。大多数普通的政治家是禁止攻击人类中心主义的，因为选民都是人。但是，对我们人类来说，认为自然自身具有实际价值，而不仅将它看成对自称为人这种特殊灵长类动物的有利用价值之物，可能是真正的明智之举。

信息转变

在地方、国家及超国家层面上处理环境与人口问题、社会与经济问题、国际安全保障问题以及这些问题之间密切的相互关系，需要在知识与理解以及知识与理解的传播中发生一种转变，我们可以称之为信息转变。这里，自然科学、技术、行为科学及法律、医药、教育、外交等各行各业都必须发挥作用，商业与政府部门当然也必须发挥作用。只有当名流与普通百姓对人类所面临的复杂问题都有了更深程度的理解时，持续质量才有实现的希望。

仅将知识与理解专门化那还远远不够。当然，在当今时代，专业化也是必要的。但是，如我们前面所讨论到的，对专业化知识进行统合，使之形成一个合乎逻辑的整体，同样也非常必要。因此，社会必须比从前更加重视整体性研究。这种整体性研究旨在通过一种粗略的模仿或模拟，同时将一个综合性形势的各重要特征及其相互作用整合到一起，因而势必比较粗糙。早期一些试图对整体进行粗略描绘的尝试曾受到人们怀疑，部分地是因为那些结果过快地被发表，也因为过分地利用了这些结果。但这些不应该再成为妨碍人们再次尝试的理由，不过在发表那些难免是试验性与近似的结果时，态度应当谦逊，不要武断。

那些早期研究比如向罗马俱乐部呈递的第一份报告《增长的限度》（*Limits to Growth*）的一个额外缺点是，决定结果的许多关键性假设与变量并不随参数而发生变化，但读者却能看到结果随假设与数字的变化而变化。当今，由于有高效率计算机可以使用，我们能够更容易地研究随参数而变化的结果。可以检验，结果对不同假设的敏感性，因而研究结构可以变得更加透明。而且，部分研究可以采取博弈的形式，比如《西姆城》（*Sim City*）或《西姆地球》（*Sim Earth*），这是韦尔·赖特领导下的麦克斯公司开发出来的产品。博弈法允许批评家按他或她自己的判断来修改那些假设，并看看会产生什么结果。

彼德·施瓦茨在他撰写的《放眼未来的艺术》（*The Art of the Long View*）一书中，叙述了荷兰皇家炮弹公司的规划小组几年前如何推断出，石油价格不久将会急剧下降，并建议公司采取相应的行动。董事们表示怀疑，他们中的一些人说他并不会受规划小组推测的影响。施瓦茨说，于是这一分析便以博弈的形式提出来，并允许董事们去核查，比如说，允许他们合理改变他们所认为错误的输入量。根据他的记叙，最主要的结果总是一样的，因此，董事们信服了，开始为一个较低石油价格时期做准备。一些参与者对荷兰皇家炮弹公司所发生事情的回忆有些不同，但不论如何，这一故事很好地说明了建构模型时，增大透明性十分重要。随着模型中包含越来越多真实世界的特征，并相应地变得越来越复杂，因此，将它们透明化，告诉人们哪些是假设，以及可对它们进行怎样的改变，这一任务也就变得更加重要和更富于挑战性了。

我们之中那些参加了如2050计划的人面临许多棘手的问题。这些计划可以使下世纪中叶有一个更加持续的世界，可是，这些导向持续质量的转变如何在将来50年到100年间实现呢？我们希望哪怕是粗略地理解各种转变之间的复杂相互作用，尤其是产生由它们引起的敏感的相对与绝对调节的问题，这一希望有可能实现吗？有希望充分考虑世界各地条件的广泛变化吗？还有比上述更重要的其他转变或其他看待整套转变问题的方式吗？这些问题牵涉到21世纪中叶左右的那段时期，那时各种转变可能都已部分地得到实现，或至少已经走上正轨。对那个时代进行有益的思考是很困难的，但未必不可能。比如易卜生所写的《海达·高布乐》(*Hedda Gabler*)一书中，当有人对艾勒·乐务博格写的历史书在描述将来的篇章表示惊奇时，他说："尽管如此，仍有一两件事必须被提到。"

至于更遥远的未来。在21世纪中叶之后，真正接近质量持续性的地球将具有什么样的优势条件呢？对那样一种情形我们有什么设想呢？如果生活在那个时代，我们将会看到什么，听到什么以及感觉到什么呢？我们真应该设想一番，尤其是对一个质量增长超过数量增长的世界。我们应该想象这样一个听起来像是乌托邦式的世界，在那里，《世界状况报告》与《世界资源报告》并不一年比一年坏；在大多数地方，人口正稳定下来；极度贫困正逐渐消失，全人类更公平地分享财富；索取真实成本的真正尝试已做出；世界性及其他国家间机构（以及国家与地方机构）开始处理人类社会与生物圈其余部分的复杂连锁问题；偏向持续性与星球意识的观念赢得更多的拥护者，而各种各样的民族怨恨与基督教原教旨主义作为离心因素而遭到淘汰，但仍然保持着大量的文化多样性。如果我们甚至不能想象一下这样一个世界会是什么样子，或在定量计算的基础上估计它可能如何运作，那么，我们一定不能指望实现持续发展的目标。

在三种时间范围中，让人们对比较遥远未来的更持续世界进行构想，自然是极困难的，但十分重要的是，我们应该克服不愿对这样一个世界进行具体构想的习惯。只有如此，我们的想象才可能冲出某些习惯与态度之局限，而那些局限性现在正在导致或行将导致重重困难；也只有如此，我们才能找到改良的方法来处理我们彼此之间的关系，以及我们与生物圈其余部分之间的关系。

当试图构想一个持续的未来时，我们还必须考虑哪些技术的、心理学的或社会的意外之事，可能会使那个相当遥远的未来完全不同于我们如今可能构想的那样。需要有一个由富于想象的挑战者组成的特殊小组来不断提出这样的问题。

这个小组还可以考虑这样一个问题，即在一个当今许多最令人担忧的现象已被消除的世界中，会出现什么新的严重的问题。几年以前，许多权威人士并没有预言冷战时期不久即会被一个具有不同问题的新时期所取代，但即便是那些预言了这种变化的人，也没有认真考虑哪些问题将代替那些不再占主导地位的常见问题。

关于将来几十年的短期设想是怎么样的呢？不久的将来，哪种政策与活动可能促成以后更接近持续质量的时代呢？开展关于最近之将来的讨论一点也不困难，而且对许多观察者来说，目前所面临的一些问题正变得明朗起来了。需从现代经验中学习的主要东西，或许是我们提到微型借贷的时候所言及的那些内容。这就是自下而上的主动精神比从上向下的更重要。如果当地人们深深地卷入到一个过程，如果他们帮助进行组织，并且如果他们感觉到其结果的利害关系，尤其是一种经济利害关系。那么，比起官吏或强有力的开发者强迫人们行动，这种自下而上的过程成功的可能性就要大得多。在帮助热带地区实现自然保护及至少部分经济持续发展目标时，保护主义者发现，投资到地方团体与地方领导阶层，特别是投资培训地方领导者是最有价值的事情。

虽然可以很容易地说服人们讨论中等时限之将来——在那一时期，如果要想实现持续发展目标，必须先大体上完成那些有着相互连锁关系的转变——但这一挑战的惊人复杂性可能很令人气馁。所有这些转变都必须被考虑；每一转变的性质与时限都有待确定；它们在世界的不同地方或许各不相同，并且彼此缠结在一起。然而，这种高度的复杂性可能会导致一种简单性。当然，在自然科学领域（它的确更易于分析，但仍然需要一些训练）中，在一个数学奇点附近的转变中，不妨假设是从气体到液体的转变，转变的性质确实只依赖于少数几个重要的参数。但那些参数通常不能预先描述出来；必须对整个问题进行仔细研究以后才会发现它们。极度复杂的非线性系统的行为通常也确实会显示出简单性，但这种简单性是典型生成型的，而非一开始就会显现出来。

关于通向一个更接近持续世界的可能途径的整体性政策研究，具有重要价值。但我们必须谨慎地将这些研究当作"想象的增补物"（prostheses for imagination），而且要防止夸大它们可能具有的正确性。试图将人类行为，尤其是社会问题，纳入到某种势必狭窄的严格数学框架中的努力，已给世界带来了许多痛苦。例如人们就曾以那种方式来使用经济科学，结果当然是令人遗憾的。还有，人们常常不严格地根据科学，特别是科学之间的类似性，来论证一些有损人类自由或福利的意识观念。19世纪的一些政治哲学家所倡导的社会达尔文主义就是许多例子中的一个，但还绝不是最糟糕的一个。

然而，在适当的精神指导下，许多粗略的整体性政策研究（不仅包括线性计划，而且包括进化与高度非线性模拟及博弈），可以为人类集体远见功能的产生提供一些适度的帮助。一份早期的2050文件这样描述道：我们的情形有点像晚上在一个陌生地带驾驶一辆快速行驶的汽车，那个地带非常的崎岖，布满沟沟坎坎，不远处还有悬崖。要是有某种前灯，即便是很微弱并闪烁不定的一种，也能帮助我们避免一些最坏的灾难。

如果人类的确具有了相当程度的集体远见——对未来的分支历史有某种程度的了解——那么，一种高度适应性的变化必将发生，但这种变化还不是一个关口事件。然而，当朝向更大持续性的一组连锁转变完成时，这将是一个关口事件。尤其是意识观念的转变，这意味着人类意识向全球意识迈出了重大的一步；这种转变或许借助于巧妙驾驭的技术进步，不过现在还只能朦胧不清地预想这些技术。转变完成之后，整个人类作为一个整体——与栖息或生长在地球上的其他生物一道——将会成为比现在更好的一个复合的、具有充分多样性的复杂适应系统。

阅读思考：盖尔曼提到了人类社会需要哪些转变？在这些转变中，哪些是最重要且最困难的？

一个正义的和
可持续发展的世界①

伯 奇　柯 布

伯奇，悉尼大学荣誉教授，人口生态学家；柯布，美国加州克莱蒙市神学院教授。此文仍是讨论可持续发展的问题，但作者将"正义"的概念作为关键词，并对传统中人们理解的"发展""增长"等进行了分析和批评，对美国式的现代消费方式进行了质疑，批判了"无限增长"的神话，为人们展示了对于可持续发展的另一种思考。

前面讨论了有限范围的伦理问题，这些问题从对生命自身的研究和此研究触发的技术生发开来。即使在此有限的范围内，也无法将其与更广泛的全球性非正义背景之下的问题割裂开来。这一章提倡用科学，尤其是生物学，通过将其效能重新定向，以来处理基本的全球性需求。从生态学视角对这些需求进行考量，人们就会马上发现，此类问题不仅关乎社会公正，同样也关乎生态可持续发展问题。如果生命的生态基础继续瓦解下去，那么一国内部和国家之间财富的重新分配也就没有多大的意义了。

尽管我们已经意识到了这种研究方法的局限性，也意识到了由之产生的对于全球性问题的研究的必要性，但前面关于价值和伦理的讨论主要还是在个体层面展开的。在应对全球性问题的过程中，首先要考虑的仍然是提高人类和其他动物个体体验的丰富性。对人类而言，这首先意味着使生命物种的潜质得以保存。但是，由于全球化为我们提出了一些新的目标，因而需要更多的原则和方针。

世界基督教联合会认为，人类社会最应该在三个方面提升自己：那就是

① ［澳］查尔斯·伯奇，［美］约翰·柯布.生命的解放[M].邹诗鹏，麻晓晴，译.北京：中国科学技术出版社,2015.

正义、参与性和可持续发展。我们认为，"参与性"可以包含于"正义"之中。简而言之，我们选择"正义"和"可持续发展能力"作为关键词。本文前两部分将分别讨论"正义"和"可持续发展"的意义。

只有意识到现状与目标的差距，我们才能够明白这场讨论的重要性。据此，第三部分将就一些事实进行探讨，以显示现时的做法存在多么深远的不可持续性和非正义性的特征。

对这些现状的领悟包括对于在发达国家世界中的"增长"的观念的摒弃，但大部分人目前还不接受这一点。事实上，另一些人提出了一种表面上符合逻辑的备选方案：他们提出，如果有足够的能源和革新的技术，就可能建设一个普遍繁荣的未来；他们进一步认为，用之不竭的能源可以解决所有的环境问题。这些观点几乎总与对核能的倡导相联系，认为核聚变能源能够源源不断地提供适应需求的能源。在第三部分，这种基于无限增长的意识形态将得到解释和拒斥。

本文和后文频繁把"发展"一词连同"发达的""发展中的"等形容词一起使用，但这并不意味着"发展"的意义该被当成一种既成规范；相反，我们应当严厉批评那些主张以某种发展模式为主导的想法，也要批评从中衍生出的规范性的判断。本文提倡的内容与呼吁"解放"的人而不是呼吁"发展"的人有更多的共识，然而，发展的话语不可回避。1975年在墨西哥城召开的联合国国际妇女年会上，参会代表提出了发展的目标：让个人和社会的幸福能够取得持续的进步，使其福荫全人类。从人类存在的生态学模式来对"发展"进行考量是较为妥帖的。

正　义

人们时常把正义和可持续发展看成非此即彼的两个方面。那些强调正义的人经常把可持续发展看作来自现存社会制度受益者的呼吁，从而总让人觉得这些受益者是在企图分散人们对其内部权力滥用的注意力。然而，越来越多的人开始领会到，虽然两个原则在现存社会架构下的关系时有紧张，但它们实际上唇齿相依：正义与可持续发展，失去一方，另一方便无从谈起。一个社会，于正义而不顾就会滋生怨恨，这样的社会只能依靠暴力手段进行掌控，这样的结构自产生之日起便不是稳定的。但同样确定的是，一个只寻求正义而忽视其行为对未来所产生的影响的社会不可能真正获得正义，因为这样的做法将非正义施于未出生的子孙后代——剥夺他们获得体验的丰富性的机会，甚至让他们无缘经历同样的生命历程。如果把正义的概念充分地延伸到未来正义视域，可持续发展就可被纳入正义之中。但是，因可持续发展直到今天依然处于严重的被忽视状态，我们需要将它分离出来并作为一个独立主题进行探讨。

对这方面的一些关键词进行定义是极为困难的，幸好它们可以不经准确定义就可被人们从多种角度进行有效的理解。但我们仍然有必要就关键词的意义、与之相关联的问题以及可能产生的误解提出一些评论。

正义的概念可以看作是"好社会"概念的近义词，在这个意义上它暗示了所有人类事物的有序化，却没有回答什么样的有序化才是良好的。柏拉图展示的那个独裁主义的且等级森严的社会也可能被认为是正义的。持另一极端观点的人则把正义与平等的意义近乎等同起来，在他们眼中，财富、文化成就的差异消失、权力消亡就等于实现了社会正义。平等，无疑是一项重要指标，但我们同样可以想象一个"正义"的社会，它几乎不提供让人丰富体验的机会。绝对平等是空想的概念，正义不需要绝对平等，同时罗尔斯也讲到，正义要求我们分担彼此的命运，并给每个人平等发展才干提供机会。

强调此种意义上的平等不同于坚持在国家间平等地分配财富，这一想法有其值得赞许的一面，但在实际应用中容易受到更深层次问题的困扰。我们可以比较一下伊朗和斯里兰卡的情形来看这个问题。在国王的统治下，伊朗的年人均收入达1250美元，远远高于大多数发展中国家的收入水平，而斯里兰卡的年人均收入一直处于130美元左右。某些观点褒扬伊朗的成就，认为它显示出国际财富更公平的再分配，依照这样的视角，斯里兰卡则是该怜悯的对象了。

然而，单凭人均收入作为衡量发展的标准，已被证明是远远不足的。因此，美国海外发展理事会提出了"生活质量指数"，该指数以婴儿死亡率、预期寿命以及文化水平为基础。指数在0～100内变化，依此指数，伊朗只有38个点，而斯里兰卡则高达83个点。伊朗遵循的是典型的复杂工业化发展政策，这导致了国内财富分配不均，对提高大众生活质量也无甚裨益。伊朗的婴儿死亡率居高不下，预期寿命和文化程度则维持在低水平。与之形成对比的是，斯里兰卡是穷人的"福利国家"，普及卫生保健、控制疟疾、改善营养等带来了死亡率的下降，年均婴儿死亡率1979年降至50‰，这在贫困国家是一个相当低的数字，因为发展中国家的平均比率是140‰。同年，斯里兰卡预期寿命是68岁，逼近发达国家水平，远高于发展中国家的平均水平。斯里兰卡的教育不仅免费，而且选择自由度甚大且向所有人开放，有法律规定最低工资和养老保障计划；土地改革后，农民的土地使用权得到保障。最引人注目的是出生率的下降：斯里兰卡出生率从1950年高达38‰下降到1979年的16‰，这一显著回落的最好解释是该国的社会经济政策。

其他一些国家，中华人民共和国和印度喀拉拉邦，在实质性的生活质量上虽然也取得引人注目的进步，但其人均年收入仍在300～400美元。国民生产总值颇高（大约人均1000美元）的国家是新加坡和韩国，促成上述进步的主要是关于土地的再分配、赋税、劳动力、资本利用、食物补贴和教育卫生事业低能耗体系及其机制的建立。而机会平等化则不仅提高了生活质量，还大大降低了人口出生率。

有些国家对平等的考虑另有体现：它们并非等到做出一块巨大的经济蛋糕才采取行动，而是已经着手解决大众的直接需求。这并不能保证国内的财富平等分配，当然也更不能确保整个国家在全球经济领域能得到公平的分配，但是与经济指数衡量出的人类需求相比，它们应对的需求更加基本，因而体现了对正义、平等的更为敏锐的感知。它同样提供了一种情境：处于此发展模式的国家中，人民作为一个整体能够从未来所需的经济发展中受益。

但正义不仅仅是平等问题，独裁主义的政府也可以违背人民的意愿强行推行平等，这样达成的平等还不是正义。正义需要鼓励而不是压制人的自主思考能力，以使人们能够参与到那些决定自己的命运的决策中。

自力更生谋发展要求人民的参与。很少有国家在生产能力上可以完全自给自足，但是，只要这种发展给予它所服务的个人以取得成就的机会空间，所有国家都能够自力更生。要让这样一种发展成为现实，就要让每个人全力参与，以使自身能力的开发与国家资源的开发相辅相成，在这种情况下，自力更生的反面——即对于别国的依赖，则几乎已经促成了外界对本国的剥削。印度经济学家帕玛写道：

如果贫穷和不公正是经济生活的主要因素，那么穷人的潜力必然是战胜这些因素的主要手段。如果发展中国家的人民在自己的社会经济种种限制中培养出了一种尊严感和身份感，他们就能够战胜这些阻碍。可以设想，只有得到更多，只有趋近富裕国家，我们才会有尊严和认同，而那些着意营造模仿性的价值观及其框架的新型奴役，则会使人逐渐丧失人性。许多发展中国家在过去20年间的发展狂热都被带到这个方向，而它们亟须从这种桎梏中解放出来。当发现自己潜能的力量，人们的参与就会发生效力，甚至可以说，这是无权者的权力，从最有效的资本中激发出来的精神，乃一个社会最宝贵的资本。它会使我们步履坚定地在人类发展的大路上向前迈进。

蕴含平等、参与性和个人自由等原则之"公平"概念，可以当作本质性的元素被纳入正义（justice）这个概念中。个人自由与参与性紧密相连，参与意味着人们有发表异议的自由。很多人认为现在没有正义，因为他们还是政治压迫的受害者。莫尔特曼说："除非全部人获得了自由，否则那些自认为已获自由的人亦非真正得到自由。"更不用说诸如恣意逮捕、酷刑、政治原因等造成的"消失"，未经审判的长期监禁、非经司法程序执行死刑、政治谋杀等种种悲剧还在现代世界上演。1979年"大赦国际"年报披露了阿根廷在未经审判或控告的情况下将数千人投入监狱，1976年的政变到1979年，有数千犯人"消失"。孟加拉国的监狱里有超过3000名政治犯。1965年印度尼西亚所谓的"9·30运动"后仍有数千人因此身陷牢狱，其后又有包括学生在内的中央政府反对者为寻求更高的省级（区域）自治而遭到扣押。未经审判的监禁在南非甚为常见，越南有50000人在囚犯营里接受"政治再教育"，"大赦国际"1979年帮助民主德国220名政治犯重获自由，几乎所有人被关押的原因都是违反了禁止非暴力人权运动的法令，该组织的报告指出苏联有300人因非暴力人权运动遭受收监、流放或投入精神病院的惩罚。没有一个大陆上的国家能够幸免于来自人权方面的侵害。

正义至少包含个人自由、平等和参与性三大元素，以此三者为标准，今日世界有数量庞大的人群正在承受着严重的不公正待遇。

可持续性

可持续发展能力的含义较为容易表述，即能够无限期存在的能力。全球背景下，可持续发展能力的概念在其与环境危机的关系的意义上被使用。1966年肯尼斯·鲍尔丁将挥霍式的"牛仔经济"和"飞船经济"相对比：牛仔经济铺张挥霍地利用资源的方式，视之取之不竭；飞船经济利用资源的手段适应可用资源的有限性。罗马俱乐部的《增长的极限》（1972）、戴利的《迈向一个稳定的经济状态》（1977）、亨德森的《光明前景》（1978）等书也提出了同样的主张。他们将"稳定型经济"和"增长型经济"作对比，认为后者有朝一日会崩溃，因为地球资源是有限的。"稳定型经济""静止型经济""平衡型经济"等说法缺乏积极含义，第三世界国家也会不接受。1974年，世界基督教联合会召开了一次以可持续发展为主题的会议，提出了"可持续发展社会"一词。"可持续发展"一词的使用强调了维护地球支持生命存活的系统、保护依赖此系统的资源的必要性，这实际上主要指生态的可持续发展。而当说到社会架构和政治制度与生态一样有可持续发展时，它有着更为广泛的含义。据此，资本主义和社会主义作为现存的政治制度都是可持续的政治制度，这个说法是站得住脚的。

像正义一样，现实世界里的"可持续发展能力"是相对的，本文所讲的可持续发展社会指向"不确定的未来"而非"无限的未来"。我们很擅长预测可以延续长达数百年的社会形态，虽然从进化的角度来看那只是白驹过隙。

把可持续发展能力与稳定性经济相联系会使某些人误以为可持续发展就意味着静止。恰恰相反，只有变化才是可持续的。前面已经指出，即使变化和运动仅仅停止那么一瞬间，一切生命就会终结。然而，从不断变化的根基中，生命却获得了其稳定形态。可持续能力中的稳定和变化的关系非常复杂，自然是我们的好老师。

百万年来，围绕地球有一层生物圈，该生物圈内部以既神奇又复杂的方式维持着其延续所必需资源。大气中的氧来自植物，空气、土、水中的二氧化碳从生物活体和火山而来，所有的氧气分子、水分子和二氧化碳分子在活体生物的参与下循环往复。由于分子的运动，自然的全球社会生生不息。

地球系统内部，自然创造了许许多多可持续的生态系统如雨林和珊瑚礁，此间动植物种类繁多，不仅没有耗尽环境资源，反而使之得以延续。一个自然界动植物群落，如热带雨林，有一个事实很少被注意到，那就是它基本上让其中所有作为资源的材料都被循环利用了，除去水与二氧化碳，唯一来自外部的资源就是太阳能。

热带雨林的树木和其他植物高效地从土里汲取矿物质，转化为自身的组织，它们的枝叶落入土地或被动物啃食而死亡，被微生物和苔藓分解，最后重新成为无机化合物，再次被植物吸收。整个过程快速高效，以至于流淌在未被人类活动侵扰的亚马孙雨林的水流在成分组成上与蒸馏水并无二致，它们被称为"黑水"，几乎不含任何矿物质，与携带被侵蚀地区泥土和矿物质的所谓"白水"形成鲜明对比。比如，"黑水"大尼格罗河在马瑙斯与亚马孙河支流的"白水"汇合。这些不含矿物质、不含生物的水因为过于澄澈，看起来就像黑色，之所以水里没有生物，是因为供植物生长的无机化合物在水到达河流之前就已经被岸上植物的根吸收走了。

戴利谈到，动词"生长"意味着"出现并发展至成熟期"。生长的观念中包含成熟的概念，成熟之后，物质积累让位于物质存续。每一种动植物的种群或群落都有一个生长（增长）阶段，随之而来一个不增长的成熟阶段。增长期的每一株植物、每一头动物把外界资源转化为自身的组织，体型变大；一旦成熟，个头就定型了，于是它们以较低的速率消耗资源，其目的不是生长，而为了保持业已成熟的官能活动。大至整个动植物群落也是同样道理，每一片雨林从一粒粒种子开始，变成一株株幼苗，最后长成一丛丛灌乔木。生物量的增长把愈来愈多的太阳光能收入系统供生长，等到雨林成熟，能量主要用来维持成熟群落的存续。当然还有大量种子仍在生发，但是在激烈的竞争中大部分的种子并无见天日的机会，我们今日所见的成熟雨林已经到达生长容量的极限，但它却能生息不绝百万年，这正是一个充满活力的可持续发展的社会。

在相对持久的生态系统中生长出数以百万计的新生命形式，它们也获得了比较稳定的结构和行为形态。但是整体地看物种图（图1），我们会看到经济增长和地球负载容量之间的相互关联：增长导致的环境恶化带来负载容量减退的后果极其显著，因为二者不断地调整适应环境变化并改变着环境。主要通过冒险和实验的方式来获得经验会使变化的速度尤为显著。

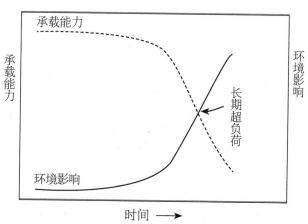

图1 经济增长与地球的承载力之间的互生关系

可持续发展的社会尊重地球的极限。地球的有限性体现在三个方面：对于诸如木材、食物、水等可再生资源的生产能力有限；如化石燃料和矿物质等不可再生资源的储量有限；它为生命系统存续提供的无偿服务（如污染吸收能力）也是有限的。

这三点限制决定了地球的人口负载能力。由于工业化，人口和经济增长双重作用减弱了地球的负载能力。假设，现在人类对自然的需求只占全球生态系统负载量的5%（当然，这是大大低估了的粗略数字），根据《美国重大环境问题研究》，人类对整个环境的影响以每年5%递增，这样考量，环境需求将达到饱和点。

发展的纯粹动力、社会对环境恶化的滞后反应，让世界体系有过度发展超出长期可持续水平的倾向，其不可避免的结果就是崩溃。对我们而言，基本可行的选择体现在图2：人类历史漫长的时间里经济增长都非常缓慢，工业革命后曲线急剧飙升直到今日。第一项政策选择是直接转入高水平可持续状态，如果没能做出这样的选择，过度发展会引起曲线降至新的稳定可持续状态，而本来这种状态可以通过谨慎计划和及时行动达到。也可能降到更低水平，略等同前现代的农耕式生活方式。人类站在文明的十字路口，现在就可能开始创造一个正义和可持续发展的世界。人类可以具有策略性地进入人类生态史的转折时期，其重要性可与新石器时代的革命相提并论。但是，人类尚未做出决断。

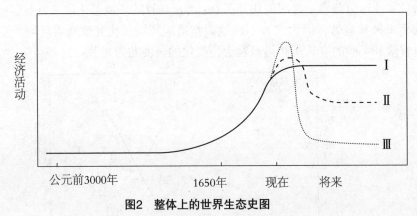

图2　整体上的世界生态史图

Ⅰ.直接转入高水平可持续状态；Ⅱ.迟滞地转化为低水平的可持续状态；Ⅲ.回到前现代的农耕式生活。即使地球的承载能力不会随经济增长而减退，这样的未来也必定于2036年到来

生态灾难史就是一代代的人类忽视环境极限，用不可持续发展代替可持续发展的历史，这一代人的特殊性在于他们的行动具有全球性规模。

世界可以被形象化为一个有入口和出口的容器。拿人口来看，入口是出生率，出口是死亡率。稳固的非增长态人口，要求出生率死亡率相等，两者都要尽可能低，年均11‰上下，除了人为地制造痛苦，高出生率和高死亡率没有任何好处。相应地，考量世界物品或物质财富，入口是物质生产，出口则是物质消费，人口和财富的稳定化问题很大程度上是生态学问题。传统经济体系鼓励一定时期物质材料生产量的最大化，而可持续发展的状态则是一定时期生产量的最小化。

可持续发展的社会里并非一切都是恒久的，它会发展，但发展不基于量的增长。稳定型经济同样可以增长，把它与增长型经济进行区分不是拒绝增长，而是着眼成熟。发展中国家的经济尚未达到成熟，因此增长很重要。但这样的增长所树立的目标应当是满足实际需要，然后停止，而不是把增长看成是自身巩固的系统。

即使在无更多理由扩大产量的成熟经济体里，创造性的变化仍是需要进行的。约翰·斯图亚特·密尔很久以前即阐明了这一点：

几乎没有必要讨论稳定的资产、人口状况是否有益于人类的进步。因为在这一问题上存在着，诸如各种精神文化、道德与社会进步，还有生活艺术的推进的空间及改进的可能性等，心灵总不会停止被各种正在发生的艺术所感染。工业化的艺术或许表征着一种认真且最成功的培植形式，其间唯一的区分乃是代替了非目的性的服务且有益于财富的增长，即便如此，工业化的改进也将在节省劳动力方面产生其合法的成效。

基于这些思考，我们可以得出关于可持续发展的社会的一些特征：

● 人口能够较好地维持在地球承载能力之内的水平。人口的多少当由该社会的经济习惯和社会组织形式所决定。

● 对食物、水、木材等可再生资源的需求能较好地维持在全球供给能力之内。

● 污染物的排放速度不能超过生态系统吸收污染物的能力。

● 矿石、化石燃料等不可再生资源的使用速度不超过能够增加的可支配资源技术进步速度。

●制造出的产品使用期会更长，耐用性会代替内在的易损耗性。最大限度实现材料循环利用。

●社会稳定要求稀有品的均等分配，其成员普遍有机会参与决定自己所处的社会的事务。

●重视生活，而非物质；强调质的增长，而非量的增加；强调服务，而非物质产品。

不可持续发展和非正义的世界

可持续发展的农场拥有的动物头数不超过农场的承载能力，过量放牧牛羊则是不可持续发展的。一旦过度放牧，农场环境就会发生恶化，最终土地会沙化。同理，整个地球承载生物体（包括人类）的能力有限，有时某地区兔子或蝗虫繁殖的数量超过草场承载能力的临界点，它们的数量就大量锐减。但是基本上在整个地球范围内，人类的数量都在持续攀升，而没有如动物（如兔子、蝗虫）数量变化曲线显示出的典型的阶段性回退。

没有人能确切说出地球对人类的承载量，这个数字与人类由何种类型的社会构成、个人对自然环境的需求状况有关。莱斯特·布朗警告说，我们已经错过了几个关键位置。"如果1970年人口增长到36亿时停歇住，就有可能避免人均渔获量的减少；在38亿时止歇，人均粮食产量还可能继续增长。"布朗意识到了"迅速停止人口增长的最大困难"，但他同时又指出："这一困难必须与不及时行动所酿成的地球主要生态系统崩溃的恶果放在一起考量。"他进而提出了一个稳定人口增长的方案，即在21世纪人口总量控制在60亿。可是，要实现这个野心勃勃的目标，并为如此庞大的人口营造一个正义与可持续发展的世界谈何容易。

不仅人口在增加，人的胃口也越来越大。人类是地球资源的消费者，从农业革命起，人类的消费欲望就在膨胀。工业革命之后又是一个消费量的剧增阶段，因为人类学会了如何得到大量煤、铁等不可再生资源，并将它们投入工业使用。结果，在工业化的世界中，人们的收入增长，购买力增加，消费量增大。麦多斯对一个美国人一生的资源消费量进行了估计：

9800万升水

28吨铁和其他金属

1200桶汽油

29000千克纸

10吨食物

10万美元公共开支

一个美国人大约抛弃：

10000只不可回收瓶子

17500个易拉罐

27000个瓶盖

2.3辆汽车

35只胶质轮胎

126吨垃圾

9.8吨空气污染物

对这些数字进行数学运算，就能回答地球可否供养1980年按此标准消耗物品的43亿人口了。结论令人咋舌：如果全世界人都按美国人的速度消耗资源，石油储量仅够维持6年，木材、铜、硫、铁和水的年消耗量会超出已知储量。美国人的资源高消耗不能为全世界所采用。这就是所谓的"不可能定理"，然而，这一理论至今未被驳斥。

这就引出了一个显而易见的正义同题：美国和其他"富国"的人使得其余人无法享受同等的生活方式（或速度消费），这是否在道德上过得去？在一个财富分配更公平的可持续发展的世界里，如果一国的公民消费和污染的速度快到无法让世界上其余人同等接受，那么这个国家就过度发展了。瑞典经济学家冈纳·阿德勒—卡尔松呼吁"倒置功利主义"，即"以苦难最小化的方式组织社会"，他坚持"假如苦难依旧影响广泛，增加业已富裕者的物质财富就没有任何价值……除非每一个人都得到了生活基本必需品，否则人们都不应当增添自己的财富"，这使得"对物质资源需求减少而对我们的道德资源需求增加"。

纵然这对鼓励期待更大个人财富和把人生的意义建构于这一期待之上的社会是一个基本挑战，这个挑战并非毫无关联，它只不过显示了这一变化仅靠足量的个人行动还不够，整个社会都要随之而变。

如果世界人口都像现在美国人一样富裕，这就会超过地球的承载能力，那么或者这个世界极小部分人富裕地生活而一大部分人受穷挨饿（如现状），或者富人减低消费速度让穷人增加一些消费。然而试看现时的世界经济体系的运作方式，似乎只要让所有穷人富人同时增长财富就能解决非正义的问题。无视地球承载能力的极限值就是生活在自欺的幻境当中。诚然，技术进步曾经将这个极限值稍微加大，但不可能依靠技术让极限成为无限。事实上，目前许多证据显示，技术带来的污染活动反而使地球承载生命能力降低了。技术的权宜解决手段成为技术陷阱。人类及其熵变是反生命的合力。人类活动正飞速消耗世界范围内可探求的矿藏、化石能源和淡水。根据列奥提夫、卡特和佩特里向联合国提交的关于《世界经济的未来》的报告（1977），20世纪的最后几年人类消耗的矿藏量将是整个之前的历史消耗量总和的3～4倍；报告预测，2000年后，某些矿物的储量紧缺形势将会变得极其严峻。贮存于化石燃料里的能量以与日俱增的速度被转化为大气热量和二氧化碳，可能对未来生命造成难以估量的影响。

再来看看地球的可再生资源。人类无比依赖地球的四种基本生态系统：草原、耕地、森林和渔场。它们不仅为我们提供所有的食物，而且还出产除矿物和石化产品外的所有工业原材料。证据显示，这四类生态系统的全球人均生产力已经到达峰值并在下降，尤其是渔业，1970年达到峰值，还有林业，森林面积以每分钟20公顷的速度消失，一年消失的面积相当于一个古巴的面积。世界上所有大河上都筑有水坝，为的是有更多水源灌溉农田，这就打开了一个潘多拉的盒子。淤泥不再每年沉积在尼罗河谷平原，那里的农民只好以化肥取而代之，每年成本多1亿美元。灌溉之后地下水位上升，盐分堆积，肥沃的土壤盐碱化。为了缓解这种状况，埃及启动了世界上最昂贵的排水工程，耗资1.8亿美元。

可持续发展的复杂生态系统正被各种形式的密集型农业所取代，从长远来看，后者大部分是不可持续发展的。"侵蚀造成的水土流失目前速度也许为每年25亿吨，平均每个男人、女人和孩子半吨。"联合国环境规划署如是说。

河、湖、河口湾内维持生命的生态生长—分解循环被污染所阻断，没有人确切知道海洋的污染给其中的生物健康带来怎样的影响，有人提出近年渔业减产是污染加剧和过量捕捞导致的恶果。如果说人们对污染对自然产物的影响知之甚少，那么污染对生态系统服务的冲击就更是鲜为人知了。这些服务包括有机废物降解、太阳能的固定、大气成分平衡、营养物质循环，它们的重要意义仅仅得到了初步的探查。举个例子，加利福尼亚州圣贝纳迪诺牧场上有条高速公路穿过，每1公顷公路上的机动车不仅会增加一氧化碳排放，而且由于侵占了天然牧场，每年少清除掉440千克的一氧化碳。有人对美国东南部湿地作为三级废水处理装置和渔场的价值做过细致估算，得出的结论是每公顷湿地清理的废水量用现代污染控制设备清理要消耗20万美元。污染对于这些天然的功能抑制使社会承担了很大的损失。

可持续发展的最大威胁是战争和备战，用里夫金的话说："最终，战争和备战是最具熵变性的人类活动，毕竟只有此二者才用得上导弹——要么用导弹来毁灭，要么把导弹存着直到老化而必须被拆毁。"1979年世界共存有50000枚核武器，1980年美国贮存核武的威力超过6000兆吨，假如将其中的200兆吨核武器投向苏联的200个大城市，可以杀死1/5的人口，毁掉2/3的工业。类似地，1/10苏联核武器如果瞄准美国的70个大都会区域，可以在30天内使美国半数人口死亡，致伤千万余人，摧毁2/3工业活动和98%的关键行业，如能源和交通。很明显，美苏拥有的核武器足以相互毁灭对方好几回。

战争消耗的人力、物力资源只要转移一小部分明智地用于维持生命，就能解决人类的许多问题。1980年年度军费开支达4500亿美元，也就是每分钟100万美元。半天的军费开支就足以支持世界卫生组织整个消除疟疾的计划，一辆坦克的储存设施花费（100万美元）可以换来10万吨大米；同样的一笔数目可以给3万个孩子提供1000间教室；一架喷气式战斗机的花费（2000万美元）足够买4万个村庄使用的药品。军备竞赛没有简单的解决方案，也许国家政府和国际谈判的层面不足以解决这样的问题，虽然我们要鼓励这样的努力。只有全世界深层的态度转变才会带来大幅度军费开支削减，要按照本文和其后文的思路来建构世界，必须在态度上做出转变，减少国家间的恐惧和猜疑，加大逐步裁军的可能性。沿着现存全球社会的趋势走下去，明显是选择了一条不可持续发展的道路。

现存的全球社会也不是正义的。有关不公平状况的数据我们已经熟悉到了近乎麻木的程度。但数据的确显示了对数亿受害人代表的不公不甚关心的现实。1979年美国、澳大利亚的人均国民生产总值（GNP）分别是8640美元、7340美元，孟加拉国的人均GNP是90美元（美国人口资料局1979年数据）。

13亿人生活在人均GNP低于300美元的国家里，8亿人所在的国家人均GNP仅在300~2000美元，另外7亿人生活的国家人均GNP在2000美元以上。发达国家的人均GNP是发展中国家的13倍，从工业化程度衡量，欧洲工业化完成的国家、苏联、北美、日本和澳大利亚的人口共占全部人口的30%，却控制着93%的工业产品、95%的出口产品、85%的军事用品和98%的科学研究活动。这些国家消耗全世界87%的出产能源、78%的化肥、94%的铝制品和94%的铜制品。

健康层面，1979年在美国新生儿的生命长度预期是73年，孟加拉国是46年；婴儿死亡率（每年每1000个婴儿中死亡的人数）1978年在美国是14人，孟加拉国是153人。世界粮食理事会报告指出，超过10亿人的食物摄入不足以满足让他们对于热量的需求量，据估计他们中的4.5亿人遭受严重营养不良，其中60%生活在亚洲，主要是偏远地区。发展中国家每年有1500万儿童因营养不良或疾病而丧生，在发达国家这个数字只有50万。在最贫穷的国家，存活下来的儿童里有1/4~1/2遭受严重或中等蛋白质和能量营养不良，缺乏维生素A导致每年25万儿童眼盲。事实就是如此，如果世界上每年的食物产出能在人口中平均分配的话，大家就都能有足够的膳食，即都会有足够的热量和蛋白质摄入。这样可以满足每个人的需要，却满足不了每个人的贪婪。

资源在国内的分配同样有所偏倚，超级富有者的收入是赤贫者的几千倍。衡量社会正义的一个有用办法就是比较最富有的1/5人口和最穷的1/5人口的平均收入。在厄瓜多尔，比例是惊人的29∶1，在美国、英国和澳大利亚，比例是5∶1，有些东欧国家比例为3∶1。

除了几个引人注目的例外（如斯里兰卡、印度喀拉拉邦等），发展计划并未消减世界上广泛存在的不公正。事实上，过去10年间鸿沟变宽了，穷人中的最穷者不仅相对比上一代人生存状态更糟，他们还有可能是绝对意义上最贫困的人。

骇人听闻的不公正对世界是个威胁，令我们当代人蒙羞，也令古老的预言家蒙羞。用赫歇耳的话说：

这个世界是令人自豪的地方，充满美丽，但预言家们却震惊地怒吼，似乎世界是个贫民窟……在我们看来，一个不公正的举动（商业欺诈、剥削穷人）微不足道，对预言家来说，则是灾难，不公正；在我们看，伤害人民的福祉，对预言家来说，则是对人类存在的致命打击；在我们看，是一段插曲，对预言家来说，是一场劫难及对世界的威胁。

要在地球上取得生态可持续发展和社会正义，除了构建新的社会经济秩序外别无他途，联合国对于建立国际经济新秩序的呼吁中也体现了这一点，但寻求新秩序的导向还存有很多疑问。在纷繁复杂的争论中，我们可以理出两条基本方向：一条指向生态视角，这也是本书的角度，本观点看到了地球的有限性和生命维持系统的脆弱性，从生命演化存活的方式中得到生命将以何种方式更深远地发展的启示。这一方向引领发展基于这些考虑的经济社会体制，在这样的体制内，个人能够充分参与塑造自身命运的多种可能性；扭转长期攫取地球资源的状况，寻找到利用资源恰如其分的尺度使其能够可持续地无限延续；倾向使用太阳能之类的可再生资源、低能耗的技术手段和无限保持土壤肥力的方法。

还有一种关于未来的观点被欧立希称为丰饶论。这一观点统治着大部分人类和国家事务，它认为所有生态可持续发展能力的问题都可以通过技术来解决，通过无限制的增长，即否认极限，我们可以获得某种程度的正义。也宣扬这一论调的有纽约哈德逊研究所的《下一个200年：美国和世界的远景》，还有贝克曼的《为富裕社会的两种声音而喝彩》。欧立希在对这两种观点所做的经典的分析中提到：

对于文明的展望哪种观点更精确是一个值得每一个人仔细审视的问题。不能够仅仅把哪边的"专家"人数多来作为哪种观点更可靠的凭据，而是应将所有论据细致考量：检视、分析、比较身边的证据。这是一项野心勃勃的任务，因为这里的事务包含物理、化学、生物、人口学、经济学、政治学、农学等学科的元素，置身其中的人必须努力攻克各种问题：增长计算问题、重要环境学进程的机制问题、矿物资源地质学问题、技术的潜力和局限问题和关于变化的社会学问题。很有必要思考现状以及提出的替代性手段的利弊，弄清在哪些部分应当投入心力去证明也很重要。

丰饶论和悲观论究竟哪一个更有可能盛行起来？如果它最终被证明是有问题的，那么哪一个的盛行将带给人类处于更大的风险中抑或是折中的某种立场才是正确的？还是连最悲观的论点实际上都过于乐观了？面临不确定性，究竟哪条才是最审慎的道路？

一种关于"无限增长"的意识形态

工业社会是用贮藏在化石燃料中的能量建造起来的，先是煤，再是石油，然后又回归到煤，前提是化石燃料还未耗尽。既然所有这些燃料类型都是能够被耗尽的，且正在被人类以与日俱增的速度消耗着，依赖化石能源的经济增长不可能是无限制的。丰饶论者提出了其他的可能性，他们的远景里核裂变产生的廉价能源不断供应，裂变能源用光了还有核聚变能源（虽然利用聚变能源的手段尚未开发出来）；有了广泛的能源供应，大量蕴含在海水和普通岩石里、以低丰度存在的矿物让技术得以低价生产更多的各类产品，令穷人的生活红火起来，富人更加锦上添花；人口持续增长也不会影响这一远景的实现；把科技扩张的益处看得高于环境和社会成本，认为后者被严重夸大了。心怀普罗米修斯的创造精神，丰饶论者坚称目前的发展策略是正确的，我们只需要在量上取得进步，持续的经济增长便是我们通向技术黄金时代的领路人。

当然，能源和矿物不是工业社会的唯一需要。食物、木材、水也很重要。但只要有了足够能源，所有这一切都会过剩，即便没有过剩，也能找到合适替代品。随着耕地逐渐被工厂和城市湮没，化学制剂可以代替土壤；有足够能源，就可以无限量地生产化学制剂；木材用完了，新化学合成品可以扮演木材曾经的角色；有足够能源，废物处理和污染问题也可以解决。由此观之，丰饶论者的观点就是核能与伟大的技术创造可以无止息地生产人类欲望想取得的一切。

但是，这样可能吗？暂时假设从核能可以得到足够燃料，核能仍然是一种危险的能量来源，原因有许多，按重要性顺序从小到大排列：①固体放射性废料处理尚无真正安全的方法，让存在放射性的废物上千年不产生危害。然而，这已经是相对比较好解决的问题了。②放射性废气的日常排放危害性在过去被大大低估了。③核电厂有可能发生的灾难性意外。④核电厂数量激增的一个后果是核武器扩张。

最后一个危害是招致反对的最大原因。有人争辩道可以在和平利用核能的同时限制核武器的发展，这个论点基于这一认识：从民用电厂材料里提取用来制造原子弹的武器级别的裂变物质困难重重，此理论认为，如果有国家或团体怀有制造核武器的企图，在研发的早期就能查出来并阻止。然而，现实好像并非如此。洛文斯与罗斯提出，一个日趋依赖核能的世界毫无办法防止军事扩张，"所有浓缩裂变物质都有爆炸的潜能"，而在裂变物质丰富的情况下，"原子弹制造和再加工会比较容易"，"不论对钚分离还是对用过的核燃料都不可能有及时的警告系统，所以理论上所有核裂变都是不安全的"。

但这并不意味着我们只好无可奈何地接受一个已经有数个国家拥有核武器的世界。核电站的蓬勃发展不意味着洛文斯等指出的一切都无法避免。核武器的经济吸引力比人们曾经想象的要低得多，民用核能的消失不能确保军用核能不再扩张，但增大了后者的希望。"毫不含糊地辨别原子弹的制造是对之进行所必需的检测和遏制前提，因此，对核能及其支持设备的识别是一个充分必要的条件"。

有一些支持核能的人士不愿承认裂变的局限性，转而指出聚变是最终解决方案。现在没人知道围绕聚变产生可用能源的诸多问题能否得到解决，但即使解决了，第一个聚变核电站很有可能因成本过高而不愿全部采用必要的安全措施。此外，人们也会用反对核裂变理由来反对聚变电站，核武器扩张。

我们不妨先作以下假设：假设核聚变能成为一种取之不竭的能源，且业已提出的改良做法技术都能实现；假设（为了方便讨论）物理学意义上的生产量无限增长是可能的；假设我们能够成功实现从当代世界向核聚变世界的跨越。问题是，核聚变的世界是否就是一个生态可持续发展、社会正义得以实现的世界呢？人类的最佳希望就是核聚变吗？是否反对这一趋势的批评家就是人类事业毫无信仰的背叛者呢？或者，我们的社会现如今投入大量资源从事那方面研究是错误呢？如果说核聚变技术的社会才是唯一正义和可持续发展的社会，那我们当然应该摒除疑虑，面对困难，尽每一分努力以实现目标。然而，如果那样的社会与生俱来就是不受欢迎的，则这场关于核聚变社会建立可能性的无休止辩论便毫无意义。我们的决定不是科学技术问题，而是伦理宗教问题。

那么，是否真的有可能建立一个基于核聚变技术可以使增长没有极限的社会？设计出这样的未来社会更大程度上只是最近几股潮流的一种延续，其中一股指向更大、更复杂的技术，它的理论认为如果人能够控制更多能源，个人生产能力就会得到提高，随着个人生产能力的提高，人类将变得愈加富有，因此新技术让能源代替人类劳动。有的经济学家甚至不愿意承认高科技是导致高失业率的原因之一。与高科技有关的麻烦不仅在此，英国科学技术理事会在1979年题为《超越星球技术》的报告里指出了技术带来的种种麻烦。

（1）系统越大，抗故障能力就越差。系统里的零部件越多，面对崩溃就更脆弱，修复的时间也越长。在通信和控制工程领域（如安在"阿波罗"飞行器上的装置），系统有两个备份，这样一旦一个发生故障，另一个马上就能顶上来。但重型电机和机械系统就不能用多备份来自我保护了，假如蒸汽涡轮或发电机的部分转轴断裂，整台机器就注定要停工很长时间。既然零部件的意外故障不能忽视，必须像核反应堆一样设计"防故障"系统，这就对想象力和技艺提出了极高要求。例如，发生在亚拉巴马州布朗渡口反应堆的事故表明了"意外的不可避免性"，工作人员用蜡烛来测试从反应堆中泄漏出来的弥漫在空气中的气体，结果蜡烛引燃了控制反应堆和其基本的安全系统的电缆。

（2）大型系统有危险的、往往具有蓄积性的副作用。任何技术都有危险。意识到了缓慢发生的副作用，就要采取费用高昂的遏制措施。可有时副作用直到造成损失才被发现，比如臭名昭著的日本水俣湾中毒事件：海湾的工业污染从1930年的氯乙烯生产开始，含汞的废气催化剂排入海湾，微生物将其转化为可溶的甲基汞，这种有毒化合物进入鱼类和贝类体内，人们食用有毒的海产品导致了灾难性后果。第一批废汞侵入海湾的15年后有了第一宗水俣病的报道，直到3年后才对该病形成明确诊断。有些情况下，虽然理论上，实验室可以检验出污染物的副作用，但是需要数量惊人的研究工作，比如检验低辐射的致癌作用，要使用数十亿只小白鼠！这还不算完。

（3）大型系统会产生不良的社会影响。很多在生产线上工作的人生活乏味而单一，与小型企业参与性很强的创造力形成强烈对比。

（4）大型系统会发生灾难。英国的温兹凯尔军用堆事故、弗利克斯巴勒环己烷泄漏事故、若兰点公寓倒塌事故、意大利萨维索农药化工厂二噁英有毒蒸气泄漏事故、"托里坎荣"号泄油事故、美国三里岛事故等，都成了我们熟悉的词汇。它们代表了主要的科技灾难，灾难引发关注，随后发起补救措施。但是，社会对没有大场面的灾难的逐渐积势反应就相当迟钝了，比如日益攀升的公路死亡数据——科技进步和人类会犯错误的本性相结合的直接结果。"如果要用制度性程序把超星技术（superstar technology）置于社会掌控之下，我们必须谨记人类现实是怎样的，而不是人类应当是怎样的。"英国科学技术理事会如是说。

超星科技往往是不妥当的科技，因为它不仅对人类施暴，而且对自然施暴。这点可以用一个故事阐明，相传古印度有一个国王，他抱怨地面太坚硬了，对人柔软的脚掌是一种折磨，要求让全国的土地都覆上兽皮，他手下有一个智者提出，用简单很多的办法可以达到相同的效果，只需割少许几张皮绑在脚下。这是人类适应自然，而不是强迫自然随人所愿的例证。不幸的是，增长型经济和超星科技花巨大代价用暴力强迫自然适应人类，这在发达国家膨胀的GNP里有所反映，发达国家没有给不发达国家提供发展的规范或楷模。福冈用现代例子说明日本面对超星科技和适当科技的选择：日本农业大量使用化肥，施在田里的化肥部分渗入溪水，溪水流入封闭的海域如内海，藻类成倍繁殖，引发赤潮。清理内海的一种方案是穿过四国岛修建一条管道，让太平洋的洁净海水灌进内海。福冈质问：使工厂的钢管能够运行输水的电力从何而来？泵水的电力如何获得？有人说那就建一个核电站发电，可这样一来便播下了二级、三级污染的种子，比原先问题还要难解决。福冈自己的模型方案是在田里铺稻草种苜蓿，这样，化肥的使用就可以有所减少。

偏爱适当科技的决定仍然是较为可行的选择。能源方面，如果我们进入核时代，那便是对于适当科技的选择的抛弃。适用于今天的超星技术水平的自然资源很快就会耗尽，到那一天，必须要采用让今日相形见绌的新技术。而幂指数曲线的增长会让这一天比预期更早到来。

有人视煤为向核子时代转型期间永不枯竭的代替能源，可以大规模开采，他们得细想以指数速度消失的煤供应会产生怎样的影响：按目前的消费速度，煤还够用5000年，如果以每年4%的速度递增，135年内煤就会消耗殆尽。另外，以这种速度燃烧的煤加速了二氧化碳排入大气，继而造成全球升温、气候类型移位。期间，全球消耗木材的速度远快于重新种植，巨大的需求很快会毁掉剩余的森林，迫使我们另谋它材。现今木头的替代品——塑料，是油性的，不能用于这一目的。要创造出全新的技术和工业来满足越来越快增长的需求。

超越星球的科技是一条不归路。一旦上路，即无法再回到一切食物来自土壤的时代。"什么星球系统都行"的养活世界的方法会飞速减低地球用自然方式生产食物的能力，而食物需求却会飞涨，那时候唯一的选择就是工厂生产和溶液培养食物了。

产生上述或另外所需的技术奇迹的可能性绝非清晰可见。问题是现存经济体制可以通过自身运作达到目标的想法是很值得怀疑的。

能源最终是有限的，并非由于人类寻找更多能源的能力有限，而是由于天气因素和生命维持系统的延续。能够利用的能源必定是有限的，因为所有用掉的能量都转化为热能。当热量产生的速度低于散失到外层空间的速度，地球不会升温；但一旦超过临界点，地球及其大气的温度便会升高。能量消耗以每年5%的速度持续递增的情况不出一个世纪，产生的热量将使地球温度上升11.5℃，达到了令人无法忍受的地步。

持续升温的工业化进程给高层大气臭氧层带来的威胁是除热污染外的另一个严重后果。臭氧层保护地球生命不被过量紫外线灼伤，每一个社会都要有意识地回避超音速飞行、碳氟化合物气雾排放等破坏臭氧层的活动。人们有两个选择：要么开发充盈臭氧层至合适密度的新技术，要么找到保护人类不受日渐强烈的紫外线侵袭的新技术。在这些条件下相信生态可持续发展的可能性，是因为我们怀有信念：人类的支配能力足以建立一个史无前例的稳定社会秩序。假设人类可以应对庞大的环境威胁，那么人类能建立一个正义社会吗？既然这个经济体制的核心是持续的指数级增长，这个目的的达成可以不惜一切代价。随着错误的代价越来越大，很有可能就不允许再发生错误了。避免错误需要前所未有的集权。经济力量和政治权力将进行融合。反对党派、公众异议、实验自由都与这种经济体制格格不入，而人类在工作中将进一步被异化。越是躁动，越要抑制躁动——必要时会导致暴力行为的发生。

出于集中权力、控制公民的需要，核电站的建设将进一步加强，不管依靠聚变还是裂变。经济的基础将采取一种可以酿成大规模破坏的能源形式，这些电站必须严加看守，防止敌方情报人员、颠覆分子、精神错乱者和马虎大意者的破坏。于是会产生一个管理者阶层，他们无疑处事冷静、忠于政府，核电站持续高度安保，防止闲杂人等入内，这套严密系统不是在一代人的时间里，而是在几千年里受严密保护、零失误地迅速扩张。成功的希望渺茫，但是即使成功了，这个系统也会变得可恶和充满不公正。

这样一种社会将强烈依赖化工产业。化工产业依靠能源技术源源不断地快速生产出旧材料的替代品，当然，人类会更加小心翼翼，否则化学毒素会吞噬人类的生命。随着愈来愈多危险产品的产出，工厂要配备与核电站一样的准军事化安保系统，因为社会承担不起这样的风险。简而言之，世界会迅速充斥更多致命物质，所有人都要被保护以免中毒。可以预想，除了整个社会都要经受住巨大的精神压力，一般的人实在难以胜任如此重要的岗位。

另一个必要的设想是那时不会有战争。因为核技术遍地开花，任何核武器的使用都会造成深重的灾难性打击。起维和作用的是恐怖均势。不会诞生冒险家，不会有成功的革命。

核工业具有与生俱来的潜在的而根本性的风险，致力于经济巨人症和政治集权，是一个由技术统治的社会长期增长的动力，它让人类社群智慧的平衡体及其精神根基岌岌可危，因为社会的这种戏剧性的演化使之排斥并背叛原本立身的价值观。

一些无限制增长的倡导者意识到了某些核能问题的严重性，可能又转而鼓吹使用太阳能。这很具有讽刺意味，因为这批人曾轻视太阳能，认为太阳能不可能列位于主要的能源贡献者之列。但是，对于"超星太阳能科技"的发现使得超星科技狂热支持者中间似乎在导向上产生了变化。比如说，有的人倡导建造外太空大型太阳能集电器，把原本不会射向地球的太阳能折射到地球上。

这种能量来源相较核能的优势在于危险性小，需要较少的警力保护。但另一方面，外太空收集到地球上的太阳能将和其他能源形式一样转化为热能，使地球大气升温。

如果为了避免上述情况，把能量利用仅仅局限在自然到达地球的太阳能范围内，以太阳能为基础的增长经济就必定比其他类型有了真正的优势。在地球表面大量区域铺设太阳能集电器仍旧有环境效应，但主要的反对因素是如果收集到的能源只是为了满足无限的工业增长，那么前面所提到的大量其他的问题就依然存在。以指数速度增长的经济为基础的社会，即使用覆盖地球表面的太阳能集电器提供能量，还是不可持续发展和非正义的。

就算可持续发展和正义是可能的，无限制经济增长从根本上来讲就是荒诞的，没有几个人会相信无限制增长。要无限制增长，或者要求人口数量无限增长，或者要求个人消费能力无限增长，或者两个增长结合，任何一种都是荒谬的。

其他倡导增长的人承认，增长会停止于某一点，但他们相信那临界点还十分遥远，并争论说全球生产量至少还要翻几番才可以满足人类的合理欲望，要取得如此增长，核能不可或缺。在一个较温和的立场上，上述场景需要修正，但是根本性的冲击仍然广为存在。目前已经发展出的核能给世界带来的不可持续发展的和非正义的元素我们已经无力承担。防止核能投入破坏性使用的必要性迟滞了进入更自由世界的脚步。关注量的增长，视之为全球头等需要，把我们引向歧途。

有些伪善的论辩声称反对增长就是反对穷国发展，即反对世界上众多的穷人摆脱贫困。贫穷世界的发展是必要的，但我们希望后发国家的路径与现在发达国家曾经的发展道路不同。经常的情况是，富裕国家在本国倡导全面经济增长，并希望后发国家欣然接受那些并不适合它们自己的技术，比如核能就不适于穷人使用，因为它需政治经济集权、剥夺大众公民权利，让发展中国家愈发依赖外界政治经济力量；此外，核能只提供电力，而不发达世界的头等需要是液体燃料。

我们并非反对所有形式的增长。世界大部分地区的生产量都应翻一番，甚至翻几番，但全球都要翻两三番则不合宜，业已工业化的国家根本不需要如此规模的增长。

莱斯特·布朗用以下例子说明许多情况下增长的无谓性：

贝克斯坦德和英格尔斯德姆用瑞典官方的经济增长预计研究了2000年的消费模式。预计增长率每年4%～6%，到那时整个产量就会是目前的4倍。国民生产总值的扩张包括金属工业7倍的增长和化工业10倍的增长，瑞典人口已接近稳定，作者质问既然现今消费水平已经如此满足人们的需要，这个国家将来生产这么多的钢铁、化工产品做什么呢？

认识到发展中国家经济增长的紧迫性，又认识到全球增长有限度的现实，就可得出一个显而易见而又革命性的推论——贫穷世界得以增长的唯一途径是抑制富裕世界的增长。只有当富裕世界的注意力由"怎样才能增长"转移到"如何最好地适应增长停滞"的问题，我们才能看到解决社会困境有前景的答案。

小　结

对能敏锐地意识到生命体基本特征的人来说，增长的有限性是如此清晰明了以至于他们很难理解否认有限性的人是诚实有信念的。两种体验结构、两种信念，在此互相对抗。前者把人看成自然界的一部分，但又是卓越的一部分，所有生物体都具有的超越元素在人类身上最为显著，人类是最成功超越的物种，因为他们敏感地尊重所有生命的生存条件，更加高效力和高效用地使用有限资源，通过留意生命的策略，他们能领会什么是真正的增长，确立恰当目标，在达到目标的过程中得到深层的满足感。这是关于生命的宗教，是赋予生命以信仰。

后者认为人类处于自然之外，自然是人的物品、财产，供人类使用。他们看到的生物体之间的差异性不外乎人这种生命体和其他无生命物体间的差异，而这些都是人类管理、利用和消费的对象。人类欲望理所应当是无止境的，类似地，人类技艺也无界限。在他们的表述里，对人类智慧和科学技术充满信心就可以实现数量上和消费上的增长，想有多少就有多少。这一信念的持有者认为人类可以前进到"黄金时代"。危险在于，人类会畏缩不前，他们对理性缺乏信任，他们违背诺言，因为看不到对于困境立竿见影的解决方案。

从生命宗教的角度看，"困境"不是该被克服的挑战，而是该被尊重的极限。有人请求我们信仰技术理性，但技术理性很抽象、与生命分离、缺乏智慧；是割裂地把每一个情境当作单一的问题分析，抽掉了所有相互关联的因素；不去费力应对具体的现实，而偏爱数学公式的世界。是的，似乎技术理性更热衷于创造新问题而不是重构一个此类危险问题不会产生的新情境。生命宗教的角度把这一信仰看作是错误导向了无生命的方向，是理性的游魂做了侍奉人类贪婪的奴仆。像许多人那样接受技术理性，就是选择死亡。

我们直截了当地对这一点进行了揭示。除了以上基于事实信息的理性的论述，人类有筛选出支持自己基本立场和顺应天生取向的信息，并且忽略其余信息的非凡本领。即使他们被迫要接受一些不太舒服的内容，也能稍稍调整后潜移默化地适应。人类用旧囊装新酒的能力是惊人的，但是这次，旧酒囊撑爆的时候到了，旧的范式在过度信息的压力下终于崩溃了，新的范式兴起，它重组一切信息，为新的有说服力的观点开道，用完整和清新的姿态导向生命。生命体的生态模型和与之相伴的生命宗教为这条道路服务，加快旧范式和技术理性宗教的消亡。

本文没有展开论述生命宗教具体要求的是什么，但讲到了它要求建立一个正义与可持续发展的世界，即是要求抛弃人口和消费无限增长的梦境（或说"噩梦"）。"增长"的意识形态为这一问题的探讨提供了规范。但若从生命宗教的角度进行审视，则很明显"增长"的意识形态是误解了增长的本质，而定下了会毁灭生命的畸形目标。

人类调整自身适应维持生命的自然，不是一个"是与否"的问题，而是一个"如何做到"的问题。不用问他们会否减少石油的消耗，因为必定要减少。不用问海洋捕鱼捕鲸是否会有限度，这限度是必然存在的。不必问现存制造业是否让道给其他产业，答案是一定会的。问题是让这个极限灾难般降临，还是通过人类努力设计出一个温和的过渡，意识到要建立一个正义和可持续发展的未来。后面指出了可以达到这样过渡的方向。

阅读思考:"正义"与"可持续发展"的关系是什么？

生死本世纪①

里 斯

　　里斯，英国宇宙学与天文学教授，剑桥大学三一学院院长，曾任英国皇家学会会长。在此文中，作者亦是采用科学家的视角，对于目前人类社会存在的诸多问题和风险，以及应用科学技术的正、反面的效果和可能性进行了讨论。同时提出了解决这些问题的设想和困难，并指出要善用科学，也要思考应对使用科学带来的可能威胁。

　　身为一名天文学家，大家常常误以为我是占星家——但我不用算命天宫图，没有水晶球。从以前的记录看，科学家能够预言的事，其实是可怜的。在亚历山大·格雷汉姆·贝尔发明了电话的时候，他满腔热情地说，"有朝一日，美国每个镇子都会有一部电话"。大物理学家卢瑟福勋爵断言，核能的实际应用是痴心妄想。托马斯·沃森，国际商用机器公司（IBM）的创始人，说"我认为会有一个国际市场，或许卖得出去五台计算机"。我有一位身为皇家天文学家的前辈，说空间旅行是"彻头彻尾的昏话"。我不再列举这个令人羞臊的名单了。不如让我们专注于一个关键问题：在接下来的这几十年里，如何利用我们的科学能力来缓解而不是恶化世界面临的紧张状态？

　　我们的生活脱胎换骨，归因于在20世纪50年代酝酿的三大发明，但其无所不在的影响力，肯定是当时预见不到的。确实，预言家们通常低估长期变化，连短期变化也会被低估。事情是在1958年，基尔比和诺伊斯发明了第一个集成电路，这是如今无所不在的硅片的前身——这或许是20世纪最能够改天换地的一项特异的发明。它使全世界有了手机和互联网，促进了经济增长，而这东西本身节省能源和资源。在同一个十年之内，詹姆斯·沃森和弗朗西

---

　　① ［英］马丁·里斯.从当前到无限：科学的眼界[M].王祖哲，译.长沙：湖南科学技术出版社，2012.

斯·克里克发现了遗传的基础机制——著名的双螺旋。这发动了分子生物学，开辟了无远弗届的前景，其主要的冲击力尚未来临。十年前，人类基因组的第一份草图得到了解码。这是一个庞大的国际项目，克林顿总统和布莱尔首相在一次特别的记者招待会上为之喝彩，经费大约是30亿美元。如今，基因组排序——"读出"我们的遗传基因——成了一种司空见惯的技术，费用才区区几千美元。

还有第三种技术，也出现在这一阶段：空间技术。从苏联发射了人造地球卫星以来，有50多年了，这个事件导致肯尼迪总统发起了"阿波罗登月计划"。肯尼迪的主要动机，当然是超级大国的对抗；冷嘲热讽的人们可以讥笑那不过是花里胡哨的表演，但那毫无疑问是一次非同凡响的技术胜利。空间项目也奠定了一个激发灵感的传统。从空间里眺望地球——由云层、陆地和海洋构成的那种细腻的生物圈，与宇航员们留下脚印的死气沉沉的月球表面，恰成鲜明的对照——此番景象，从20世纪60年代以来，成了环境保护主义者的徽标。

但是，空间技术当然有一个阴暗面。鼓捣火箭，主要是为了运载核武器，而那些武器本身是第二次世界大战期间的"曼哈顿计划"的结果。"曼哈顿计划"开启了核时代，甚至得到了比"阿波罗计划"更强烈的关注。在整个冷战期间，我们在核灾难的威胁下活过来了；这种灾难能够粉碎文明的结构；在1962年古巴导弹危机的时候，威胁到了白热化的程度。直到当年的美国国防部长罗伯特·麦克纳马拉退休之后很久，他才在纪录片《战争阴霾》（*The Fog of War*）中直率地讲起这些大事，当年他深深地介入其中。他说，"我们没有意识到我们离核大战仅有一根头发丝的距离。我们都捡了条命，不是我们的功劳——至少，赫鲁晓夫与肯尼迪挺走运，也挺有智慧"。确实，在冷战期间有好几次，超级大国可能误打误撞地奔向生死大决战。

全球核毁灭的威胁，涉及几万枚核炸弹；谢天谢地，如今暂告缓解。但是，这种令人胆战的前景不曾一去不回头：到21世纪中叶，重新排列的全球政治格局会导致新超级大国之间的疏远，我们不能排除这个可能；与古巴导弹危机相比，要处理新的对峙，或许不那么顺手，也不那么幸运。小国的核武库扩散，并且在地区环境中实施，这种危险大大甚于以往。除此之外，"基地"做派的恐怖分子有朝一日或许会得到一件核武器，肆无忌惮地把它在一个城市里引爆，与几万人同归于尽。

核时代宣告这样一个时代的到来：人类能够威胁整个地球的未来。我们永远也不会完全消除核威胁——氢弹出笼了，再也放不到笼子里去——但是，21世纪让我们面临新的严重危险。这些危险或许不会在突然之间为全世界带来灾难；但是，集聚起来，却令人心焦，也很有挑战性。有些灾难是新技术的结果，我们现在还预见不到——我们比卢瑟福预言不到热核武器好不了多少。

世界人口趋势

有一个趋势，我们无法信心十足地预言。到21世纪中叶，地球上的人会比今天多很多。50年前，世界人口不到30亿。从那之后，人口翻番；而到2011年可望达到70亿；展望2050年，可达到85亿到100亿。人口增长主要在发展中国家。如今世界人口超过一半住在城市里，而城市人口在增加。

世界大多数人身居其中的国家，生殖力降到每个妇女大约生2.1个孩子的人口更新水平之下。最近25年生殖力下降极快（巴西下降了50%，伊朗下降了70%多）。目前的生殖率从尼日尔的每个妇女生7.1个孩子，到韩国的1.2个；欧洲平均大约1.4个。这种所谓"人口统计学过渡期"，撇开其他原因不谈，是婴儿死亡率下降、避孕方法普及以及妇女受教育的结果。然而，发展中国家超过半数的在世人口不到25岁——并且伴随着寿命延长。人口持续增加到21世纪中叶，几乎不可避免，原因正在于此。如果人口统计学过渡期快速扩展到全部国家，那么在2050年后，全球人口可能会逐渐下降。但是，印度的人口数增加迅速，其人口在2030年可望赶上中国；而到2050年，印度人口可能会超过16亿。非洲人口预期也在上升。100年前，埃塞俄比亚的人口是500万；如今的数目是大约8000万，到2050年可望翻番。苏丹和乌干达两国的人口，到21世纪中叶估计也会翻番，对尼罗河盆地的水源带来了日益严重的压力。总而言之，到2050年，非洲可能将比今天增加10亿人。

但是，2050年之后，人口趋势将依赖于今天十来岁和二十来岁的人决定生几个孩子，以及生殖间隔有多长。在非洲，有大约2亿妇女对生殖做不了主。在非洲最穷的国家中，强化生活机会的举措——提供干净的水、基本教育和其他基本需要——应该是人道主义的当务之急。但是，那似乎也是在整个非洲大陆导致人口统计学过渡期的一个前提条件，而人口统计学过渡期已经在其他地方发生了。无能力达到这一目标，将不仅是社会管理（对资源的需求适中）的失败，而且也是整个非洲的悲剧，那将引发巨大的移民压力。早先的一位

"瑞斯讲师"杰弗里·萨科斯指出，成就联合国的千年目标，以及借此改善世界上"底层的十亿人"的生活质量所需要的资源，不到世界上最富的1000人所拥有的财富。

为了养活非洲人，农业生产力必须得到加强（但不要像现在发生的那样降低土壤或者生态品质）；要利用现代农业方法，转基因可能是方法之一。缺水问题，或许被气候变化恶化了，必须得到解决。用目前的方法生产1千克蔬菜，需要2000升水；1千克牛肉需要15000升水。但是，随着生物学的进步，必须采取现代工程举措来节约用水，降低食品浪费，等等。

如果我们没有把握设想2050年后人们的生活方式、饮食、旅行模式以及能源需求，那么我相信我们就不可能为世界确定一个"适度的人口数"。如果每个人都像目前的美国人那样过日子，那样挥霍能源和资源，这个世界就连现有的人口也供养不起。另一方面，如果大家都以米饭蔬菜为食，不要东跑西颠，而用超级的互联网和虚拟现实技术互相联系，那么100多亿人就能够可持续地过日子，而且生活质量很高（尽管这一特别的构想干脆不大可能，而且也必然不吸引人）。因此，单单引用某一条随意的报纸标题上的数字，来为世界确定"供养力"或者"最佳人口数"是天真的。

有两条信息，特别应该让更多的人确实知道。第一条，在最近10年提高妇女的权益与教育（这确实本身就是一种善良的当务之急）将降低最贫穷国家的生殖率，并且能够因此可望在2050年降低世界人口多达10亿。第二条，2050年之后的人口数越大，对资源的压力就越大——尤其重要的是：如果发展中国家（增加的大多数人口在这里）要缩小与发达国家的人均能源与其他资源消耗量之间的差距的话。

200多年前，人人都知道托马斯·马尔萨斯论证说，人口将增加，直到受到食品短缺的限制。他这一个看来不妙的预言，已经得到了制止（尽管如今的人口是他当时人口的7倍），手段是促进技术发展与绿色革命。有朝一日，马尔萨斯或许被可悲地证明说得有道理，也可能（这样的事情）不见得发生。在非洲或者其他地方，真有可能可持续地提高粮食产量，因此2050年增加的嗷嗷待哺的人口可望得到供养——但必要的条件是要有效而恰当地利用现有的知识和技术。确定全球人口问题，是重要的，因为这个话题在当前似乎讨论得不够。之所以如此，是因为过去的那些阴气森森的预言结果没有兑现，也因为有人认为这种话题是禁忌——染上了20世纪20年代和30年代的优生学、英迪拉·甘地统治下的印度政策的不良色彩。

应对潜在的气候变化

关于2050年之后的另一项可靠的预言是：除了更加拥挤之外，天气平均而言也更热。人类行为——主要是燃烧化石燃料——已经提高了二氧化碳浓度，比以往50万年增加得还多。二氧化碳浓度图示，即所谓基林曲线（Keeling Curve），表明在最近的50年（在地质学上是弹指之间）中的稳步上升——外加总是能够探测到的年度起伏（这是由北半球季节性的植被荣枯引起的）。这些漂亮而精确的测量数据，完全是不可争议的。另外，根据我们至今仍然依赖化石燃料这种"司空见惯的常情"，在50年内二氧化碳浓度能够达到工业时期前水平的两倍，而且会继续上升。这完全是无可争议的。二氧化碳是温室气体，此事也无可怀疑；温室气体的浓度越大，气候变暖越快——而且更重要的是，这引发某种不可逆转的严重事件的机会越大：由格陵兰冰帽融化而导致的海平面上升；冻原中的甲烷逃逸导致的失去控制的温室变暖，等等。

在前面提到过，关于气温对二氧化碳水平究竟有多么敏感，仍然是非常不肯定的。然而，气候模型能够估计出气温可能有多大的上升幅度。我们最应该担忧的，正是概率分布的"高端尾巴"：即确实小概率的急剧气候变化。气候科学家如今致力于把计算搞得精细，并且针对如下问题：哪里将是洪灾的集中区？非洲的哪些部分将遭受严重的干旱？哪里将遭到飓风最严重的侵害？极端的天气事件会变得更加频繁吗？报纸头条总是提到的数字（全球平均气温上升2～5℃）或许小得不值得大惊小怪，但是两条评论能够使我们以正确角度来看这小小的变化。

第一，即便在上次冰河时代的高峰期，平均气温也仅仅比如今低了5℃。第二，重要的是要意识到气温上升得并不整齐一律：陆地比海洋热得快，高纬度地区比低纬度地区热得快。单单援引一个数字，说不清全球气候模式的变换；某些地区比另一些地区变化得更剧烈（确实会导致有些地区变冷而不是变热）。全球气温平均上升4℃，能够在西南非洲导致气温上升10℃。确实，任何气候变暖的最恶劣的效果，可能在非洲和孟加拉，而这些地方排放的温室气体最少。增加二氧化碳可能会引起相对突然的"抖动"而非逐渐的变化。

关于气候变化的科学研究是错综复杂的：但与经济学和政治相比，它就是简单的了。经济学家尼古拉斯·斯特恩在2006年为英国政府写了一份很有影响的报告，断言：应对全球变暖的一种方式，需要"你学到的全部经济学，还要多一些呢。那是大规模的市场失灵"。气候变暖提出了一种独一无二的政治挑战，理由有二：首先，效果是非地方性的：本国的二氧化碳排放，在本地的效果并不比在澳大利亚更大，反之亦然。这意味着确保"制造污染者付出代价"的任何讲信誉的政体，必须是国际性质的。其次，发生效果需要的时间是漫长的。海洋适应一种新的平衡，需要几十年；冰原彻底融化，需要几个世纪。即便人类引起的气候变化已经可以感觉到，全球变暖的主要危害却在一个世纪甚至更遥远的未来。"代际公正"的概念于是发挥了作用：与我们自己的权益相比，我们应该如何为未来的世代确定权益？我们应该采取多大的折扣率？

已经宣布了的政治目标，是到2050年，全球减少一半二氧化碳排放。根据目前最佳的模式，为了把平均温度上升2℃的概率减少50%，减少这么多排放就是必要的。这一目标要求这颗行星上的每个人每年两吨二氧化碳这么一种配给量。让我们做一个比较：目前美国水平是每年每人20吨，欧洲的数字是大约10吨，中国的水平已经是5.5吨，而印度是1.5吨。这个目标必须达到，却不能阻碍发展中国家的经济增长，而排放量在短期内必定上升，因此较富裕的国家必须带头削减排放。特别要提到的是，压倒一切的当务之急是要把电力输送给最穷的人，他们那么一点微不足道的动力，来自焚烧牛粪或者木头，这对健康有害。室内燃料污染导致的死亡，从世界范围说，是每年160万人——与疟疾杀死的人一样多。20亿人的生活可能发生翻天覆地的变化，却不需要增加目前排放量的1%。

成功地削减全球排放量的一半，将是一项重大的成就——那是一项各国一致行动的成就，一项为了未来的利益而超越寻常的政治视野的成就。2009年12月在哥本哈根取得的零星进展，导致了悲观主义情绪；只是在一年之后的墨西哥坎昆会议的结果，才部分地冲淡了这种情绪。另一方面，听上去可能奇怪，对2009年金融危机的政治反应，或许促进了事态的改善。谁能够想到，三年之前，世界金融体系会发生天翻地覆的变化，大银行国有化了？与此相似，我们需要破除陈规的合作行动，以避免长期能源危机的严重危险。

偶然地也起码有长期利他主义的先例。在关于安全处置核废料的讨论中，政策制定者诚实地谈论此后10000年可能会发生的事情，言外之意因此就是为未来的风险或者利益采取零折扣的政策。让我们为如此遥远的"后人类"时代操心，似乎奇怪，但我们大家肯定能够对至少今后的一个世纪有同情心。特别是欧洲，我们感念我们继承了几个世纪的往昔和历史；如果我们以我们的孩子变老时可能发生的情况为代价，我们会遭到严厉的审判。

欧盟正在追求进步的政策，致力于减少其成员国的碳排放。然而，无论欧盟和世界其他地方做什么，如果美国和中国不改变其目前的政策，那就仍然少有或者没有希望达到目标：这两个大国为超过40%的全球总排放量负责。在美国，尽管奥巴马总统在其就职演说中把气候变化作为当务之急，但在联邦层面，政治上的麻木不仁占了上风，尽管在地方社区、第三部门组织（或称非营利组织）、城市和各州层面上有了积极的主动行动。中国领导人（其中许多人是受过教育的工程师）也意识到了他们国家不堪气候变化的影响，正在为可再生能源技术以及核电力大规模投资。他们强调有必要改善能源效率，但快速的经济增长（依赖于烧煤的发电厂）却在产生逐年增加的排放，虽然比国民生产总值慢一些。如果不把生活方式转移到依赖于清洁而有效的能源技术上，无论树立什么目标，都不可能达到。开明的商业领导人意识到需要采取行动，以缓解气候变化的危险，这将创造多种多样的新的经济机会。

这个世界每年花在能源及其基础设施上的钱超过了5万亿美元；但是，目前在节省能源、储存能源，以及用低碳方法产生能源这些方面的投资，却少得多。大公司花的钱肯定是很少的，按照美国记者汤姆·弗里德曼的说法，美国能源公司在研发上花的钱，比美国宠物食品工业花的钱还少。美国的投资主要在新开张的小公司里，特别在太阳能的开发中（与此同时，在英国，能源工业中的研发如今在增加，但还不曾达到20世纪80年代晚期私有化之前的水平）。说到健康与医药领域，这里却有一个扎眼的对比：在这些领域中，世界范围的研发开销不成比例地高。"清洁能源"这一挑战应该成为重中之重和当务之急，就好像"曼哈顿计划"和"阿波罗登月计划"那样。确实，鼓励年轻人热心于工程职业，要比信誓旦旦地宣称首先要为发展中国家和发达国家开发清洁能源，要有希望得多，也很难设想有比这更有希望的事情。

有人有时候说，带着宿命论的腔调，英国的立场没有什么重要性，因为我们的碳排放只占这个问题的1%~2%。但是，在两个方面我们有力量。第一，是政治上的：英国已经赢得了国际影响，因为从2005年的格伦伊格尔斯八国峰会以来，英国政府就取得了领导地位，还因为英国已经在"气候变化法案"中承诺，在今后的40年中，削减本国排放量的80%。承认各党派的几位政治家的功劳，是重要的。尤其是几位工党大臣——米里班德兄弟、希拉里·本恩和其他人——努力工作，坚持把这些问题摆在议事日程的较高位置上，即便长期的利他主义行动显然得不到选票；保守党领导的联盟，目前在执政中也不曾食言。第二，英国有专业知识，能够带头开发低碳经济需要的一些技术。需要确保我们自己的能源，但是，在这一件必须做的事情之外，在开发世界将来需要的清洁能源一事中，不落后于中国人，是符合国家利益的。

潮汐能源或许不是每个国家的市场，但在这里英国有竞争优势。这个岛国有合适的地形——英国海岸上的海角，有流速很快的洋流——而且有从北海油田和天然气项目中衍生出来的海洋专业技术。有一项长时间的研究计划，探测了塞汶河入海口的12米潮汐的范围，而潮汐长度有16千米，从加地夫的南边一直到西超马（Westernsuper-Mare）；然而，该计划现在也不曾派上用处。

生物燃料如何呢？关于生物燃料，一直有矛盾心理，因为生物燃料要与粮食生产和森林争夺土地；但是，长期看来，转基因技术或许会导致别出心裁的发展：化解纤维素的虫子，或者把太阳能直接转化为燃料的海藻。另外一件必要之事是改善能源储存。在美国，朱棣文，得了诺贝尔奖的物理学家，被奥巴马总统任命为能源部长，要率先改善电池——既为电动汽车，也为太阳能和风能这样的不稳定能源作补充。

核能有什么作用？我自己偏爱英国起码拥有一代别种发电厂。但是，核不扩散政策是脆弱的。除非由国际规范的燃料来源得以建立，以提供浓缩铀并移除和保存核废料，你就不可能轻松地设想某种世界范围的核能计划。尽管人们对分布广泛的核能有矛盾情绪，但促进第四代核反应堆的研发，却确实是值得的；第四代反应堆大小灵活，也更安全。在过去的20年里，核工业一直处于蛰伏的状态，目前的设计可以追溯到20世纪60年代。

当然，核聚变，即太阳中能量的那种过程，仍然作为取之不尽的能源在向人们招手。试图驯服这种能源的行动，从20世纪50年代就开始了，但历史在这里却渐行渐远：商业核聚变能源仍然起码是在30年之后的事。挑战在于利用磁力把几百万摄氏度的气体（和太阳核心一样热）约束住。费用不谈，潜在的回报太大了，确实值得继续进行实验，继续开发雏形。最大的努力是"国际热核实验反应堆"（ITER），由国际资助，坐落在法国；相似的项目在韩国和其他地方开展（都涉及对超热气体的"磁力约束"）。另外一种构想，是让氘小球向心聚爆，并用聚集在一起的强大激光束加热，在美国的里弗摩尔实验室进行，但这似乎主要是一种国防项目，是要以实验室规模来取代氢弹实验，而对可控核聚变电力的允诺，是政治上的遮羞布）。

欧洲的一个长期而有吸引力的选择方案，是太阳能——巨大的阳光收集板，或许大多数在北非；产生的电，将通过满布大陆的智能电网进行分配。成此壮举，需要眼光、承诺与公共投资，其规模相当于在19世纪建造的欧洲铁路。确实，世界能源与交通的基础设施发生的任何巨变，都是浩大的工程，需要经营几十年。（与美国和中国相比，欧盟需要更加同心同德，少些迂回曲折的组织结构。亨利·基辛格有一次的抱怨尽人皆知："在我想对欧洲说话的时候，我给谁打电话呢？"在越来越多的问题上，需要全欧洲的决定。）即便那些偏爱可再生能源的人，在原则上也常常反对一些具体的建议，因为那些建议对环境和审美有不良影响。但是，我们需要记住：全部替代手段——风、潮汐、太阳能、生物燃料或者核能——都有不利方面，因此某些负面影响是不可避免的，尽管全部的负面影响有多少，决定于我们想要的那种生活方式需要每人消耗多少能量。当然，替代性能源将会取代煤矿和油井，而这些设施对环境和人类带来的风险，我们都太明白了。

我们许多人仍然希望我们的文明能够不间断地转到一个低碳的未来，转到一个较小人口，并且能够实现这种转变而不招灾惹祸。但是，这需要各国政府行动坚定，雷厉风行；除非持之以恒的行动能够改变公众的态度和生活方式，否则这种紧急任务就无法完成。当然，政治家倡导一种朴素的办法，以促成并不受欢迎的生活方式的变化，是不会得到响应的。全部发达国家的首要任务，应该是采取确实省钱的措施——手段是更有效地使用能量，把建筑搞得更隔热——并且鼓励新的清洁技术，于是化石燃料价格上升，转向清洁能源就花费较少。但是，非常重要的，是要把开发那些新能源摆在优先位置上，无论那是风、潮汐、太阳能还是核能。或许需要一个新的国际机构，与"世界卫生组织"或者"国际原子能机构"相当的那种机构，监督化石燃料的使用，并促进向清洁能源的转变。

我已经强调过，预言全球变暖的速度仍然是不确定的。立即采取行动的最大动机是在50年内，气候变化的最坏情况，确实会有严重的压力：皇家学会的《皇家学会哲学汇刊》（*Philosophical Transactions*）最近有一期特刊，题目是"4℃以及超过4℃"，强调：如果有效的缓解措施拖得太久，那会酝酿什么灾难：气候变暖就在预言范围的高端了。

在20年里，利用更强的科学、更高级的计算机模型，也利用实际发生的气候趋势的长期数据，我们会知道水蒸气和云层的反馈效果是否足以强化二氧化碳本身在制造温室效应一事中的作用。如果是这样，如果世界因此似乎处于快速变暖的轨道上（因为降低排放的国际努力失败了），那或许就有一种仓皇应对的压力。这将不得不涉及"B计划"——命中注定地继续依赖化石燃料，而以某种形式的地球工程来与化石燃料产生的后果做斗争。为对抗温室效应，有一个选择方案，比方说，把具有反射效果的气雾剂释放到上层大气中，或者在空间中建造大面积的遮阳板。这种地球工程在政治上的问题，或许是巨大的。并非全部国家都希望同等程度地调节气温，而且如此举措可能有始料不及的副作用。另外，如果对抗措施一旦中断，气候变暖或许会卷土重来进行报复；而二氧化碳上升带来的其他一些后果（特别是使海洋酸化这种有害作用）将失去控制。还有另外一种可选择的策略，目前看来不怎么可行，涉及把碳直接从大气中撤出去，手段或者是大规模地利用在潜艇里净化空气的那种"洗涤器"原理，或者是通过植树，把树吸收的碳"固定"为木炭。这种举措在政治上更可以接受：我们在本质上是在抵消由焚烧化石燃料导致的那种并非出于恶意的地球工程。

对地球工程进行研究，搞清楚哪些可选方案有意义，有可能对抗以技术"快速修理"我们的气候的那种过分的乐观主义，起码是一种先见之明。然而，已经清楚的是，把足量的物质撒在平流层里以改变世界气候，是可行的，费用也可承担——确实，可怕的事情是这种举措，一个国家的资源即可办到，甚至一个公司或者个人都可以办到。非常精细的气候模型是需要的，以便计算出这种干涉行为导致的地区性影响。地球工程提出的复杂的管理问题必须得到梳理，而且要在仓促行事的可能性出现之前就梳理，此事至关重要，原因正在于此。

其他一些脆弱之处

能源安全、食品供应和气候变化，是我们面临的首要而长期的"无敌威胁"，全都由于增长着的人口而日益恶化。但是，还有另外的威胁。比方说，土地使用方式的快速变化，或许会危及整个生态系统。在地球历史上，有过五次大灭绝；人类行为正在导致第六次大灭绝。而本次大灭绝的速度比通常的大灭绝快百倍千倍。在我们还没来得及读生命之书之前，我们就正在毁灭这本书。世界上最杰出的生态学家之一爱德华·威尔逊的说法，肯定是最雄辩的，在这里引用一下："在环境保护主义世界观的核心里，有这样一个信念：人类的身体健康与精神健康依赖于行星地球……自然的生态系统——森林、珊瑚礁、碧蓝的海水——像我们希望的那样维持这个世界。我们的身体和心灵进化得适合于生活在这么一种特别的行星环境中，而不适合于生活在其他环境中。"

生物多样性常常被宣布为人类福利与经济增长的重要部分。这明显是对的：如果鱼存量逐渐减少以至于灭绝，这对我们明显有害；热带雨林里有一些植物，其基因库可能对我们有用。但是，在威尔逊看来，这都是一些把自然当工具来用的说法（把人类视为中心），而令人信服的说法不仅仅是这些。在他看来，保存生物圈的丰富性，本身就有价值，而这价值超过了它对我们人类的意义。

话说到此，我一直专注于我们集体强加于生物圈的那些威胁。但是，有一种新类型的脆弱状态，可能产生于快速发展的技术为个人或者少数人赋予的那种力量；强调一下这种脆弱性，也是重要的。

几乎全部的发明都必然带来新的危险。大多数外科手术，即便如今司空见惯，在初期常常是致命的。在蒸汽机的早期岁月，设计简陋的锅炉一爆炸，人就要死。但是，有某种东西发生了变化。人类制造的大多数危险，都是局部的；因此，如果一个锅炉爆炸了，结果是可怕的，却是有限。但是，存在新的危险，其后果可能连累众人，即便概率很小，也令人心神不宁。全球社会颤颤巍巍地依赖于复杂的网络结构——电网、空中交通管制、国际金融、按时投递，如此等等。确保这种系统具有最大的可靠性，是至关重要的；在一个担心计算机遭到攻击的时代，确保这些系统的安全性最大限度地不受罪犯或者敌对国家的破坏，正在变得严重起来。否则，这些系统的明显的好处，将不抵由这些系统传播的灾难性崩溃（尽管是不常见的）。

还有其他潜在的脆弱之处。比方说，把很长的DNA链连缀起来，借此用某种生物的蓝图片段来建造新生命。此事对医药与农业的影响巨大，但也有危险。某些病毒（小儿麻痹症、西班牙流感和非典）的基因组已经被合成了。精通这种技术的人将会很多，由此就形成"生物学错误"与"生物学恐怖"的明显风险。在20世纪70年代，在重组DNA（基因拼接）的早期，一些专家在加利福尼亚的阿斯拉莫尔开了一个会之后，决定暂缓这种技术。这很快被视为某种小心过分的举措；但是，这不意味着当时不明智，因为危险水平在当时确实是不能肯定的。此事表明，一组在国际上领头的科学家能够达到一项自我约束的禁令，并且足够有力地影响众多的研究者，以确保禁令被遵守。最近有一些步骤，要控制合成生物学的更强大的技术；该技术能够通过一片一片地拼接一种新的基因组，来"白手起家"地创造生物。主动达成一种共识在今天更难：学术共同体庞大多了，而且竞争（受到了商业压力的强化）也更加激烈了。

如果我们认为那些熟悉专业知识的人都公允和理性，我们就开了自己的玩笑：专业知识能够与狂热联起手来——狂热的不仅仅是我们如今熟悉的各种类型的原教旨主义；某些"新时代"迷信、极端的生态怪人、使用暴力的动物权利活动分子，等等，都是狂热的例子。也存在一些危险的个人，有如今传播计算机病毒那种人的固执心理——纵火犯的固执心理。地球村里也有一些村痴。在未来的时代，个人会有很大的力量，即便一个邪恶或者愚蠢的行为，也可能惹大祸，那么我们的开放社会怎么能够确保安全呢？或许我们的社会将变得更容忍干涉，而较少个人隐私（确实，随着人们放任地把他们的私生活细节发到脸书上，我们也默许无所不在的监控摄像，这意味着这种转变或许令人吃惊的不会遭到太大的抵制）。也或许会有压力来约束多样性和个人主义，这些都会变成严肃的问题。

若干年前，我写了一本小书，写的就是本文的主题，书名是《我们的最后世纪？》[①]我的英国出版家把问号去掉了；美国出版家把书名改为《我们的末日》（美国公众喜欢来干脆的）。我暗自猜想，把全部风险都考虑在内，要想没有灾难性的挫折度过2100年，我们只有五成的机会。这似乎是一个不太情绪化的结论。然而，我的许多同事认为灾难发生的机会比我设想的还要大，他们把我视为一个乐观主义者，这倒使我大吃一惊。我确实是一个乐观主义者——起码是一个技术乐观主义者。

在最近的十年，在通信方面，在取得信息方面，我们经历了令人瞠目结舌的进步。我们乐意不停地为之付钱的家用电器和网络服务，大大丰富了我们的生活；这是十年前想也想不到的。发展中国家受到的影响也是剧烈的：印度的手机比厕所多。手机也渗入了非洲，农村的农民可以得到市场信息，免得他们自己遭到商人的剥削，强化了交易往来的能力。如今大量需要低功率

---

① 中译《终极时刻》，湖南科学技术出版社，2010年。

的太阳能发电器，好为手机充电。在2010年BBC的系列节目《世界上的100件东西》(*The World in 100 Objects*)中，内尔·麦克格雷戈尔把手机和充电器作为第100个东西——改变世界的力量标志，也是科学在贫穷地区得到的最佳应用。宽带网接踵而至，会进一步促进教育，促进对现代医疗、农业和技术的采用。展望未来，要在2050年之后建成一个可持续的世界，到那时发展中国家与发达国家的差距缩小了，更多的进步带来的全部好处能够像信息技术在过去这十年带来的影响一样巨大而有益，在科学上似乎没有什么障碍。

最近的历史清楚地预言了善用科学具有改天换地的能力。我们可以希望健康与农业也同样会脱胎换骨。但是，顽固不化的政治与社会情况(潜能与实际发生的事情)引起了悲观情绪。发展中国家繁荣，充分共享全球化的好处，富国会意识到这符合它们自己的利益吗？在面对少数拥有高技术知识的人形成的威胁的时候，各国能够维持有效而没有压迫性的统治吗？我们的同情焦点能够普及到各国吗？另外，最重要的是，我们的制度可能把那些政治家视角中的长期项目(即便在地球历史中那仅仅是弹指之间)摆在优先位置上吗？

宇宙视角

我将以一个"宇宙小插曲"来总结本文。设想一些外星人一直在远处注视着我们的行星，看到了地球的整个历史。他们看到了什么呢？在几乎全部漫长的时间里，即4500万个世纪，地球的面貌变化得非常缓慢。大陆漂移；冰覆盖面积时大时小；接连而至的物种出现、进化、灭绝。但是，在地球历史的一个切片中——即最后的百万分之一的时间里——植物模式以加速度变化。这表示农业的出现，以及人类越来越大的影响力。

然后，仅仅在一个世纪里，来了其他变化。空气中的二氧化碳含量开始反常地快速增加。地球变成了一个强烈的无线电波发射器(电视、手机和雷达传送的输出量)。接着发生了别种前所未有的事情：从地球表面发射出来的小抛射体，完全逃出了生物圈。有一些被推到了绕地球的轨道中；有些飞向了月球和其他行星。如果外星人懂天体物理学，他们就能够预言，在几十亿年后，地球生物圈难逃厄运，那时太阳突然爆发，然后死亡。但是，他们能够预言在地球年龄不到一半的时候发生的这种突然的"热病"吗？

如果他们继续观察，在此后的一百年(在这与众不同的世纪里)，这些假想的外星人会见证什么事情？最终的痉挛，然后是沉寂吗？或者地球本身会稳定吗？从地球发射出去的那些物体中的一部分，会在别处播下新的生命绿洲吗？答案取决于我们如何应付挑战。21世纪的科学，如果得到善用，就能够为发展中国家和发达国家提供巨大的好处——但这也会带来新的威胁。成功地应对这些威胁（避免提前结束人类的远景可能），是未来几十年的政治挑战和社会挑战。

在本文开始我说过，在50年前，我们不能预见如今遍及我们生活的那些技术。与此相似，有些想不到的发明创造或许能在这个世纪的后半期完全改变我们的能力。我们应该保持开放的脑筋，起码不要以为如今似乎是异想天开的事情是完全不可能的：古怪的未来学家并非总是错误的。

阅读思考：用技术解决发展中国家的问题，同时也会带来什么威胁？

好的归科学，坏的归魔鬼[①]

田 松

田松，北京师范大学哲学系教授，科学哲学家。在此文中，从科学的双刃剑效应的讨论出发，作者挑战了平常人们习惯的一种思维定势，即认为好的要归科学，而坏的归不当应用。作者提出，要反思科学，反思科学与人类的关系，表面上看来作者的观点比较极端，但作者亦有其讨论的逻辑值得我们思考。

话说丹麦王子哈姆莱特因计算错误误杀了奥菲利娅他爸，奥菲利娅他哥雷欧提斯回国问罪，正赶上奥菲利娅溺水而亡，两位青年才俊在奥菲利娅的葬礼上红眼相见，跳着脚就要决斗，正好被哈姆莱特他叔借刀杀人，一场大悲剧即将开演，哈姆莱特来了一段真情告白，差点儿改变悲惨的结局。

原谅我，雷欧提斯；我得罪了你，可是你是个堂堂男子，请你原谅我吧……难道哈姆莱特会做对不起雷欧提斯的事吗？哈姆莱特绝不会做这种事。要是哈姆莱特在丧失他自己的心神的时候，做了对不起雷欧提斯的事，那样的事不是哈姆莱特做的，哈姆莱特不能承认。那么是谁做的呢？是他的疯狂。既然是这样，那么哈姆莱特也是属于受害的一方，他的疯狂是可怜的哈姆莱特的敌人。（朱生豪先生译文）

这个解释听起来像真的似的，让人感动，于是雷欧提斯马上产生了原谅

---

① 田松.有限地球时代的怀疑论：未来的世界是垃圾做的吗[M].北京：科学出版社,2007.

哈姆莱特的念头。出于对王子殿下的同情以及对悲剧的恐惧，我也马上原谅了哈姆莱特。

双刃剑与工具论

"科学是一把双刃剑"已经成了今天的流行语，我虽然不大喜欢，也不怎么反对。如果我们相信辩证法，凡事来个一分为二，就像某人说的，道德是双刃剑，伦理是双刃剑，大家都是双刃剑，科学自然没有什么好特殊的。然而还是有人反对，这表明科学的确是很特殊的。

有一种反对的理由是这样的：科学本身是中性的，无所谓好坏，就像刀子一样，可以切菜，可以杀人，你不能因为刀子可以杀人就说刀子有罪，有罪的是用刀杀人的人。这种论证的关键在于把科学看作工具，并且认为工具是中性的，不妨称之为科学工具论。科学工具论还可以为科学家辩护，说无论是造原子弹还是放原子弹，都是政治家决定的，所以呢，就算是人的错，也不是科学家的错——把科学家也看作中性的工具了！工具论又可细化，就是把科学与技术分开，把科学技术与科学技术的成果以及科学技术成果的应用分开，于是结论更加明显：科学、技术乃至技术的成果都是中性的，无所谓好坏；那些所谓的负面效应都是科学技术成果的不当应用造成的，不能赖在科学及其技术或其成果头上。比如氟利昂，作为科学技术的成果，本没有什么错，错的是把它用在了电冰箱里。这个推理好像也没有什么错，只不过让我想起了哈姆莱特。

既不自动为恶，何以能主动行善

在中国的大众语境中，"科学"是一个所指极宽的词，常和技术联用，叫作科学技术，简称科技。这个简称给概念的混淆和偷换提供了极大的方便，它可以指科学和技术，也可以指科学的技术，甚至就是科学，或者技术。反过来，"科学"也常常被等同于"科技"。于是科学一词有时指具体的某一门类的自然科学，有时指科学和技术，有时指科学的技术，有时又单指技术。在更多的时候，这个词被用作形容词，指正确的、高明的、有效的、经过证明的、具有权威的，等等。美文家鲍尔吉·原野就用这个词做了口头禅，每当他要对一件东西表示赞叹，他就会用一种夸张的语气说："科学！科学呀！"如果强调程度再有增加，我估计他要加上国骂。有一次看电视，一个老板模样的人似乎正在讲课，只听他慷慨激昂地说了一个设问句："你这么想，它科学吗？它不科学！"我连忙按了一下遥控器。恨不得两个算命的都会互相吹牛："你这个算法它有我这个科学吗？它没有！"科学这种至大无外的用法不仅渗透在大众语境中，在学者的文章中也随处可见，如果不信，只需翻翻本期杂志，定可找到语用案例。"科学是一把双刃剑"也是在这种语境中产生和使用的，它等同于"科技是一把双刃剑""科学技术是一把双刃剑"或者"科学技术的应用是一把双刃剑"，大意是说，科学及其技术或成果有两面性，既可以造福，也可能降祸。说穿了，无非是中国的一句古语：有一利必有一弊。

然而，这种原则性正确的话语在具体问题上通常都不具备可操作性。好比母亲对儿子或者丈夫对妻子说："开车要小心啊！"儿子和妻子顺口答道："知道了。"上了马路该怎么开还是怎么开。"要小心啊！"这个陈述只是表达了一种关爱的心情，差不多就是拜拜的意思，对于怎样开车，基本上是一句正确的废话。双刃剑也是这样，一涉及具体问题便语焉不详，比如对于原子能技术，可以解释为：既可以造核电站，也可以造原子弹，俩刃；也可以解释为：原子弹可以灭了敌人，但是落到恐怖组织手里也能灭了自己；还可以解释为：核能发电固然好，玩不好来个核泄漏就会遭殃；或者解释为：无论是核电站还是原子弹，都会产生麻烦不小的核废料。

因此，要深入讨论，我同意把科学和技术区分开来，比如要讨论李约瑟问题，如果不作此区分，就是一笔糊涂账。再往下分，虽然我觉得意义不大，也可以原则性地表示支持。

凡事总要论个清楚，才能明白，更何况是敌友之别这个首要问题。好了，在进行了工具论的词语辨析之后，我们知道，科学技术的不当应用是坏的，而科学是好的。就像我们以前常说，美帝国主义是坏的，但美国人民是好的。听起来挺明白。不过，且慢！既然科学不能自动为恶，何以能主动行善呢？在我们以往歌颂科学，赞美科学的时候，歌颂和赞美的对象不都是科学本身吗？这样的套话简直是一抓一大把。小的时候写决心书，就写长大后当一个科学家，为人类造福。科学和人类的幸福被必然地连在了一起，对于每一项重大的科学及其技术的成就，我们都由衷地欢呼——无论是解决吃饭问题的水稻杂交，还是和世俗生活毫无关系的电子对撞，只要是科学及其技术，总是好的。然而，按照工具论的逻辑，这些好事儿不是科学做的，也不是科学技术做的，甚至也不是科学技术的成果做的，而是科学技术成果的正当应用做的。是谁把科学技术成果进行正当应用呢？当然是人。既然是人用的，为什么要赞颂科学这个中性的东西呢？而且，这些正当应用也不是科学家自己想用就用的，主要还是政治家决定的吧？

所以这事儿有点滑稽，工具论本身，也是双刃剑！

然而，在大众传媒上，在网络上，我们常常可以看到，那些激烈地反对双刃剑的，那些激烈地反对把人的罪过加诸科学的，正是同样激烈地直接歌颂科学本身的！他们在逻辑上是不自洽的。

好的归科学，坏的归不当应用！

疯狂是疯狂者的良民证

按照哈姆莱特的说法，他的行为可以分成两个部分，一个部分是好的，一个部分是坏的。坏的部分不能归因于哈姆莱特，要归于疯狂，只有好的部分，才属于哈姆莱特。这样一来，哈姆莱特永远是好的，永远不可能做出任何坏事来。疯狂的哈姆莱特殿下给自己想出这样的理由，足见他一点儿也不疯，然而的确是疯狂。疯狂是疯狂者的良民证——到了这个地步，哈姆莱特已经不需要为他的行为负任何责任了！

波普尔的学生拉卡托斯提出了一种硬核理论，大意是说，在科学理论的硬核之外，还有一层又一层的保护带。当一种科学理论遇到反面的经验证据时，科学家不会马上抛弃原来的理论，而是通过修改、调整，甚至放弃保护带，从而保住理论的硬核。拉卡托斯指出："经验不能否证理论，因为任何理论都可以通过适当地调整它的背景知识，把它从经验的反驳中永远地拯救出来。"按照这种说法，只要把科学不断地从技术、技术成果乃至技术成果的应用中剥离出来，总是可以获得一个绝对正确的纯洁无瑕的科学！

如今科学也获得了这样的待遇——好的归科学，坏的归魔鬼！在我看来，值得关注的不是这种剥离是否恰当，而是为什么要做这种剥离？答案很简单：为了维护科学的伟大光辉正确的形象！那么，我们为什么一定要维护一个伟大光辉正确的科学呢？也很简单：科学成了主义，成了信仰！——也就是说，科学成为迷信的对象！

徐友渔先生在很多场合都表达了对科学的辩护，但即使他也指出，科学曾经是迷信的对象。

从宏观角度看，这个古老而落后的大国既骄傲，又沮丧，对科学既羡慕，又抗拒，但向往也好，排斥也好，大家都对科学知之不多，了解不深。从微观角度看，肯定科学价值的新派人士往往是热情有余而素养不足，当他们以科学为武器反对迷信和无知时，他们的口号和姿态似乎可以概括为这样，"我们什么都不迷信，我们只迷信科学"，这当然是与科学精神不符的、自相矛盾的态度；而那些顽固守旧的人一方面轻视和敌视西方文化，另一方面又把西方名流批判自身文明，称赞东方传统的片言只语视为知心话，当成抑西扬中的得力证据。

徐友渔说的虽然是20世纪的事儿，用到现在也不过时。前不久，看到《2003年中国公众科学素养调查报告》讨论稿，问卷中有这样一个陈述："有了科学技术，我们就能解决我们面临的所有问题。"回答同意和非常同意的比例竟然达到了20.3%和18.5%，而本次调查中国公众具有基本科学素养的比例仅为1.98%。这就意味着，那些回答同意和非常同意的人中，至少有36.8%是不具备基本科学素养的！这个数据"科学地"证明，中国的科学主义之花是开放在公众科学素养普遍匮乏的土壤之中的。

崇尚科学，反对迷信；依靠科学，战胜非典；科学殿堂，不容玷污。这种语言方式透露了我们以科学为神圣的潜意识。非典期间，有些地方巫术流行，有人大惊失色，有人痛心疾首：都21世纪了，还相信迷信，不相信科学！这些表述强调的固然都是科学与迷信的对立，然而按照中学政治课本上的对立统一规律：只有存在统一性，才可能有对立性！就会发现，这种表述同时也把科学与迷信并列起来。不要相信迷信，要相信科学！就好比跑到街上做宣传，不要买东家的东西，要买西家的东西，东家的东西不好，西家的东西好！这样一种以科学反对迷信的思路，实际上把科学降到了和迷信相同的水平，把科学本身变成了迷信的对象。

如果我说："刀子不可侮。"大家肯定觉得可笑，而说"科学不可侮"，则有一种大义凛然的感觉；如果我说"刀子的春天来了"，全国人民都会觉得莫名其妙，而当郭沫若宣布科学的春天来了，全国上下就一片欢呼。因为科学并不像刀子那样中性——其实刀子也不是中性的。

我们曾经相信，科学是一个能够给我们带来美好未来的东西。甚至，科学有一种自主的前进的力量，能够推动社会向前发展。这种对科学的描述不是拟人化，而是拟神化。比如有人说："科学之所以可以信赖，在于它具有自我纠错机制。"倘若科学及其技术只是简单的工具，怎么可能有这样的功能？

反思与言说的权利

普通公众所面对的并不是认知层面的科学，而是科学技术的成果。对于这些成果，公众既然不大有判断的能力，只好被动地承受强势话语，如政府或者大公司的宣传和推广。当它们以科学的名义摆在公众面前的时候，比如截断黄河的三门峡水电站，公众即使要反对，也找不到可以被接受的话语方式。比如一位老农或者乡绅，他只会说："截断龙脉，要遭天谴！"这理由连黄万里都不会接受——摆明了是迷信嘛！

想当初，科技副县长向农民伯伯宣传化肥农药的时候，少不了要说，这是科学。农民伯伯用了几年，发现土壤板结，地力下降，私下里难免抱怨："看来科学这玩意儿也不一定都好。"不小心让副县长听见了，赶上一个语重心长的可能会说："这不是科学的错，是科学技术成果的不当应用造成的，你不能把问题归结到科学的头上。"农民伯伯肯定懵了：不是你撺掇我用的吗？但是他也不敢反驳，因为遇到一个坚持原则的就会厉声断喝："你敢反科学！"一下子还弄不清是个多大的罪。

在科学这个强势话语面前，几千年积累的传统文明，地方性经验和知识，都只有在改造成科学话语之后，才能争取一点言说的权利。

在卡逊《寂静的春天》之后，人类对科学及其技术的反思进入到了现实层面。科学及其技术是否注定给人类造福，早已成了问题。有心人不妨考察一下，当年氟利昂被发明出来的时候，当以氟利昂为制冷剂的冰箱被发明出来的时候，全世界的报纸都是怎么说的？退回20世纪80年代，我们的科普文章在说到氟利昂的时候又是怎么说的？想必也是一片颂扬之声吧！那种颂扬恐怕也被送给了科学本身吧！然而，科学本身却不能保证愿望，哪怕愿望是美好的。

我们可以说山上的石头是中性的。搬回家来盖猪圈，是好东西；往别人脑袋上砸，是坏东西。但是，技术的成果比如氟利昂之类的东西不是石头那样的自然物，而是人造的。造，就是为了用的——不用，你造它干什么？时尚女郎身上琳琅满目的各种新东西大多不是生活必需品，而是什么新技术企业为了赚取利润绞尽脑汁地企划出来的。就说刀子，固然可以用来切菜，也可以用来杀人。但是，专门造出来杀人的刀子和专门造出来切菜的刀子是不同的。在这个意义上说，技术或者技术的成果不可能是中性的。

科学不再是古希腊时代的科学，也不再是牛顿时代的科学，科学及其技术已经渗入到社会生活的各个层面，不仅改变了我们所生存的世界，甚至具有了足以毁灭世界的强大力量。一项不大的技术的成果，都可能给未来的人类带来不能挽回的灾难，氟利昂和滴滴涕都是前车之鉴。史学家科林伍德认为：人类拥有了比两千年前强得多的控制自然的能力，但道德水平并没有什么进步，这种情形，就好比一个五岁儿童挥舞一把锋利的刀子。

反思科学，反思科学与人类的关系，正关系到人类的未来！

明天你是否依然爱我

对确定性的寻求是人类的本能，确定性可以使我们获得一种安全感。正如恋人们反复追问，明天你是否依然爱我。人们也希望获得一种绝对正确的方式来保证自己的未来，保证自己行为的合理性。科学也是一个对象。它给了我们一个更加具有确定性的东西。有人出于好心，说老百姓总要信点什么吧？你让他相信科学，总比让他相信迷信好吧？我承认这种观念有一定的道理，在很多情况下，公众并无判断科学真伪的能力，对于被推广的科学技术，也无判断的能力。因而公众之相信观音与相信科学，在心理状态上是一样的。民众不信观音，改信科学，无非是换了一个神像而已。如果我们塑一个科学神，也会被司机挂在驾驶室内。我相信会有很多人对我这样的言语感到愤怒，认为我在亵渎科学。而这种愤怒恰好表明了，在他们的心中，科学就是个神！

因而，"科学是一把双刃剑"这个含混笼统的命题并非全无意义，其最大的意义在于，它撼动了科学的绝对正确的意识形态地位，撼动了科学的神的形象。而我们现在可以公开地怀疑一个神圣的东西，无论如何，是中国社会的进步。——进步也是一个大词，一个好词，用在这里，是表示肯定的意思。

根据这个说法，我们可以对当下的科学或其技术又或其成果持一种怀疑态度。也许它们眼下可能为人类带来现实的好处，但是从长远来看，更可能得不偿失。在我们为氟利昂欢呼的时候，当然不知道它会给臭氧层弄出个洞来，那么，我们怎么能够保证现在使用的氟利昂替代品苏瓦不会在将来给别的什么东西弄出个洞来呢？有些支持转基因食品的人说：直到现在为止，还不能证明转基因食品对人类有害，那些反对转基因食品的理由都是不充分的。然而，无论是氟利昂和滴滴涕，在它们投入使用的时候都可以说，没有证明其有害的证据。和所有东西一样，科学也不能对未来提供永远的保证。因而，公众对于科学及其技术的某项成果保持一种怀疑的态度，乃是最为理性的选择。相反，直到今天仍然盲目地相信科学，那几乎是拜了科学一神教了。

当然，也有这样一种说法：氟利昂的空洞是谁发现的？还不是科学家发现的，科学的问题还得由科学解决，直到今天为止，科学还是最可靠的知识，所以，要相信科学，而不能怀疑科学。这种说法把希望寄托在一个假想的能够解决一切问题的未来科学之上，然而，即使这种完美的未来科学真能获得，难道公众就应该因为它能够在未来解决问题，允许它现在制造问题吗？好比有人说，你放心吧，我给你做手术，至少到现在为止还没有发现它有什么害处——就是有也是我发现的，而且未来一定会有新的技术能够解决它的问题。这是一种典型的还原论思路。倘若真的如此，我们就应该指望，以前手术中误切的肾啊、腿啊，将有一天可以重新接上。

不错，我现在不能证明转基因有问题，但是，你也不能证明它永远不会有问题。所以，我的怀疑是合理的。按照科学那种至大无外的用法：我的怀疑是科学的！

任何东西，一旦被尊崇为绝对正确的东西，注定是可疑的；而当这种东西与权力结合起来，注定是有害的！

阅读思考：作者所说："任何东西，一旦被尊崇为绝对正确的东西，注定是可疑的。"你如何看待这种观点？

科学和利用科学知识宣言①

世界科学大会

本文系1999年在布达佩斯召开的世界科学大会上通过的一份重要宣言。其中，明确地提到了科学对于人类社会的正面和负面影响，代表了国际上对于科学和利用科学知识的某种共识。

序　言

我们大家生活在同一个星球上，都是生物圈的一部分。我们已经逐步认识到，我们正处于一种日益相互依赖的局面，而且，我们的未来与保护全球生命保障系统、与各种生命的生存有着不可分割的联系。世界各国和各国的科学家都应当看到，以负责任的方式利用，而不是滥用一切科学领域的知识来满足人类的需要和愿望，是一件十分紧迫的大事。我们寻求在一切科学领域（包括物理学、地球科学和生物科学等自然科学，生物医学和工程学以及社会科学及人文科学）的积极合作。虽然《行动框架》强调了自然科学给我们带来的希望和活力以及潜在的不利影响，也强调了了解自然科学对社会的影响和与社会的关系的必要性，但本《宣言》指出的对科学的支持以及科学面临的挑战和责任涉及一切科学领域。所有的文化都能贡献具有普遍价值的科学知识。科学应当为全人类服务，应当为所有人深入了解自然和社会、为提高所有人的生活水平和为给当代人和子孙后代提供一个可持续的健康的环境做出贡献。

科学知识产生了许多了不起的发明，使人类受益匪浅。预期寿命已大大

---

① [美]科学工程与公共政策委员会.怎样当一名科学家[M].刘华杰，译.北京：北京理工大学出版社,2004.

延长，许多疾病已可以治愈。世界上有许多地方农业产量大幅度提高，可以满足越来越多的人的需要。技术的发展和新能源的利用使人类有机会从繁重的劳动中解放出来，还产生了越来越多和越来越复杂的工业产品和生产工艺。以新的通信方式、信息处理和计算机为基础的技术给科学工作和整个社会都带来了前所未有的机遇和挑战。对宇宙和生命的起源、作用和演变的科学知识不断丰富，为人类提供了能深刻影响其行为和未来的思维与实践方法。

除了这些明显的好处以外，科学发展的应用和人类活动的发展和扩大，也造成了环境的恶化和技术灾难，还引起了社会失调或社会排斥现象。例如，科学进步导致了各种复杂的武器，包括常规武器和大规模杀伤性武器的产生。目前，出现了可以要求减少用于发展和生产新式武器的资源以及至少是部分地把军工生产与研究设施转为民用的机遇。联合国已经宣布2000年为国际和平文化年，2001年为联合国文明对话年，作为促进持久和平的措施；科学界能够而且应该与社会其他阶层一道在此项活动中发挥重要作用。

今天，在预见科学将有空前大发展之际，有必要就科学知识的产生和运用开展一场热烈的和有见识的民主大讨论。科学家和决策者应竭力通过这样一场大讨论来加强公众对科学的信任与支持。处理伦理、社会、文化、环境、性别、经济和健康等问题的前提条件，是采用包括自然科学和社会科学在内的更加广泛的跨学科方法。要加强科学在促进更公平、更繁荣和更持久的世界方面所发挥的作用，就需要所有参与者，无论是国家还是个人，通过扩大投资、同时复查投资重点和交流科学知识，长期共同努力。

由于国家之间、地区之间、社会团体之间以及男女之间结构上的不平衡，科学的受惠者分布也不均衡。由于科学知识已成为生产财富的关键性因素，因此，科学的这种分布状况就显得极不公平。穷者（无论是穷人还是穷国）与富者之间的区别不仅仅在于他们拥有的财富较少，而且还在于他们大多被排斥在创造和分享科学知识之外。

我们在联合国教科文组织（UNESCO）和国际科学理事会（ICSU）主持下，于1999年6月26日至7月1日在匈牙利布达佩斯召开的"科学为世界21世纪服务：一项新任务"世界会议（World Conference on Science for the Twenty-first Century：A New Commitment）的与会人员认为：

自然科学今天所处的地位和发展方向、它们已经产生的社会影响以及社会对它们的期待。

在21世纪，科学必将成为在相互支持的基础上使所有人受益的共同财富，科学是认识自然现象和社会现象的强大武器，而且随着人们对社会与自然界之间日趋复杂的关系的认识的加深，科学在未来的作用将会更大。

政府和民间决策中越来越需要科学知识，尤其是科学在制定政策和管理制度方面起着重要的作用。

从小就为和平而学习科学知识是所有人受教育的权利的一部分，科学教育对于人的发展、培养自身的科学能力和造就富有进取心的和有知识的公民都是至关重要的。

科学研究以及研究成果的应用可以产生巨大的收获，从而促进经济增长、人类的可持续发展和减轻贫困，人类的未来将比以往任何时候都更加依赖于知识的公平生产、传播和使用。

科学研究是保健和社会保险领域的一个主要推动力，进一步利用科学知识对于改善人类健康有着巨大的潜力。

目前的全球化进程以及科技知识在这一进程中的战略作用。

迫切需要通过加强发展中国家的科研能力和基础设施建设来缩小发展中国家与发达国家之间的差距。

信息和通信革命为交流科学知识和促进教育和研究提供了新的和更有效的手段。

充分并公开地使用属于公共领域的信息和数据对于科学研究和教育的重要性。

社会科学在分析科技发展引起的社会变革和在研究如何解决这一变革过程中产生的问题方面所发挥的作用。

联合国系统各组织和其他组织召开的重要会议和世界科学大会的协作会议提出的各种建议。

科学研究和科学知识的应用应当按照《世界人权宣言》（*Universal Declaration of Human Rights*）和《世界人类基因组和人权宣言》（*Universal Declaration on the Human Genome and Human Rights*）的规定，尊重人权和人的尊严。

科学的某些应用可能危及个人和社会、环境以及人的健康，甚至会威胁到人类的生存，科学必须对和平与发展的事业和全球的安全与稳定做出贡献。

科学家和其他主要参与者更有责任防止违反道德的科学应用或产生不利影响的科学应用。

必须遵照在公众广泛辩论的基础上制定出来的合理的道德标准来从事科学研究和应用科学知识。

从事科学研究和应用科学知识应当尊重和保护所有不同形式的生命以及我们这个星球上的生命保障系统。

在男人和女人参与科学活动方面，历史上一直存在着不平衡现象。

存在着妨碍包括残疾人、土著人和少数民族在内的其他群体（以下简称：处境不利的群体）的人（男人和女人）充分参与的障碍。

作为认识世界和了解世界的重要手段，传统的和地方的知识体系，可以而且已经在历史上对科学技术做出过重要的贡献，因此，必须保存、保护、研究和发扬这种文化遗产和实际经验知识。

必须建立科学与社会的新型关系，解决人口增长情况下的各种紧迫的全球性问题，如贫困、环境恶化、公共医疗不完善及食品与饮用水安全等。

政府、公民社会、生产部门必须大力支持科学，科学家也必须有同样的献身精神，为全社会造福。

特声明如下：

一、科学促知识，知识促进步

科学工作的根本任务就是对自然和社会进行全面和彻底的研究，从而产生新知识。这种新知识可以充实教育，丰富文化和精神生活，推动技术发展和产生经济效益。促进解决问题的基础研究，对于自力更生搞发展和繁荣进步是十分重要的。

各国政府在制定国家科学政策和促进有关各方之间相互作用和交流的过程中，应注意科学研究在获取知识、培训科学工作者和教育广大群众等方面所起的关键性作用，私营部门资助的科学研究已经成为社会——经济发展的一个重要因素，但这不能排除国家资助研究的必要性。两方面应当密切合作，相互补充，共同资助科学研究实现长远目标。

二、科学促和平

科学思维从本质上说，就是从各个不同的角度观察问题和对自然现象和社会现象作出解释，并不断对自身进行批判分析的能力。所以，科学依赖于民主社会中最基本的东西，即批判的和自由的思考。科学界有着超越国家、宗教和种族的源远流长的传统，应当如教科文组织《组织法》（*Constitution of UNESCO*）中规定的那样，促进"人类在智力和道义上的相互支援"——这是和平文化的基础。科学家在全球范围内的合作，是对世界安全和对不同国家、社会和文化之间和平交往的宝贵和积极的贡献，可以促进进一步的裁军，包括核裁军。

各国政府和全社会都应当认识到，必须利用自然和社会科学技术，作为消除冲突根源和处理冲突后果的工具。应当增加对这一方面的科学研究的投资。

三、科学促发展

今天，科学及其应用对发展来说比以往任何时候都更加必不可少。各级政府和私营部门应当通过妥善的教育和研究计划，增加投入，充分地和全面地加强科学技术能力，这种能力是实现经济、社会、文化和无损环境的发展的必不可少的基础。这对于发展中国家来说尤为紧迫。发展技术需要有坚实的科学基础，必须坚决朝安全和清洁生产方向努力，提高资源利用率和生产更多不破坏环境的产品。科学技术还应当坚决朝改善就业、加强竞争和社会公正的方向努力。必须扩大旨在实现这些目标和旨在深入了解和努力保护全球自然资源、生物多样性和生命保障系统的科技投资。目标应当是把经济、社会、文化和环境各方面结合起来，提出一套可持续发展战略。

从广义上讲，不带任何歧视和涵盖各个层次和各种形式的科学教育，是实行民主和确保可持续发展的重要前提。近年来，世界各地都采取了促进全民基础教育的措施。必须充分认识到妇女在将科学发展应用到粮食生产和卫生保健方面所发挥的重要的作用，必须努力增加她们对这些领域的科学进步的了解。科学的教育、传播与普及正需要建立在这样一个基础之上。还必须特别关注边际群体。现在比以往任何时候都更需要在社会的所有文化群体和阶层中开展和扩大科学扫盲，提高推理的能力和技巧，了解伦理价值，以促使公众更积极地参与应用新知识的决策。科学的进步使大学在促进科学教学及其现代化以及在大学协调各级教育中的作用显得尤为重要。所有国家，尤其是发展中国家，都必须根据国家的重点任务，加强高等教育和研究生教育中的科学研究。

应当通过地区和国际合作，支持科学能力的建设，以便在没有针对国家、群体或个人的任何歧视的情况下确保公平的发展，发挥和利用人的创造力。发达国家和发展中国家之间的合作应当本着全面和公开地使用信息以及公平和互利的原则进行。在所有的合作中，应当充分考虑传统和文化的多样性。发达国家有义务加强与发展中国家和转型国家在科学方面的合作。通过地区和国际合作帮助建立起一支基本的科技队伍，对于小国和最不发达国家来说尤为重要。科研机构如大学等是培养本国人才以使他们今后为本国服务的必不可少的条件。应当通过这些和其他一些努力为减少或扭转人才外流的现象创造有利条件，但任何措施都不应当限制科学家的自由流动。

科学的进步需要多种类和多层次的政府间、政府的和非政府的合作：如多边项目；研究网络，包括南南联网；有发达国家和发展中国家的科学界参与的合作关系，以满足所有国家的需要并促进其发展；研究资金和补助资金以及促进共同研究；促进知识交流的计划；尤其在发展中国家建立国际承认的科研中心；关于共同促进、评估和资助大型项目和广泛利用这种项目的国际协定；对复杂问题进行科学分析的国际小组以及促进研究生培训的国际协议等。跨学科合作需要采取一些新的举措。应当通过大力加强对长期研究项目和国际合作项目，尤其是有全球意义的项目的支持，加强基础研究的国际化。在这一方面，要特别注意对科研给予连续的支持。应当积极支持来自发展中国家的科学家使用科研设施，根据科研成就对所有人开放。要通过联网扩大对信息和通信技术的利用，这是促进知识自由流动的一个手段。与此同时，还必须注意确保这些技术的运用不会导致否定或限制各种文化和表达方式的丰富性。

将努力实现本《宣言》所确定的目标的所有国家，在采取国际上的各种办法的同时，首先应当制定或修订本国的战略、体制结构和财务制度，以便在新的形势下增强科学在持续发展中的作用，其中尤其应当包括：与代表政府或个人的主要参与者一道，制定出一项长期的国家科学政策；支持科学教育和科学研究，发展研究开发机构、大学和企业之间的合作，使之成为国家创新体系（national innovation systems）的一部分；建立和维护全国性的风险预测机构、管理机构、提高抗御能力的机构、安全和健康机构等；以及制定奖励投资、研究和创新的措施。应当请议会和政府为提高公共和私营部门的科技能力并促进它们之间的相互联系奠定法律、体制和经济基础。科学决策和确定优先事项应当成为总体发展规划和制订可持续发展战略的一个组成部分。在这一方面，八国集团（G8）主要的债权国最近主动开始减少某些发展中国家的债务，这将有助于发展中国家和发达国家共同建立为科学提供资金的必要机制，以加强各国和各地区的科技研究体系。

必须在全球范围内妥善保护知识产权，利用数据和信息，这对于从事科研工作以及将科研成果转化为对社会的实际利益是必不可少的。应当采取措施加强保护知识产权和传播科学知识之间相辅相成的关系。有必要根据知识的公平生产、传播和使用的原则考虑知识产权的范围、程度和行使问题。还必须进一步制定恰当的国家法律框架，来照顾发展中国家以及保护传统知识及其来源和产品的特殊要求，并在这种知识的习惯上或传统上的拥有者明确同意的基础上，对其加以承认和充分的保护。

四、科学扎根于社会和科学服务于社会

从事科学研究和利用从中所获的知识，目的应当始终是为人类谋幸福，其中包括减少贫困、尊重人的尊严和权利、保护全球环境，并充分考虑我们对当代人和子孙后代所担负的责任。有关各方均应对这些重要原则做出新的承诺。

应当做到有关新的发明和新开发的技术的一切潜在的用途和后果的信息都能自由地传播，以便以适当方式就伦理问题展开讨论。每个国家都应当采取适当的措施，处理科学实践和科学知识的利用及实际应用中的伦理问题。这些措施应当包括以公正和富于同情心的方式处理不同意见和持不同意见者的正当程序。教科文组织世界科学知识与技术伦理委员会（The World Commission on the Ethics of Scientific Knowledge and Technology of UNESCO）在这方面可起到促进作用。

所有科学家都应坚持高的道德标准，也应根据国际人权文书规定的有关准则为科学工作制定道德准则。科学家的社会责任要求科学家坚持高标准的

科学尊严和质量控制，与人共享自己的知识、与公众进行交流和教育年青一代。政治领导者应当尊重科学家在以上各方面采取的行动。科学课应当包括科学伦理以及科学的历史、哲学和文化影响等内容。

平等地参与科学工作，不仅是人类发展的社会需要和伦理需要，也是在全球范围内充分发挥科学界的潜力和使科学进步满足人类需求的需要。妇女超过世界人口的一半，但她们在进入、从事和发展与科学相关的职业方面，在参与科技决策方面，困难重重，这种局面必须尽快解决。同时还必须尽快解决处境不利的群体所面临的、妨碍他们充分和有效地参与的困难。

世界各国政府和科学家都应当解决健康状况不良和不同国家以及同一国家不同的人之间健康状况的差别日益加大这些复杂的问题，以实现共同增强体质和向全民提供高质量的保健服务的目标。这一工作应当通过教育来进行，要应用科技进步的成果，在所有有关各方之间建立良好的长期伙伴关系以及实施能够实现这一目标的各种计划。

我们——"科学为21世纪服务：一项新任务"世界会议的与会者，根据上述社会和伦理准则，保证不遗余力地促进科学界与民众的对话，消除科学教育和享用科学成果方面的一切歧视，在我们自己的职责范围内遵守职业道德、积极合作，加强科学文化及其在全世界的和平应用，进一步运用科学知识为人类谋福利和为持久和平与发展服务。

我们认为会议文件《科学议程——行动框架》（*Science Agenda Framework for Action*）具体表达了对科学承担的新义务，而且可以对联合国系统内和所有投身于科学的人之间今后的合作起到战略指导作用。

因此，我们通过这项《科学和利用科学知识宣言》（*Declaration on Science and the Use of Scientific Knowledge*），一致同意将《科学议程——行动框架》作为实现《宣言》所述目标的手段，并要求教科文组织和国际科学理事会将两份文件分别提交教科文组织大会和国际科学理事会大会。联合国大会也将审议这两份文件。目的是使两个组织在各自的计划中确定和开展后续活动，调动所有合作伙伴，尤其是联合国系统内的合作伙伴的支持，以便加强在科学方面的国际协调与合作。

阅读思考：按照这份宣言，科学家应遵循什么样的伦理要求？

第二编

生态与环境

再也没有鸟儿歌唱①

卡 逊

卡逊，美国海洋生物学家，博物学家。其经典著作《寂静的春天》因引发了现代环保运动而被称为"环保圣经"，极大地改变了世人对于环境问题的认识。《寂静的春天》这本名著，已经是人们不可不读的经典作品，本文选自其中第八章，只能是让读者体会一下作者的写作风格而已，任何关心环境和人类未来的人，都应该去认真地阅读全书。

　　现在美国，越来越多的地方已没有鸟儿飞来报春。清晨早起，原来到处可以听到鸟儿的美妙歌声，而现在却只是异常寂静。鸟儿的歌声突然沉寂了，鸟儿给予我们这个世界的色彩、美丽和乐趣也在消失，这些变化来得如此迅速而悄然，以致在那些尚未受到影响的地区的人们还未注意这些变化。

　　一位家庭妇女在绝望中从伊利诺伊州的赫斯台尔城写信给美国自然历史博物馆鸟类名誉馆长（世界知名鸟类学者）罗伯特·库什曼·莫菲：

　　在我们村子里，好几年来一直在给榆树喷药（这封信写于1958年）。当六年前我们才搬到这儿时，这儿鸟儿多极了，于是我就干起了饲养工作。在整个冬天里，北美红雀、山雀、锦毛鸟和五十雀川流不息地飞过这里；而到了夏天，红雀和山雀又带着小鸟飞回来了。

　　在喷了几年滴滴涕以后，这个村几乎没有知更鸟和燕八哥了；在我的饲鸟架上已有两年时间看不到山雀了，今年红雀也不见了；邻居那儿留下筑巢的鸟看来仅有一对鸽子，可能还有一窝猫声鸟。

---

　　① ［美］蕾切尔·卡逊.寂静的春天[M].吕瑞兰，李长生，译.长春：吉林人民出版社,1997.

孩子们在学校里学习已知道联邦法律是保护鸟类免受捕杀的，那么我就不大好向孩子们再说鸟儿是被害死的。它们还会回来吗？孩子们问道，而我却无言以答。榆树正在死去，鸟儿也在死去。是否正在采取措施呢？能够采取些什么措施呢？我能做些什么呢？

在联邦政府开始执行扑灭火蚁的庞大喷药计划之后的一年里，一位亚拉巴马州的妇女写道：“我们这个地方大半个世纪以来一直是鸟儿的真正胜地。去年7月，我们都注意到这儿的鸟儿比以前多了。然而，突然的，在8月的第二个星期里，所有鸟儿都不见了。我习惯于每天早早起来喂养我心爱的已有一只小马驹的母马，但是听不到一点儿鸟儿的声息。这种情景是凄凉和令人不安的。人们对我们美好的世界做了些什么？最后，一直到5个月以后，才有一种蓝色的樫鸟和鹪鹩出现了。”

在这位妇女所提到的那个秋天里，我们又收到了一些其他同样阴沉的报告，这些报告来自密西西比州、路易斯安那州及亚拉巴马州边远南部。由国家阿托邦学会和美国渔业及野生生物管理局出版的季刊《野外纪事》记录说在这个国家出现了一些没有任何鸟类的可怕的空白点，这种现象是触目惊心的。《野外纪事》是由一些有经验的观察家们所写的报告编纂而成，这些观察家们在特定地区的野外调查中花费了多年时间，并对这些地区的正常鸟类生活具有无比卓越的丰富知识。一位观察家报告说：“那年秋天，当他在密西西比州南部开车行驶时，在很长的路程内根本看不到鸟儿。”另外一位在倍顿·路杰的观察家报告说：她所布放的饲料放在那儿“几个星期始终没有鸟儿来动过”；她院子里的灌木到那时候已该抽条了，但树枝上却仍浆果累累。另外一份报告说，他的窗口“从前常常是由40只或50只红雀和大群其他各种鸟儿组成一种撒点花样的图画，然而现在很难得看到一两只鸟儿出现”。西弗吉尼亚大学教授莫瑞斯·布鲁克斯——阿巴拉契亚地区的鸟类权威，他报告说“西弗吉尼亚鸟类数量的减少是令人难以置信的”。

这里有一个故事可以作为鸟儿悲惨命运的象征——这种命运已经征服了一些种类，并且威胁着所有的鸟儿。这个故事就是众所周知的知更鸟的故事。对于千百万美国人来说，第一只知更鸟的出现意味着冬天的河流已经解冻。知更鸟的到来作为一项消息报道在报纸上，并且在吃饭时大家热切相告。随着候鸟的逐渐来临，森林开始绿意葱茏，成千的人们在清晨倾听着知更鸟黎明合唱的第一支曲子。然而现在，一切都变了，甚至连鸟儿的返回也不再被认为是理所当然的事情了。

知更鸟，的确还有其他很多鸟儿的生存看来和美国榆树休戚相关。从大西洋沿岸到落基山脉，这种榆树是上千城镇历史的组成部分，它以庄严的绿色拱道装扮了街道、村舍和校园。现在这种榆树已经患病，这种病蔓延到所有榆树生长的区域，这种病是如此严重，以至于专家们公认竭尽全力救治榆树最后将是徒劳无益的。失去榆树是可悲的，但是假若在抢救榆树的徒劳努力中我们把我们绝大部分的鸟儿扔进了覆灭的黑暗中，那将是加倍的悲惨。而这正是威胁我们的东西。

所谓的荷兰榆树病大约是在1930年从欧洲进口镶板工业用的榆木节时被引进美国的。这种病是一种菌病，病菌侵入到树木的输水导管中，其孢子通过树汁的流动而扩散开，并且由于其有毒分泌物及阻塞作用而致使树枝枯萎，使榆树死亡。该病是由榆树皮甲虫从生病的树传播到健康的树上去的。由这种昆虫在已死去的树皮下所开凿的渠道后来被入侵的菌孢所污染，这种菌孢又粘贴在甲虫身上，并被甲虫带到它飞到的所有地方。控制这种榆树病的努力始终在很大程度上要靠对昆虫传播者的控制。于是在美国榆树集中的地区——美国中西部和新英格兰各州，一个个村庄地进行广泛喷药已变成了一项日常工作。

这种喷药对鸟类生命，特别是对知更鸟意味着什么呢？对该问题第一次做出清晰回答的是乔治·渥朗斯——密歇根州大学的教授和他的一个研究生约翰·迈纳。当迈纳先生于1954年开始做博士论文时，他选择了一个关于知更鸟种群的研究题目。这完全是一个巧合，因为那时还没有人怀疑知更鸟是处在危险之中。但是，正当他开展这项研究时，事情发生了，这件事改变了他要研究的课题的性质，并剥夺了他的研究对象。

对荷兰榆树病的喷药于1954年在大学校园的一个小范围内开始。第二年，校园的喷药扩大了，把东兰星城（该大学所在地）包括在内，并且在当地计划中不仅对吉普赛蛾而且连蚊子也都这样进行喷药控制了。化学药雨已经增多到倾盆而下的地步了。

在1954年到首次少量喷药的第一年，看来一切都很顺当。第二年春天，迁徙的知更鸟像往常一样开始返回校园。就像汤姆林逊的散文《失去的树林》中的野风信子一样，当它们在它们熟悉的地方重新出现时，它们并没有"料到有什么不幸"。但是，很快就看出来显然有些现象不对头了。在校园里开始出现了已经死去的和垂危的知更鸟。在鸟儿过去经常啄食和群集栖息的地方几乎看不到鸟儿了。几乎没有鸟儿筑建新窝，也几乎没有幼鸟出现。在以后的几个春天里，这一情况单调地重复出现。喷药区域已变成一个致死的陷阱，这个陷阱只要一周时间就可将一批迁徙而来的知更鸟消灭。然后，新来的鸟儿再掉进陷阱里，不断增加着注定要死的鸟儿的数字；这些必定要死的鸟可以在校园里看到，它们也都在死亡前的挣扎中战栗着。

渥朗斯教授说："校园对于大多数想在春天找到住处的知更鸟来说，已成了它们的坟地。"然而为什么呢？起初，他怀疑是由于神经系统的一些疾病，但是很快就明显地看出了"尽管那些使用杀虫剂的人们保证说他们的喷洒对'鸟类无害'，但那些知更鸟确实死于杀虫剂中毒，知更鸟表现出人们熟知的失去平衡的症状，紧接着战栗、惊厥直至死亡"。

有些事实说明知更鸟的中毒并非由于直接与杀虫剂接触，而是由于吃蚯蚓间接所致。校园里的蚯蚓偶然地被用来喂养一个研究项目中使用的蝼蛄，于是所有的蝼蛄很快都死去了。养在实验室笼子里的一条蛇在吃了这种蚯蚓之后就猛烈地颤抖起来。然而蚯蚓是知更鸟春天的主要食物。

在劫难逃的知更鸟的死亡之谜很快由位于尤巴那的伊利诺伊州自然历史考察所的罗依·巴克博士找到了答案。巴克的著作在1958年发表，他找到了此事件错综复杂的循环关系——知更鸟的命运由于蚯蚓的作用而与榆树发生了联系。榆树在春天被喷了药（通常按每15米一棵树用0.9～2.3千克滴滴涕的比例进行喷药，相当于每4000平方米榆树茂密的地区10千克的滴滴涕），且经常在7月份又喷一次，浓度为前次之半。强力的喷药器对准最高大树木的上上下下喷出一条有毒的水龙，它不仅直接杀死了要消灭的树皮甲虫，而且杀死了其他昆虫，包括授粉的昆虫和捕食其他昆虫的蜘蛛及甲虫。毒物在树叶和树皮上形成了一层黏而牢的薄膜，雨水也冲不走它。秋天，树叶落下地，堆积成潮湿的一层，并开始了变为土壤一部分的缓慢过程。在此过程中它们得到了蚯蚓的援助，蚯蚓吃掉了叶子的碎屑，因为榆树叶子是它们喜爱吃的食物之一。在吃掉叶子的同时，蚯蚓同样吞下了杀虫剂，并在它们体内得到积累和浓缩。巴克博士发现了滴滴涕在蚯蚓的消化管道、血管、神经和体壁中的沉积物。毫无疑问，一些蚯蚓抵抗不住毒剂而死去了，而其他活下来的蚯蚓变成了毒物的"生物放大器"。春天，当知更鸟飞来时，在此循环中的另一个环节就产生了，只要11条大蚯蚓就可以转送给知更鸟一份滴滴涕的致死剂量。而11条蚯蚓对一只鸟儿来说只是它一天食量的很小一部分，一只鸟儿几分钟就可以吃掉10～12条蚯蚓。

并不是所有的知更鸟都食入了致死的剂量，但是另外一种后果肯定与不可避免的中毒一样也可以导致该鸟种的灭绝。不孕的阴影笼罩着所有鸟儿，并且其潜在威胁已延伸到了所有的生物。每年春天，在密执安州立大学的整个75万平方米的校园里，现在只能发现二三十只知更鸟；与之相比，喷药前在这儿粗略估计有370只鸟。在1954年由迈纳所观察的每一个知更鸟窝都孵出了幼鸟，到了1957年6月底，如果没有喷药的话，至少应该有370只幼鸟（成鸟数量的正常继承者）在校园里寻食，然而迈纳现在仅仅发现了一只知更鸟。一年后，渥朗斯教授报告说："在（1958年）春天和夏天里，我在校园任何地方都未看到一只已长毛的知更鸟，并且，从未听说有谁看见过任何知更鸟。"

当然没有幼鸟出生的部分原因是在营巢过程完成之前，一对知更鸟中的一只或者两只就已经死了。但是渥朗斯拥有引人注目的记录，这些记录指出了一些更不祥的情况——鸟儿的生殖能力实际上已遭破坏。例如，他记录到"知更鸟和其他鸟类造窝而没有下蛋，其他的蛋也孵不出小鸟来，我们记录到一只知更鸟，它有信心地伏窝21天，但却孵不出小鸟来。而正常的伏窝时间为13天……我们的分析结果发现在伏窝的鸟儿的睾丸和卵巢中含有高浓度的滴滴涕。"渥朗斯于1960年将此情况告诉了国会："十只雄鸟的睾丸含有30～109/10^{5}的滴滴涕，在两只雌鸟的卵巢的卵泡中含有151～211/10^{5}的滴滴涕。"

紧接着对其他区域的研究也开始发现情况是同样的令人担忧。威斯康星大学的尤素福·赫克教授和他的学生们在对喷药区和未喷药区进行仔细比较研究后，报告说：知更鸟的死亡率至少是86%～88%。在密歇根州百花山旁的克兰布鲁克科学研究所曾努力估计鸟类由于榆树喷药而遭受损失的程度，它于1956年要求把所有被认为死于滴滴涕中毒的鸟儿都送到研究所进行化验分析。这一要求得到了一个完全意外的结果：在几个星期之内，研究所里长期不用的仪器被运转到最大工作量，以至于其他的样品不得不拒绝接受。1959年，仅一个村镇就报告或交来了1000只中毒的鸟儿。虽然知更鸟是主要的受害者（一个妇女打电话向研究所报告说当她打电话的时候已有12只知更鸟在她的草坪上躺着死去了），包括63种其他种类的鸟儿也在研究所进行了测试。知更鸟仅是与榆树喷药有关的破坏性的连锁反应中的一部分，而榆树喷药计划又仅仅是各种各样以毒药覆盖大地的喷药计划中的一个。约90多种鸟儿都蒙受严重伤亡，其中包括那些对于郊外居民和大自然业余爱好者来说都是最熟悉的鸟儿。在一些喷过药的城镇里，筑巢鸟儿的数量一般说来减少了90%之多。正如我们将要看到的，各种各样的鸟儿都受到了影响——地面上吃食的鸟，树梢上寻食的鸟，树皮上寻食的鸟以及猛禽。

完全有理由推想所有主要以蚯蚓和其他土壤生物为食的鸟儿和哺乳动物都和知更鸟的命运一样地受到了威胁。约有45种鸟儿都以蚯蚓为食。山鹬是其中一种，这种鸟儿一直在近来受到了七氯严重喷洒的南方过冬。现在在山鹬身上得出了两点重要发现。在新布朗韦克孵育场中，幼鸟数量明显地减少了，而已长成的鸟儿经过分析表明含有大量滴滴涕和七氯残毒。

已经有令人不安的记录报告，20多种地面寻食鸟儿已大量死亡。这些鸟儿的食物——蠕虫、蚁、蛆虫或其他土壤生物已经有毒了。其中包括有三种画眉——橄榄背鸟、鸫鸟和蜂雀，它们的歌声在鸟儿中是最优美动听的了。还有那些轻轻掠过森林地带的繁茂灌木并带着沙沙的响声在落叶里寻食吃的麻雀，会歌唱的麻雀和白额鸟，这些鸟也都成了对榆树喷药的受害者。

同样，哺乳动物也很容易直接或间接地被卷入这一连锁反应中。蚯蚓是浣熊各种食物中较重要的一种，并且袋鼠在春天和秋天也常以蚯蚓为食。像地鼠和鼹鼠这样的地下打洞者也捕食一些蚯蚓，然后，可能再把毒物传递给像鸣枭和仓房枭这样的猛禽。在威斯康星州，春天的暴雨过后，捡到了几只死去的鸣枭，可能它们是由于吃了蚯蚓中毒而死的。曾发现一些鹰和猫头鹰处于惊厥状态——其中有长角猫头鹰、鸣枭，红肩鹰、食雀鹰、沼地鹰。它们可能是由于吃了那些在其肝和其他器官中积累了杀虫剂的鸟类和老鼠而引起的二次中毒致死的。

受害的鸟类不仅是那些在地面上捕食的鸟儿，或捕食这些由于榆树叶子被喷药而遭受危险的鸟儿的猛禽。那些森林地区的精灵们——红冠和金冠的鹟鹟，很小的捕蚊者和许多在春天成群地飞过树林闪耀出绚丽生命活力的鸣禽等，所有在枝头从树叶中搜寻昆虫为食的鸟儿都已经从大量喷药的地区消失了。1956年暮春时节，由于推迟了喷药时间，所以喷药时恰好遇上大群鸣禽的迁徙高潮。几乎所有飞到该地区的鸣禽都被大批杀死了。在威斯康星州的白鱼湾，在正常年景中，至少能看到1000只迁徙的山桃雀鸟，而在对榆树喷药后的1958年，观察者们只看到了两只鸟。随着其他村镇鸟儿死亡情况的不断传来，这个名单逐渐变长了，被喷药杀害的鸣禽中有一些鸟儿使所有看到的人们都迷恋不舍：黑白鸟、金翅雀、木兰鸟和五月蓬鸟，在5月的森林中啼声回荡的烘鸟，翅膀上闪着火焰般色彩的黑焦鸟、栗色鸟、加拿大鸟和黑喉绿鸟。这些在枝头寻食的鸟儿要么由于吃了有毒昆虫而直接受到影响，要么由于缺少食物间接受到影响。

食物的损失也沉重地打击着徘徊在天空中的燕子，它们像青鱼奋力捕捉大海中的浮游生物一样地在拼命搜寻空中飞虫。一位威斯康星州的博物学家报告说："燕子已遭到了严重伤害。每个人都在抱怨着与四五年前相比现在的燕子太少了。仅在四年之前，我们头顶的天空中曾满是燕子飞舞，现在我们已难得看到它们了……这可能是由于喷药使昆虫减少，或使昆虫含毒两方面原因造成的。"

述及其他鸟类，这位观察家这样写道："另外一种明显的损失是鹟。虽然到处已看不到捕食幼虫的猛禽了，但是自幼就体质健壮的普通鹟却再也看不到了。今年春天我看到一只，去年春天也仅看到了一只。威斯康星州的其他捕鸟人也有同样抱怨。我过去曾养了五六对北美红雀鸟，而现在一只也没有了。鸲鹟、知更鸟、猫声鸟和鸣枭每年都在我们花园里筑窝。而现在一只也没有了。夏天的清晨已没有了鸟儿的歌声。只剩下害鸟、鸽子、燕八哥和英格兰燕子。这是极其悲惨的，使我无法忍受。"

在秋天对榆树进行定期喷药使毒物进入树皮的每个小缝隙中，这大概是下述鸟类数量急剧减少的原因，这些鸟儿是由山雀、五十雀、花雀、啄木鸟和褐啄木鸟。在1957年和1958年间的那个冬天，华莱斯教授多年来第一次发现在他家的饲鸟处看不到山雀和五十雀了。他后来从所发现的三只五十雀上总结出一个显示出因果关系、令人痛心的事实：一只五十雀正在榆树上啄食，另一只因患滴滴涕特有的中毒症就要死去，第三只已经死了。后来检查出在死去的五十雀的组织里含有$26/10^5$的滴滴涕。

向昆虫喷药后，所有这些鸟儿的吃食习惯不仅仅使它们本身特别容易受害，而且在经济方面及其他不太明显的方面造成的损失也是极其惨重的。例如，白胸脯的五十雀和褐啄木鸟的夏季食物就包括有大量对树木有害的昆虫的卵、幼虫和成虫。山雀四分之三的食物是动物性的，包括有处于各个生长阶段的多种昆虫。山雀的觅食方式在描写北美鸟类的不朽著作《生命历史》中有所记述："当一群山雀飞到树上时，每一只鸟儿都仔细地在树皮、细枝和树干上搜寻着，以找到一点儿食物（蜘蛛卵、茧或其他冬眠的昆虫）。"

许多科学研究已经证实了在各种情况下鸟类对昆虫控制所起的决定性作用。啄木鸟是恩格曼针枞树甲虫的主要控制者，它使这种甲虫的数量由55%降到2%，并对苹果园里的鳕蛾起重要控制作用。山雀和其他冬天留下的鸟儿可以保护果园使其免受尺蠖之类的危害。

但是大自然所发生的这一切已不可能在现今这个由化学药物所浸透的世界里再发生了，在这个世界里喷药不仅杀死了昆虫，而且杀死了它们的主要天敌——鸟类。如同往常所发生的一样，后来当昆虫的数量重新恢复时，已再没有鸟类制止昆虫数量的增长了。如米渥克公共博物馆的鸟类馆长O.J.克洛米在《米渥克日报》上写道："昆虫的最大敌人是另外一些捕食性的昆虫、鸟类和一些小哺乳动物，但是滴滴涕却不加区别地杀害了一切，其中包括大自然本身的卫兵和警察……在发展的名义下，难道我们自己要变成我们穷凶极恶地控制昆虫的受害者吗？这种控制只能得到暂时的安逸，后来还是要失败的。到那时我们再用什么方法控制新的害虫呢？榆树被毁灭，大自然的卫兵鸟由于中毒而死尽，到那时这些害虫就要蛀食留下来的树种。"

克洛米先生报告说，自从威斯康星州开始喷药以来的几年中报告鸟儿已死和垂死的电话和信件一直与日俱增。这些质问告诉我们在喷过药的地区鸟儿都快要死尽了。

美国中西部的大部分研究中心的鸟类学家和观察家都同意克洛米的体验，如密歇根州鹤溪研究所、伊利诺伊州的自然历史调查所和威斯康星大学。对几乎所有正在进行喷药的地区的报纸的读者来信栏投上一瞥，都会清楚地看出这样一个事实：居民们不仅对此已有认识并感到义愤，而且他们比那些命令喷药的官员们对喷药的危害和不合理性有更深刻的理解。一位米渥克的妇女写道："我真担心我们后院许多美丽的鸟儿都要死去的日子现在就要到来了。""这个经验是令人感到可怜而又可悲的……而且，令人失望和愤怒的是，因为它显然没有达到这场屠杀所企望达到的目的……从长远观点来看，你难道能够在不保住鸟儿的情况下而保住树木吗？在大自然的有机体中，它们不是相互依存的吗？难道不可以不去破坏大自然而帮助大自然恢复平衡吗？"

在其他的信中说出了这样一个观点：榆树虽然是威严高大的树木，但它并不是印度的"神牛"，不能以此作为旨在毁灭所有其他形式生命的无休止的征战的理由。威斯康星州的另一位妇女写道："我一直很喜欢我们的榆树，它像标杆一样屹立在田野上，然而我们还有许多其他种类的树……我们也必须去拯救我们的鸟儿。谁能够想象一个失去了知更鸟歌声的春天该是多么阴郁和寂寞呢？"

我们是要鸟儿呢？还是要榆树？在一般人看来，二者择其一，非此即彼似乎是一件十分简单的事情。但实际上，问题并不那么简单。化学在药物控制方面广为流传的讽刺话之一所说，那就是假若我们在现今长驱直入的道路继续走下去的话，我们最后很可能既无鸟儿也无榆树。化学喷药正在杀死鸟儿，但却无法拯救榆树。希望喷雾器能拯救榆树的幻想是一把引人误入歧途的危险鬼火，它正在使一个又一个的村镇陷入巨大开支的泥沼中，而得不到持久的效果。康涅狄格州的格林尼治有规律地喷洒了十年农药。然而一个干旱年头带来了特别有利于甲虫繁殖的条件，榆树的死亡率上升了十倍。在伊利诺伊州俄本那城——伊利诺伊州大学所在地，荷兰榆树病最早出现于1951年。1953年进行了化学药物的喷洒。到1959年，尽管喷洒已进行了六年时间，但学校校园仍失去了86%的榆树，其中一半是荷兰榆树病的牺牲品。

在俄亥俄州托来多城，同样情况促使林业部的管理人约瑟夫·斯维尼对喷药采取了一种现实主义的态度。那儿从1953年开始喷药，持续到1959年。斯维尼先生注意到在喷药以后棉枫鳞癣的大规模蔓延情况更为严重了，而此种喷药以前始终是被"书本和权威们"所推荐的。他决定亲自去检查对荷兰榆树病喷药的结果。他的发现使他自己大吃一惊。他发现在托来多城病情得到控制的区域仅仅是那些我们采取果断措施移开有病的树或种树的地区，而我们依靠化学喷药的地方，榆树病却未能控制。而在美国，那些没有进行过任何处理的地方，榆树病并没有像该城蔓延得如此迅速。这一情况表明化学药物的喷洒毁灭了榆树病的所有天然的敌人。

"我们正在放弃对荷兰榆树病的喷药。这样就使我和那些支持美国农业部主张的人发生了争执，但是我手上有事实，我将使他们陷入为难的境地。"

很难理解为什么这些中西部的城镇（这些城镇仅仅是在最近才出现了榆树疾病）竟这样不假思索地参与了野心勃勃而又昂贵的喷药计划，而不向对此问题早有认识的地区做些调查。例如，纽约州对控制荷兰榆树病当然是具有很长时期的经验。大约早在1930年带病的榆木就是由纽约港进入美国的，这种疾病也就随之传入。纽约州至今还保存着一份令人难忘的有关制止和扑灭这种疾病的记载。然而，这种控制并没有依赖于药物喷洒。事实上，该州的农业增设业务项目并没有推荐喷药作为一种村镇的控制方法。

那么，纽约州怎样取得了这样好的成绩呢？从为保护榆树而斗争的早期年代直到今天，该州一直依靠严格的防卫措施，即迅速转移和毁掉所有得病的或受感染的树木。开始时的一些结果令人失望，不过这是由于开头并没有认识到不仅要把有病的树毁掉，而且应把甲虫有可能产下卵的所有榆树都全部毁掉。受感染的榆树被砍下并作为木柴存放起来，只要在开春前不烧掉它，它里面就会产生许多带菌的甲虫。从冬眠中醒过来并在4月末和5月寻食的成熟甲虫可以传播荷兰榆树病。纽约州的昆虫学家们根据经验而知道什么样的甲虫产了卵的木材对于传播疾病具有真正重要意义。通过把这些危险的木材集中起来，就有可能不仅得到好的效果，而且使防卫计划的费用保持在较低的限度内。到1950年，纽约市的荷兰榆树病的发病率降低到该城5.5万棵榆树的0.2%。1942年，威斯切斯特郡发动了一场防卫运动。在其后的14年里，榆树的平均损失量每年仅是0.2%。有着1.85万棵榆树的水牛城由于开展防卫工作，近些年来损失总数仅0.3%，创下了控制这种疾病的卓越纪录。换言之，以这样的损失速度，水牛城的榆树全部损失将需300年。

西拉库斯发生的情况特别令人难忘。那儿在1957年之前一直没有有效的计划付诸实行。1951—1956年西拉库斯损失了将近3000棵榆树。当时，在纽约州林学院的H.C.米列的指导下进行了一场大力清除所有得病的榆树和吃榆树甲虫的一切可能来源的运动。每年损失的速度现在已降到了1%。

在控制荷兰榆树病方面，纽约州的专家们强调了预防方法的经济性。纽约州农学院的J.G.玛瑟席说："在绝大部分情况下实际的花费是很有限的。""作为一种防止财产损失和人身受害的预防措施，如果一根大树枝死了或坏了，最好把它砍去，这样它就不会再伤及房屋及人身，如果是一堆劈柴，那就应在春天到来之前将它们用掉，树皮可以剥去，或将这些木头贮存在干燥的地方。对于正在死去或已经死去的榆树来说，为了防止荷兰榆树病的传播而迅速除去有病榆树所花费的钱并不比以后要花费的钱多，因为在大城市地区大部分死去的树最后都是要除去的。"

倘若采取了有理有智的措施，防治荷兰榆树病并不是完全没有希望的。一旦荷兰榆树病在一个群落中稳定下来，它就不能被现在已知的任何手段扑灭，只有采取防护的办法来将它遏制在一定范围，而不应采用那些既无效果又导致鸟类生命悲惨毁灭的方法。在森林发生学的领域中还存在着其他的可能性，在此领域里，实验提供了一个发展一种杂种榆树来抵抗荷兰榆树病的希望。欧洲榆树抵抗力很强，在华盛顿哥伦比亚特区已种植了许多这样的树。即使在城市榆树绝大部分都受到疾病影响时，在这些欧洲榆树中并未发现荷兰榆树病。

在那些正在失去大量榆树的村镇中急需通过一个紧急育林计划来移植树木。这一点是重要的，尽管这些计划可能已考虑到把抵抗力强的欧洲榆树包括在内了，但这些计划更应侧重于建立树种的多样性，这样，将来的流行病就不能夺去一个城镇的所有树木了。一个健康的植物或动物群落的关键正如英国生态学家查理·爱尔登所说的是在于"保持多样性"。现在所发生的一切在很大程度上是由于在过去几代中使生物单纯化的结果。甚至于在一代之前，还没有人知道在大片土地上种植单一种类的树木可以招来灾难，于是所有城镇都排列着用榆树美化的街道和公园。今天榆树死了，鸟儿也死了。

像知更鸟一样，另外一种美国鸟看来也将濒临绝灭，它就是国家的象征——鹰。在过去的十年中，鹰的数量惊人地减少了。事实表明，在鹰的生活环境中有一些因素在起作用，这些作用实际上已经摧毁了鹰的繁殖能力。到底是什么因素，现在还无法确切地知道，但是有一些证据表明杀虫剂罪责难逃。

在北美被研究得最彻底的鹰是那些沿佛罗里达西海岸从达姆帕到福特海岸线上筑巢的鹰。有一位从温尼派格退休的银行家查理·布罗勃在1939—1949年，由于标记了1000多只小秃鹰而在鸟类学方面享有盛名。（在这之前的全部鸟类标记历史中只有166只鹰做过标记。）布罗勃先生在鹰离开它们的窝之前的冬天几个月里给幼鹰做了标记。以后重新发现的带标记的鸟儿表明了这些在佛罗里达出生的鹰沿海岸线向北飞入加拿大，远至爱德华王子岛；然而从前一直认为这些鹰是不迁徙的。秋天，它们又返回南方，这一迁徙活动是在宾夕法尼亚州东部的霍克山顶这样一个优越的地点被观察到的。

在布罗勃先生标记鹰的最初几年里，他在他所选择作为研究对象的这段海岸带上经常在一年时间内发现125个有鸟的鸟窝。每年被标记的小鹰数约为150只。在1947年小鹰的出生数开始下降。一些鸟窝里不再有蛋，其他一些有蛋的窝里却没有小鸟孵出来。1952—1957年，近乎80%的窝已没有小鸟孵出了。在这段时间的最后一年里，仅有43个鸟窝还有鸟住。其中7个窝里孵出了幼鸟（8只小鹰）；23个窝里有蛋，但孵不出小鹰来；13个窝只不过作为大鹰觅食的歇脚地，而没有蛋。1958年，布罗勒先生沿海岸长途跋涉160千米后才发现了一只小鹰，并给它做了标记。在1957年时还可以在43个巢里看到大鹰，这时已难得看见了，他仅在10个巢里看到有大鹰。

虽然布罗勒先生1959年的去世终止了这个有价值的连续系统观察，但由佛罗里达州阿托邦学会，还有新泽西州和宾夕法尼亚州所写的报告证实了这一趋势，这种趋势很可能迫使我们不得不去重新寻找一种新的国家象征。莫瑞斯·布朗（霍克山禁猎区馆长）的报告特别引人注目。霍克山是宾夕法尼亚州东南部的一个美丽如画的山脊区，在那儿，阿巴拉契亚山的最东部山脊形成了阻挡西风吹向沿海平原的最后一道屏障。碰到山脉的风偏斜向上吹去，所以在秋天的许多日子里，这儿持续上升的气流使阔翅鹰和鹫鹰不需要花费气力就可以青云直上，使它们在向南方的迁徙中一天可以飞过许多路程。在霍克山区，山脊都汇聚在这里，而岭中的航道也是一样在这里汇聚。其结果是鸟儿们从广阔的区域通过这一交通繁忙的狭窄通道飞向北方。

莫瑞斯·布朗作为禁猎区的管理人在20多年的时间里，他所观察到并实际记录下来的鹰比任何一个美国人都多。秃鹰迁徙的高潮是在8月底和9月初。这些鹰被认为是在北方度过夏天后返回家乡的佛罗里达鹰。（深秋和初冬时，还有一些大鹰飞过这里，飞向一个未知的过冬地方，它们被认为是属于另一个北方种的）在设立禁猎地区的最初几年里，从1935—1939年，被观察到的鹰中有40%是一岁大的，这很容易从它们一样的暗色羽毛上认出来。但是最近几年中，这些未成熟的鸟儿已变得罕见了。1955—1959年，这些幼鹰仅占鹰总数的20%；而在1957年一年中，每32只成年鹰里仅有一只幼鹰。

霍克山的观察结果与其他地方的发现是一致的。一个同样的报告来自伊利诺伊州自然资源协会的一位官员爱尔登·佛克斯。可能在北方筑巢的鹰沿着密西西比河和伊利诺斯河过冬。佛克斯先生1958年报告说最近统计了59只鹰中仅有一只幼鹰。从世界上唯一的鹰禁猎区——撒斯魁汉那河的蒙特·约翰逊岛上出现了该种类正在灭绝的同样征候。这个岛虽然仅在康诺云格坝上游区13千米，离兰卡斯特郡海岸大约800米的地方，但它仍保留着它原始的洪荒状态。从1934年开始，兰卡斯特的一个鸟类学家兼禁猎区的管理人荷伯特·伯克教授就一直对这儿的一个鹰巢进行了观察。1935—1947年，伏窝的情况是规律的，并且都是成功的。从1947年起，虽然成年的鹰占了窝，并且下了蛋，但却没有幼鹰出生。

在蒙特·约翰逊岛上的情况与佛罗里达一样，流行着同样的问题———些成年鸟栖息在窝里，生下了一些蛋，但却几乎没有幼鸟出现。要寻找一个原因的话，看来只有一种原因可以符合所有的事实，即鸟儿的生殖能力由于某种环境因素而降低，以至于现在每年几乎没有新的幼鸟产生来传宗接代了。

由美国鱼类及野生动物服务处的著名的詹姆斯·迪卫特博士所进行的多种实验显示出在其他鸟类中确有同样的情况正在人为地产生着。迪卫特博士所进行的一系列杀虫剂对野鸡和鹌鹑影响效果的经典实验确证了这样一个事实，即在滴滴涕或类似化学药物对鸟类双亲尚未造成明显毒害之前，已可能严重影响它们的生殖力了。鸟类受影响的途径可能不同，但最终结果总是一样。例如，在喂食期间将滴滴涕加入鹌鹑的食物中，鹌鹑仍然活着，甚至还正常地生了许多蛋；但是几乎没有蛋能孵出幼鸟来。迪卫特博士说："许多胚胎在孕育的早期阶段发育得很正常，但在孵化阶段却死去了。"这些孵化的胚胎中有一半以上是在五天之内死掉的。在用野鸡和鹌鹑共同作为研究对象的实验中，假若在全年中都用含有杀虫剂的食物来饲养它们，则野鸡和鹌鹑不管怎样也生不出蛋来。加利福尼亚大学的罗伯特·路德博士和理查德·捷尼里博士报告了同样的发现。当野鸡吃了带狄氏剂的食物时，"蛋的产量显著地减少了，小鸡的生存也很困难"。根据这些作者所谈，由于狄氏剂在蛋黄中贮存，并能在孵卵期和小鸟孵出之后被逐渐同化而给幼鸟带来了缓慢的，但却是致命的影响。

这一看法得到了华莱士博士和一个毕业学生理查德·伯那德的最新研究结果的有力支持，他们在密执安州立大学校园里的知更鸟身上发现了高含量的滴滴涕。他们在所检验的所有雄性知更鸟的睾丸里、在正在发育的蛋蠹里、在雌鸟的卵巢里、在已发育好但尚未生出的蛋里、在输卵管里、在从被遗弃的窝里取出的尚未孵出的蛋里、在从这些蛋内的胚胎里、在刚刚孵出但已死了的雏鸟的身体里都发现了这种毒物。

这些重要的研究证实了这样一个事实，即即使生物脱离了与杀虫剂的初期接触，杀虫剂的毒性也能影响下一代。在蛋和给予发育中的胚胎以营养的蛋黄里的毒物贮存是致死的真正原因，这也足以解释了为什么大卫看到那么多鸟儿死在蛋中或是孵出后几天内就死去了。

当将这些研究实验应用到鹰上时遇到了几乎无法克服的困难，然而野外研究正在佛罗里达州、新泽西州和其他一些希望能够对发生在这么多鹰中的明显不孕症找出一个确切原因的地方进行。这样，根据情况判断来看，原因指向了杀虫剂。在鱼很多的地方，鱼在鹰所吃的食物中占很大的比例（在阿拉斯加约占65%，在切斯皮克湾地区约占52%）。毫无疑问，由布罗勒先生长期研究的那些鹰绝大多数都是食鱼的。从1945年以来，这个特定的沿海地区一直遭受着溶于柴油的滴滴涕的反复喷洒。这种空中喷药的主要目标是盐沼中的蚊子，这种蚊子生长在沼泽地和沿海地区，这些地方正是鹰猎食的典型地区。大量的鱼和蟹被杀死了。实验室从它们的组织里分析出浓度高达$46/10^5$的滴滴涕。就像清水湖中的鹏鹏一样（鹏鹏由于吃湖里的鱼而使体内杀虫剂积累到很高浓度），这些鹰当然也在它们体内组织中贮存了滴滴涕。同样，如同那些鹏鹏一样，野鸡、鹌鹑和知更鸟也都越来越不能生育幼鸟来保持它们种群的繁衍了。

从全世界传来了关于鸟儿在我们现今世界中面临危险的共鸣。这些报告在细节上有所不同，但中心内容都是写继农药使用之后野生物死亡这一主题。例如，在法国用含砷的除草剂处理葡萄树残枝之后，几百只小鸟和鹧鸪死去了；在曾经一度以鸟类众多而闻名的比利时，由于对农场喷洒药而使鹧鸪遭了殃。

在英国，主要的问题看来有些特殊，它是和日益增多的在播种前用杀虫剂处理种子的做法引起的。种子处理并不是新鲜事，但在早期，主要使用的药物是杀菌剂。一直没有发现对鸟儿有什么影响。然而到1956年，用一种双重目的的处理方法代替了老办法，杀菌剂、狄氏剂、艾氏剂或七氯都被加进来以对付土壤昆虫。于是情况变得糟糕了。

1960年春天，关于鸟类死亡的报告像洪水一样涌到了英国管理野生生物的当局，其中包括英国鸟类联合公司、皇家鸟类保护学会和猎鸟协会。一位诺福克的农夫写道："这个地方像一个战场，管理人员发现了无数的尸体，其中包括许多小鸟——鹀雀、绿莺雀、红雀、篱雀、还有家雀……野生生命的毁灭是十分可怜的。"一位猎场管理人写道："我的松鸡已被用药处理过的谷物给消灭掉了，一种野鸡和其他鸟类，几百只鸟儿全被杀死了……对我这个终身的猎场看守人来说，这真是一件令人痛心的事情。看到许多对松鸡在一起死去是十分可悲的。"

在一份联合报告里，英国鸟类联合公司和皇家鸟类保护学会描述了67例鸟儿被害的情况——这一数字远远不是1960年春天死亡鸟儿的完全统计数。在此67例中,59例是由于吃了用药处理过的种子,8例由于毒药喷洒所致。

第二年出现了一个使用毒剂的新高潮。众议院接到报告说在诺福克一片地区中有600只鸟儿死去,并且在北易赛克斯一个农场中死了100只野鸡。很快就明显地看出了与1960年相比有更多的县郡已被卷进来了。(1960年是23个郡,1961年是34个郡)以农业为主的林克兰舍郡看来受害最重,已报告有1万只鸟儿死去。然而,从北部的安格斯到南部的康沃尔,从西部的安哥拉斯到东部的诺福克,毁灭的阴影席卷了整个英格兰农业区。

在1961年春天,对问题的关注已达到了这样一个高峰,竟使众议院的一个特别委员会开始对该问题进行调查,他们要求农夫、土地所有人、农业部代表以及各种与野生生物有关的政府和非政府机构出庭作证。

一位目击者说:"鸽子突然从天上掉下来死去了。"另一位则报告说:"你可以在伦敦市外开车行驶一两百英里而看不到一只茶隼。"自然保护局的官员们作证:"在本世纪或在我所知道的任何时期中从来没有发生过相类似的情况,这是发生在这个地区最大的一次对野生物和野鸟的危害。"

对这些死鸟进行化学分析的实验设备极为不足,在这片农村里仅有两位化学家能够进行这种分析(一位是政府的化学家,另一位在皇家鸟类保护学会工作)。目击者描述了焚烧鸟儿尸体的熊熊篝火的情景,然而仍努力地收集了鸟儿的尸体去进行检验,分析结果表明,除一只外,所有鸟儿都含有农药的残毒(这唯一的例外是一只沙鹬鸟,这是一种不吃种子的鸟)。

可能由于间接吃了有毒的老鼠或鸟儿,狐狸也与鸟儿一起受到了影响。被兔子困扰的英国非常需要狐狸来捕食兔子。但是在1959年11月到1960年的4月间,至少有1300只狐狸死了。在那些捕雀鹰、茶隼及其他被捕食的鸟儿实际上消失的县郡里,狐狸的死亡是最严重的,这种情况表明毒物是通过食物链传播的,毒物从吃种子的动物传到长毛和长羽的食肉动物体内。气息奄奄的狐狸在惊厥而死之前总是神智模糊两眼半瞎地兜着圈子乱晃荡。其动作就是那种氯化烃杀虫剂中毒动物的样子。

所听到的这一切使该委员会确信这种对野生生命的威胁"非常严重",因此它就奉告众议院要"农业部长和苏格兰州首长应该采取措施保证立即禁止使用含有狄氏剂、艾氏剂、七氯或相当有毒的化学物质来处理种子"。该委员会同时也推荐了许多控制方法以保证化学药物在拿到市场出售之前都要经过充分的野外和实验室试验。值得强调的是,这是所有地方在杀虫剂研究上的一个很大的空白点。用普通实验动物——老鼠、狗、豚鼠所进行的生产性实验并不包括野生种类，一般不用鸟儿，也不用鱼；并且这些试验是在人为控制条件下进行的。当把这些试验结果外延及野外的野生生物身上时绝不是万无一失的。

英国绝不是由于处理种子而出现鸟类保护问题的唯一国家。在我们美国这儿，在加利福尼亚及南方长水稻的区域，这个问题一直极为令人烦恼。多少年以来，加利福尼亚种植水稻的人们一直用滴滴涕来处理种子，以对付那些有时损害稻秧的蝌蚪虾和蝼蛄甲虫。加利福尼亚的猎人们过去常为他们辉煌的猎绩而欢欣鼓舞，因为在稻田里常常集中着大量的水鸟和野鸡。但是在过去的十年中，关于鸟儿损失的报告，特别是关于野鸡、鸭子和燕八哥死亡的报告不断地从种植水稻的县郡那里传来。"野鸡病"已成了人人皆知的现象，根据一位观察家报告："这种鸟儿到处找水喝，但它们变瘫痪了，并发现它们在水沟旁和稻田埂上颤抖着。"这种"鸟病"发生在稻田下种的春天。所使用的滴滴涕浓度是已达到足以杀死成年野鸡量的许多倍。

几年过去了，更毒的杀虫剂发明出来了，它们更加重了由于处理种子所造成的灾害。艾氏剂对野鸡来说其毒性相当于滴滴涕的100倍，现在它已被广泛地用于拌种。在得克萨斯州东部水稻种植地区，这种做法已严重减少了褐黄色的树鸭（一种沿墨西哥湾海岸分布的茶色、像鹅一样的野鸭）的数量。确实，有理由认为，那些已使燕八哥数量减少的水稻种植者们现在正使用杀虫剂去努力毁灭那些生活在产稻地区的一些鸟类。

"扑灭"那些可能使我们感到烦恼或不中意的生物的杀戒一开，鸟儿们就愈来愈多地发现它们已不再是毒剂的附带被害者而成为毒剂的直接杀害目标了。在空中喷洒像对硫磷这样致死性毒物的趋势在日益增长，其目的是为了"控制"农夫不喜欢的鸟儿的集中。鱼类和野生动物服务处已感到它有必要对这一趋势表示严重的关注，它指出"用以进行区域处理的对硫磷已对人类、家畜和野生生物构成了致命的危害。"例如，在印第安纳州南部，一群农夫在1959年夏天一同去聘请一架喷药飞机来河岸地区喷洒对硫磷。这一地区是在庄稼地附近觅食的几千只燕八哥的如意栖息地。这个问题本来是可以通过稍微改变一下农田操作就能轻易解决的——只要改换一种芒长的麦种使鸟儿不再能接近它们就可以了，但是那些农夫们却始终相信毒物的杀伤本领，所以他们让那些洒药飞机来执行使鸟儿死亡的使命。

其结果可能使这些农夫们心满意足了，因为在死亡清单上已包括有约6.5

万只红翅八哥和燕八哥。至于其他那些未注意到的、未报道的野生生物死亡情况如何，就无人知晓了。对硫磷不只是对燕八哥才有效，它是一种普遍的毒药，那些可能来到这个河岸地区漫游的野兔、浣熊或负鼠，也许它们根本就没有侵害这些农夫的庄稼地，但它们却被法官和陪审团判处了死刑，这些法官们既不知道这些动物的存在，也不关心它们死活。

而人类又怎么样呢？在加利福尼亚喷洒了这种对硫磷的果园里，与一个月前喷过药的叶丛接触的工人们病倒了，并且病情严重，只是由于精心的医护，他们才得以死里逃生。印第安纳州是否也有一些喜欢穿过森林和田野进行漫游、甚至到河滨去探险的孩子们呢？如果有，那么有谁在守护着这些有毒的区域来制止那些为了寻找纯洁的大自然而可能误入的孩子们呢？有谁在警惕地守望着以告诉那些无辜的游人们他们打算进入的这些田地都是致命的呢？

这些田地里的蔬菜都已蒙上了一层致死的药膜。然而，没有任何人来干涉这些农夫，他们冒着如此令人担心的危险，发动了一场对付燕八哥的不必要的战争。

在所有这些情况中，人们都回避了去认真考虑这样一个问题：是谁作了这个决定，它使得这些致毒的连锁反应运动起来，就像将一块石子投进了平静的水塘，这个决定使不断扩大的死亡的波纹扩散开去？是谁在天平的一个盘中放了一些可能被某些甲虫吃掉的树叶，而在天平的另一个盘中放入的是可怜的成堆杂色羽毛——在杀虫毒剂无选择的大棒下牺牲的鸟儿的无生命遗物？是谁对千百万不曾与之商量过的人民作出决定——是谁有权力作出决定，认为一个无昆虫的世界是至高无上的，甚至尽管这样一个世界由于飞鸟夺拉的翅膀而变得黯然无光？这个决定是一个被暂时委以权力的独裁主义者的决定；他是在对千百万人的忽视中作出这一决定的，对这千百万人来说，大自然的美丽和秩序仍然还具有一种意义，这种意义是深刻的和必不可少的。

阅读思考： 从最根本的原因来说，是什么导致了"再也没有鸟儿歌唱"？

名媛和医生大战烟雾记[①]

雅各布斯　　凯　莉

　　雅各布斯，美国作家、记者，曾为《洛杉矶时报》《洛杉矶每日新闻》《洛杉矶周刊》撰稿；凯莉，美国记者，曾为《洛杉矶周刊》《洛杉矶时报》《加州期刊》撰稿，也曾任大洛杉矶烟雾控制局南海岸空气质量管理区发言人。此文选自《洛杉矶雾霾启示录》一书，该书描述了作为美国"烟雾之都"的洛杉矶市60多年光化学雾霾烟雾污染的形成、发展和治理的历史。对于正在治理雾霾污染的中国，借鉴他人经验是非常必要的，而且，此文还带有女性主义的视角并涉及公民参与的话题。

　　烟雾如同凶猛的野兽，继续在洛杉矶肆虐。事实上，自从1943年7月洛杉矶市区遭到烟雾攻击以来，大气污染对美国西海岸多年以来悠闲的乡村式生活的猛烈冲击，从未得到有效的治理。政府一再宣称，只需要实施一系列条令就能让人们再次获得水晶般洁净的空气，可是城市中继续弥漫的浓雾却无情地嘲笑了政府的保证。早在20世纪50年代，一些权威人士就不断重申：全面监管所有排放源，工业界不断推行工程技术限制，同时建立一个健全的应急计划，而且所有举措只需要民众付出微小的代价。可是，南加州整整一代人都亲眼见证了政府的承诺一次又一次落空，并且在工作中对这些举措所取得的成效有了切身体会。20世纪60年代，如同迷雾一样的烟雾掩盖了它真正的源头——汽车引擎排放出来的化学物质。现在情况不同了。更耐人寻味的是，推动这种转变的人既不是留着长发、叛逆色彩浓厚的反文化运动倡导者，也不是那些巧舌如簧的政府人士。相反地，其中一股力量是笔锋犀利、坚持己见

---

　　① [美]奇普·雅各布斯，[美]威廉·凯莉.洛杉矶雾霾启示录[M].曹军骥等，译.上海：上海科学技术出版社，2014.

的医生。此外，还有一群具有进取心的社交名流也踩着昂贵的高跟鞋，娉婷多姿地从另一个方向加入进来。这两股力量共同唤醒了最终起到实际作用的拥护者——曾经被烟雾打倒却仍然充满斗争热情的中产阶级。

这些自称"穿着花裙的业余爱好者"的社交名流来自一个（为说服政府或其他权力机关而组织的）游说集团。她们很巧妙地模仿国际通用求救信号"SOS"，将"驱除烟雾（Stamp Out Smog）"的首字母缩写作为自己的组织符号。她们的核心成员是1958年加入的来自城市西部高档社区的富裕中年妇女。该组织的一位领导人是闻名遐迩的好莱坞制片人阿夫顿·斯莱德的妻子——比弗利山庄的玛乔丽·莱维。SOS组织中很多创始人的丈夫都在娱乐圈工作。该组织成员包括喜剧演员罗伯特·卡明斯的妻子阿特·林克莱特夫人，以及华纳兄弟影业公司的制片人和美国音乐公司的行政主管等的夫人们。一些年轻女演员，甚至南加州大学医生的妻子，随后也加入其中。正如这些新成员即将明白的，那些年纪较长的女人擅长的不是空想，也不是电影明星的八卦，她们是一群活跃的激进主义者。

她们开始展开行动，准备推翻男人们对她们颇具轻视意味的"涂着睫毛膏的女斗士"的称呼。很快，她们联合了县高官多恩，一个已经下台却认识到她们组织号召力的保守派。多恩建议女士们要发出自己的声音，而她们也听取了他的建议。她们第一次活动时声势浩大，带着饱满的热情不断有节奏地喊着"禁止含硫燃料"口号。她们抱着"人多力量大"的组织理念，又争取了二十多个志愿者组织团体加入到抗议队伍中，如"美国小姐""援助之手"，还有几个花园俱乐部。SOS组织在早期提出了最为人赞赏的七点治理烟雾的建议。她们将专家们历经多年累积所得的常识总结进宣言中，倡议全盆地的快速运输、州排放标准、燃油成分标准及更好的协调研究，并提出了其他目标。家庭主妇们发挥了作用，而她们也能够运作一个很有意义的组织。SOS在20世纪60年代的烟雾抗议运动中起到了主导作用。自其成立十年来，它在全州范围内团结了如此之多的妇女俱乐部，以至于它可以合法地向布朗州长进言。莱维，这个人们记忆中傲慢的社会名流，甚至在空气资源局（Air Resources Board）中占据了一席之地。

20世纪50年代后期，SOS的目标主要是来自南湾地区炼油厂的含硫烟雾。当时，西部石油和天然气联合会已经推选科学家和经济学家出来反驳有关石油燃料禁令的提案。他们并不喜欢这些他们看来可怜的无知女人。联合会副会长费利克斯·查普利特说道:"这个组织不了解烟雾的真正起因,也不知道石油燃料给我们南部的经济带来多大的增长。"这是对SOS组织很大的轻视,但不是最后一次。关键的投票或者会议前,女士们手中挥舞着电话听筒,就像在社区使用扩音器一样,同时用上了老式的连环信之类的招数①。每一位成员都会给决策者写一封信。然后,她们打给其他十位成员,要求她们重复这种努力。这样的结果经常是形成一种雪崩式的"反烟雾邮件潮",并最终影响了决策过程。SOS领导人也变身为她们自己的发言人和坚定的专家。在推动燃油禁令时,她们不仅把注意力集中在西部石油和天然气联合会自相矛盾的观点上,还引用了美国癌症协会(American Cancer Society)的一个预测结果:"如果目前的趋势(空气污染)继续,将会有超过100万美国学龄儿童罹患肺癌并因此死亡。"值得一提的是,该地区的石油工业在那时已经大幅度地削减了从烟囱里排出的废弃物。SOS还发动了广为人知的改革运动。这些运动让企业家们怒火中烧,摆出了防御姿态。很快地,政治助手、县律师和其他的烟雾行家都想方设法地想要与这些"女斗士"合影。

名声对她们而言是远远不够的。早在20世纪60年代初期,SOS军团就经常拖着她们十分不情愿的孩子参加如马拉松比赛般的规则制定会议,欣赏这个日益精彩的光影世界所营造出的美好画面。后来,她们机智又幽默地调侃着空气污染。1964年在大使酒店举办的题为"令人扫兴的二十一岁生日晚会"上,SOS展示了一个富含糖分和象征意义的骷髅蛋糕。(几年以后,总统候选人罗伯特·肯尼迪在这次庆祝活动发生地不远处被暗杀)所有这些招数都来源于一间位于日落大道的归档办公室。这里曾经是一个很多会员都拖欠会费的组织。在那里,只需要支付85美元就能获得该组织的通信录。

要想从傲慢、男性占主导地位的媒体那里赢得信誉,女人们就得像经营小本生意一样小心翼翼。那个时代的女人一般不参与公共事务,也不经常活跃在聚光灯下。SOS的会长阿夫顿·斯莱德夫人在1965年反驳了《时代周刊》赋予她的"烟雾女士"称号,并认为人们早就应该对之进行反思。"一个戴着灰色面纱的小老太太整天搅和着听证室,这种描述是有误导性的。"她说,"参与这场烟雾战争的有很多怪人,但是我们要申明我们并不是"。当时女性在美

---

① 通常指在一封信里写有恶毒的诅咒,包含"如果不转发就会如何如何"之类的字眼。

国社会的传统作用只是打破家庭生活隔膜，尽管这些女性团体获得了不错的声誉，但参与环保事务却在她们的个人关系中引起了摩擦。一位奥兰治县的叫琼·萨默斯的家庭主妇（也是SOS成员）证明了这一点。她说一些成员的丈夫或者男朋友因为她们花在组织事务上的时间太多而表现出烦躁或者嫉妒的情绪。据称，一位丈夫甚至给他的另一半发出最后通牒："要么选我，要么选烟雾，宝贝！"这位妻子最后的选择不得而知。另外，SOS的普通成员很少有直接面对情绪激动人群的经验。每次在公共场合发言，萨默斯都认为民众能够听到她由于紧张引起的膝盖抖动的声音。相比较而言，指派她三个5～12岁的年幼儿子去拍排放废物的飞机和汽车就简单多了。

* * *

彼得·凡奇医生没有动摇，丝毫没有。1963年11月，一位73岁店员内森·戈登的心脏停止了跳动，凡奇医生在给这位病人出具死亡证明时，直白而耸人听闻地写下"洛杉矶烟雾"是致死原因之一。县卫生局在国际已知的疾病列表中找不到空气污染这一条，因此不同意他的观点，并断然拒绝了戈登的死亡证明书。县法医西奥多·柯菲解释说："如果部门接受了凡奇的验尸报告，那么等同于打开了投机认证的大门。"他认识到，要是开了这个先例可能会引起混乱，甚至付出法律代价，因为那些惯于趁火打劫的律师是不会放过这些机会的。早在一个月以前，县高官开始为这种局面忧虑不已，以至于要求他们的律师为他们做出无责任担保。经过调查，该县法律顾问办公室告诉委员们，他们在照规办事时没有恶意、受贿和不良动机，因而免于诉讼。不过，政客们对此仍然胆战心惊。他们得知其他本地医生都在接到法医电话之后把烟雾从致死因素中删除，虽然柯菲一直没有承认。

给出证据的重任落到了医生身上，但非医务人员觉得他们看到的不是字面上的辩驳而是自高自大的狂言。凡奇却认为事实并非如此。"我是个好心的医生，"他说，"但我同时也是一个自由的市民，能够表达自己的观点"。凡奇之前已经做过类似的事情，他曾经把空气污染列为一个因咳嗽而血管爆裂的80岁老人的死因之一。凡奇相信烟雾中的某些成分能够严重刺激人的心脏，使其过度紧张。有冠状动脉病史的人群对这些成分尤其敏感。他同事的病例会支持这个观点，事实也确实如此。

20世纪20年代末期，烟雾和健康危机还没有同时出现的时候，一位当地医生就曾经把烟雾作为一位69岁女性病人死因之一列出，他就是著名的外科医生约翰·巴罗，备受尊敬的洛杉矶县医学协会会长。一位同行后来回忆道："其他医生都没有勇气把烟雾作为死因。"30年后，这个医学协会的污染委员会基本达成共识，认为吸入洛杉矶深受污染的空气会缩短寿命。该协会烟雾小组主席弗朗西斯·波廷杰医生在1953年说："我知道的情况是，患有肺部疾病或者（鼻部）充血的人离开这里到了别处以后，病情都会好转。"考虑到其他医生把烟雾作为病原体的看法，他这么说并不是毫无根据的。几乎同时，南加州大学的一位外科教授在国会证词中说道，空气污染可能比吸烟更容易导致肺癌。

与这种令人恐惧的理论相反的观点认为，空气污染完全无害。关于两种说法的争论几乎贯穿整个时代。烟雾长期效应不被人们接受的主要原因在于缺少统计学上强有力的、可重复的证据。这是因为，虽然烟雾问题在医学界早已臭名昭著，但是很长时间以来在实验室研究中，烟雾对于人体的效应像个胆小而狡猾的小妖精一样让人捉摸不定。这种情况在凡奇医生发表那番勇敢言论之后持续了很多年。由于他们发表环境恶化造成的病例的观测报告，洛杉矶医生成为不受欢迎的人群。与之相对立的是一个商业机构，他们对于空气污染物引发疾病的能力持怀疑态度，因而要求对此加以证明。他们一直认为自己之前曾被不公平地当作替罪羊，所以渴望能有实实在在的证据。因此，对于一些医生来说，他们能做的也只是谈论一些趣闻逸事。没有磁共振成像（magnetic resonance imaging，MRI）仪器，没有全面的血液检查，更没有硬盘里满满的相关文献，他们只能根据自己在病人身上看到的，以及用听诊器在病人身上听到的来加以推断。基于所观察到的情况，他们认为，洛杉矶的空气肯定对人体有害，而且可能致死。在1952年致市长的公开信中，医学协会推荐了一个健康方面的研究，其中给出了令人信服的统计分析结果。根据一项协会成员间的民意测验结果，91%的人相信烟雾在破坏病人的健康，从鼻腔直至身体内部器官。

命中注定一般，事情的发展就如医生们所预言的一样。如果把20世纪50年代初关于烟雾健康危害的报告与20世纪60年代的相比较，便会发现两者极为相似，像是在看复印件一样。1955年，忙碌而气质出众的南加州大学病理学家保罗·科廷博士引领了研究的热潮。他对烟雾在喉癌和肺癌日益上升的发病趋势中的作用有所察觉，但不确定吸烟率增加在其中起到什么作用。在一篇1955年与他人共同执笔的具有里程碑意义的期刊文章中，科廷把寻找这一答案比作微生物界的医疗难题。在这两个问题中，一些未知变量，如暴露时间和强度、遗传差异和生活条件等，都会干扰结论。后来，他注意到小鼠暴露于空气污染物中以后身上的肿瘤变化极大。他也肯定空气中的毒素是导致癌症的因素之一。但是，获得准确的概率完全是另一回事。随着研究逐渐深入，加利福尼亚大学旧金山分校医学院受人尊敬的副院长西摩·法伯博士在1961年指出，他通过数值计算在一定程度上证实了科廷的发现。他说："统计研究表明，呼吸系统癌症确实和空气污染有关。"他补充说，"虽然不太确定但是同样令人不安的是，烟雾对于支气管炎、哮喘和肺气肿患者的病情有恶化的作用。"在烟雾严重的日子里，男性吸烟者甚至衰弱到无法走过半个街区。

对于20世纪60年代的官场，烟雾和癌症之间是否存在联系是视情况而定的，可操作性很强。艾森豪威尔的卫生部长不经过三重确认一般不敢给政府出具官方意见。这种充满斗争的环境造就了以下局面：官员们处于哈姆莱特式的困境——是先发制人还是冷静地逐步改变。虽然并非有意为之，但是格里斯沃尔德确实处理得干脆利落，例如在公众健康面前政府毫无胜算的局面。这位洛杉矶烟雾治理者不能摆脱他吸入的东西，就像几十万烟雾区市民无法摆脱他们的痛苦一样。如果说空气污染只能造成暂时的刺激和视觉干扰，那为什么还要轻率地冒险放弃那些拥有数百万雇员的企业呢？另外，如果污染会慢慢扼杀整个城市，甚至有令其毁灭的危险，那不应该马上开始处理吗？

由于数据处理和分析刚刚开始，科学界和医学界还没有绝对肯定的答案。被这种局面困扰的权威部门通常只能对人们报以同情。一份空气污染控制局（APCD）的早期报告指出，人们忧心如焚是可以理解的。它还建议通过医学研究来处理未来地方官员因为不擅长而加以回避的问题（可能的话鼓励诉讼）。报告说："他们恳求帮助，这不能掉以轻心。"随后一份可能发表在20世纪50年代后期的后续研究手稿也透露出一种紧张的气氛。报告中提到，县医学协会于1956年开展的调查结果显示，95%的受访医师提到了"烟雾综合征"，其中包括常见的呼吸神经系统症状。研究人员已经知道，空气污染物可以在人们无所察觉的情况下对他们的肺造成损伤。对于居住在高速公路和发电厂附近的居民来说，高浓度的一氧化碳也会给他们带来类似的风险。尽管如此，仍然没有权威的证据证明死亡和吸入烟雾之间存在联系。对地方研究主管莱斯利·钱伯博士来说，缩小观察到的资料与科学验证之间鸿沟的要求十分迫切。或者，如他以斯波克①式的口吻所说的："从空气污染控制机构的角度来看，弄清不同成分污染物的种类、数量与其致病、致死能力之间的关系，有着长期而切实的重要性。"

电影爱好者可能会认为史蒂文·斯皮尔伯格1975年的大片《大白鲨》（*Jaws*）中"风险—回报"的情节，是受到了这一事件的启发。在影片中，一条极度饥饿的大白鲨栖息在东海岸度假小镇附近的海域。油滑的市长必须在维护当地夏季火热的旅游市场和关闭海滩以免游客成为鲨鱼香饵之间做出选择。在南加州，对烟雾最激进的反应是局部疏散，破坏性最小的是无所作为，直至有数据进行监管。1954年10月，当臭名昭著的烟雾在这一区域开始变成灰蓝色时，奈特州长不得不费尽口舌说服当时风声鹤唳的洛杉矶人，空气污染没有对他们的健康造成可怕的威胁。这一结论是他与"紧急召集"的当地20位科学家和医生协商的结果。专家们给他总结的内容与十年前告知弗莱彻·鲍伦的完全一样。他们说烟雾是一个"恼人的麻烦"，但不会对"大多数人"造成持久的伤害。与他们的同事从患者身上得到的结论相比，这一结论显然更加乐观。在所有人都没有答案的潜在颓势中，一个童子军的眼睛在烟雾来袭时肿得睁不开的短篇新闻和州长"一切都好"的信誓旦旦的保证一起出现了。一个月以后，一个10岁女孩阿尔汉布拉由于受到气溶胶毒素感染而离奇死亡。这些是异常事件还是某种预兆，可能需要几年时间才能确定。直到这个时候，科廷推测："即将来临的既不是突发事件，也不是天灾。"加州大学洛杉矶分校医学院院长斯塔福德·沃伦说，他还没看到确凿的证据能证明"烟雾致死"。使用我们的《大白鲨》隐喻，1954年10月以后鲨鱼开始攻击开放海滩上的救生员。

此后，国家基于动物组织试验和汽车制造商的排放研究规定了最大污染物水平，同时开始建议在污染物积聚之前采取措施停止排放。这是加州环境方面的又一个新奇事物，是解决之前被忽略的监管死角的又一个机会。实验动物为此献出了自己的生命。在东洛杉矶阿祖萨、伯班克好莱坞高速公路附近的暴露站点，一组小动物吸入受污染的空气，而对照组则吸入净化后的空气。专家们称，这是世界上最大规模的针对单一医学问题的动物试验。为了

---

① 美国电视剧《星际迷航》角色，以理性、逻辑和无感情的说话方式著称。

获得第一手的人体数据，加州卫生官员开始对14万美国退伍军人协会成员进行追踪，其中40%住在洛杉矶地区。四年后，县综合医院的医生开始征集患慢性肺病的志愿者在实验室环境中呼吸受污染的空气。聪明的技术人员进行无处不在的污染测试，然后把下结论的事情留给别人。

在科学上无懈可击的证据出现之前，医学界主要仰赖县医学协会（APCD的健康顾问）来表达他们令人不安的理念。他们认为二氧化硫是威胁公共健康的定时炸弹。他们推翻了烟雾引起疟疾或者肝硬化的边缘理论。最大胆的是，该协会就其2803个医生成员的患者进行了调查。绝大多数的调查结果都说明，吸入化学物具有破坏性。他们1955年的报告即以"空气污染是致命的"为题。该协会还通过1957年进行的另一个令人不安的研究进一步强化其调查结果。这项研究质疑新近建立的厂房排放的有毒空气使加州上空产生新的或是变异的病原体。不过，能看到病变第一手资料的还是该协会的医生，如肿瘤学家、病理学家和X射线临床医学家等。他们本来就是最相信臭氧、过氧化物、醛及其衍生物是致病因子的那一群人。在同一时间，加州理工学院一位化学战专家在微生物试验之后就同一主题推进了这一研究。他说，看不见的粉尘、硫、盐和金属等颗粒物可以把烟雾的毒性提高25倍。这个数字看起来也没那么让人目瞪口呆。县医学协会和当地的结核病健康协会1961年的一项调查显示，医生曾经建议1万名居民离开南加州以保障其健康。更正一下，他们曾经在一年内敦促9000~10000人离开。

跳过两个烟雾季到1963年。加州的肺气肿患病率是十年前的四倍，明显高于一些劳动密集型工业基地，如宾夕法尼亚州和伊利诺伊州。尽管没有确凿证据把糟糕的健康状况归因于烟雾（一位医生说，他所学的诊断手段当时仍然处于马车时代），医生仍在病历中建议将它作为需要考虑的因素。1963年一半以上的时间，市中心氮氧化物浓度都超过国家新标准。烟雾肆虐的城市，如伯班克、帕萨迪纳、阿祖萨和波莫纳，甚至有超过200天超标（相比之下，旧金山这一年只有12天超标，而圣迭戈则为35天）。美国全科医生学会洛杉矶分会会长桑福德·布卢姆博士写道：

我们不能证明洛杉矶烟雾是一个杀手，但基于每天在办公室所看到的，我们假设它是危险的……科学实验正在依次进行，用以寻找客观的答案，但我们等不及了……我们所有人生活的这个城市就是一个巨大肿瘤实验的一部分……这个实验必须进行下去，因为我们已经命悬一线了。

让领导们睡不着的不只是他们的颈椎。空气管理区的两位最高领导人——史密斯·格里斯沃尔德、路易斯·富勒拒绝放过抨击的机会：最让人恐惧的事情已经发生，尽管已经采取了激烈的防范措施，洛杉矶还是成为一个弥漫着有毒空气的屠宰场。地方医学专家认为，目前为止南加州已经算幸运的，大规模灾害的形成条件——主要是长时间维持的逆温层与烟雾的突然聚集并没有同时出现。截至1967年10月，警报次数在过去五年内稳步增长。有一部分医生估计，南加州1000万居民将有16%在两周内处于危险中，造成这种情况的部分原因是他们住在臭氧及其伴生污染物积聚的内陆山谷中。其中16万有呼吸道问题的人是易感人群。

林恩·阿特金森因为肺气肿被医生照顾了15年，此时他无法掩饰自己的沮丧。阿特金森是一个出色的承包商，他的公司建造了结实的公共工程项目，其中包括亚利桑那州的柯立芝坝和奥克兰水库。后来他的肺部由于暴露在洛杉矶的空气中而发生病变，并因此永久地退休了。1961年7月，他让护士从他在洛杉矶西部的公寓里取一些苹果汁。当她去取果汁时，他锁上卧室门，打开一扇窗户，从12楼一跃而下，奔赴死亡。市警察局发现了他的遗书："我已经在这个除了烟雾几乎完美的环境里居住了近50年……这或许是我所发出的需要改变的呼声，（并且）它会起到好的作用。"很久以后，直到20世纪80年代和90年代，在数以千计的人死亡之后，流行病学才发展到足够尖端，可以印证阿特金森当时的感觉。一个人平均每天呼吸1.5万次，那些没有被及时呼出的空气，尤其是被文明灰烬污染过的空气，会缩短人的寿命。

研究烟雾对于人体的危害是一项令人兴奋又恐惧的工作。烟雾研究人员在这个流行病学、基因学和公共卫生学互相交叉的前沿科学领域展开探索。他们想知道为什么碳氢化合物、氮氧化物、柴油及其他悬浮物会导致一些人死亡或者罹患普通疾病，而其余人只是暂时感到恶心不适？一些早些年致力研究器官损伤的专家开始更细微的思考，把注意力转移到腺泡——数以百万计的肺部小气囊。空气污染似乎能够引发细胞萎缩，减小肺活量，尤其是对肺部存在缺陷的人来说。病理学家在尸检过程中发现，被烟雾侵蚀的肺部不再是正常的粉红色，而呈灰黄色，有的带有黑色突起斑纹，很多还布满了小孔。

到了1970年，一些医生深信，呼吸南加州烟雾弥漫的空气等同于一天抽一两包烟。南加州大学一项关于臭氧和氮氧化物的研究强调，这种空气中存在自由扩散的病原体，长期置身其中可能会削弱血红细胞的防御功能，甚至让这些病原体渗入大脑和肌肉。州卫生官员发现了其中的内在联系：当烟雾最为严重的时候，致命的心脏病会发作。

阿特金森的遗孀可能会加上一句：这也会引发绝望。

＊　　＊　　＊

生理问题持续引发了人们对于地理环境的忧虑，洛杉矶让人不安的天空像一个高音喇叭一样煽动着健康和政策效应。顺风位置，烟雾之城的这个标签对于一个位于市中心以东约160千米的沙漠度假城市来说无异于一个经济毒瘤。在20世纪50年代和60年代，棕榈泉及周边的灌木社区是小麦色皮肤爱好者和隐居富人的乐园。跟战前的洛杉矶一样，棕榈泉很幸运地拥有富有吸引力的阳光和有益于健康的温度。有"老蓝眼睛"之称的弗兰克·西纳特拉（20世纪西方流行乐坛最具影响力的艺人之一），为了逃离其家乡的灼人空气而搬到此地，进一步提高了这个地方的名气。演员鲍勃·霍普、雷德·斯凯尔顿、黛比·雷诺兹和查克·康纳斯也都在该区域保留着自己的度假屋。即便如此，如果这个"家"离苦难的根源不够远，那么即使是世外桃源也会让人失望，棕榈泉的问题便在于此。虽然被一片广袤的沙漠隔开，但是它仍然离洛杉矶这个制造烟雾的机器太近了。烟雾从洛杉矶吹过来，这里与其说是一个满是穿着白皮鞋名人的世外桃源，不如说它更像遭受重创的帕萨迪纳。在那里，汽车尾气和工厂废气已经从市区蔓延到几千米之外的郊区。

棕榈泉隶属于里弗赛德县，位于其西侧。1962年，这个县的人们超过半年时间都呼吸着来自洛杉矶的有害气体，其污染程度比前一年严重了一倍。该县除棕榈泉以外的区域一直是洛杉矶穷人居住的荒凉地区，长期被轻视，因而其状况变得更糟（现在它已经把自己重塑为一个不断进步、更为便宜的非传统活动中心，这里拥有广阔的家庭发展和开放的娱乐活动中心）。凝滞的空气通过圣戈尔戈尼奥山口之后，像是通过一个漏斗进入棕榈泉。市律师采用了一个不同的隐喻，把烟雾比喻成一把指向城市心脏的枪。太多难闻的气体使得这个小镇的生命线——旅游业遭遇挫折。一位居民以激进教授般的口吻指责政府，说棕榈泉市政厅不作为的行为等同于"协助谋杀"，它为什么不从洛杉矶同仁们身上吸取教训？更糟糕的是，一位科学家指出，南加州的空气污染几乎每天都会蔓延到亚利桑那州。圣迭戈市领导也要求重视这一问题，他们的市民所吸入的空气废物有40%都是"洛杉矶制造"。

其他的外地人不需要警告。在最糟糕的月份访问南加州的运动员似乎总是拿着返程机票急于离开。他们一直觉得奇怪，居然有人可以长时间居住在洛杉矶。伊利诺伊大学的橄榄球队于1963年在帕萨迪纳参加玫瑰碗比赛时甚至需要吸氧。当底特律雄狮队在好莱坞遇上烟雾时，他们惊慌失措地跑向微风习习的圣莫尼卡运动场。明尼苏达维京人队1965年在加利福尼亚州对阵洛杉矶公羊队时，简直希望他们可以一直待在酒店与世隔绝。"看看我的眼睛，每个人都快要窒息了。"维京人队主教练诺姆·范布劳克林在球队试训时说。当时的新闻标题是"洛杉矶烟雾弥漫，维京人昏昏沉沉"。南加州臭名昭著的空气致使橄榄球场的人数减少，而中西部冻土地带运动场的人数却增加了两倍。

其他地区和南加州争夺体育赛事主办权时，总是在陈述中把运动员的痛苦戏剧化。对于洛杉矶在申办1968年夏季奥运会投标中的"狡猾的战术"，底特律冷嘲热讽地表达了强烈的反感。他们说，显而易见，世界上最伟大的运动员将需要和空气进行斗争。（墨西哥城最终承办了那次奥运会。）洛杉矶意识到，空气污染会使其在与强有力的对手（如莫斯科）的竞标中失利，于是在其申办1976年夏季奥运会的宣传片中特地用一段时长21分钟的视频展现水晶般清澈的天空。1969年奥委会出于非政治性的选择把奥运会主办权授予蒙特利尔，西海岸的生态学家明显松了一口气。一名刻薄的专栏作家也是如此。"很高兴这将是一场商人和航空公司的奥运盛会。如果我们邀请其他国家的青少年穿过我们的臭氧窗帘，这将破坏美国的外交关系。"《时代周刊》专栏作家阿特·斯登马姆打趣地说，"我们随时会引起哮喘战争……"洛杉矶市长萨姆·约蒂则是一脸不快。

当一个体育事件处于历史性的重要关头时，纽约是第一个喋喋不休谈论南加州环境的主要城市。那是在20世纪50年代后期，布鲁克林道奇队准备搬迁到洛杉矶，纽约州州长埃夫里尔·哈里曼试图阻止这次横贯大陆的迁移。他预言，该区域的人造烟雾会破坏球队的运营。哈里曼说，经常性的空气污染会阻止众多球迷按时到达球场，以至于新的业主会取消开放夜场。道奇队最终还是迁到了洛杉矶，杰基·鲁宾逊和他的队友们适应了这里的空气。

苏联国奥队的成员就没有这么幸运了。事实上，苏联田径教练加夫里尔·科罗布科夫1964年7月带着队伍来到这里时，就凭直觉感觉到了研究人员一直在研究的东西。他说："我们的运动员已经在加利福尼亚待了七天，却仍然无法适应洛杉矶的气候。他们感到倦怠、头痛和嗜睡。"在接下来的几年中，其他队伍也都染上了类似的洛杉矶分裂症：这是有着明星和敞篷车的洛杉矶，也是让你遭受数天肺炎折磨、看不到星星的城市。对于主场队伍，这是一个让人欣喜的优势。20世纪60年代，研究人员无法解释这种现象,5年过去了，他们一直孜孜不倦地对其进行医学试验。他们想到的是查尔斯·达尔文物种适应能力的理论。位于唐尼的Los Amigos医院的实验显示，一群加拿大的中产阶级白人对臭氧的敏感度是洛杉矶人的两倍。看起来，南加州人对毒素已经有了抵抗力。这是否意味着烟雾可以促进进化，或者说通过几代人的进化，免疫系统可以具有抵抗烟雾风险的能力呢？兰乔环境健康实验室主任杰克·哈克尼博士说："我们不知道人体对烟雾的适应性是否是件好事。如果它掩盖了疾病，那么我们或许需要付出隐藏的代价。"值得注意的是，研究人员在把烟雾作为致癌物时最爱使用修饰词——"或许"。

职业和非职业运动员需要观望，更年轻的运动员则需要照料，加利福尼亚再次选择了一个必要性的实验。即使在20世纪60年代后期，它也是"跟孩子们息息相关的"。烟雾耗尽了学生运动员们的呼吸、耐力和精神，这没有什么微妙的。高中足球教练曾经只为比赛输赢而活，现在则不得不像学校里的护士那样想得更多。圣加布里埃尔—波莫纳山谷的臭氧浓度一直比该县其他地区高三倍，这里校园运动场上的夏季足球训练和秋季运动会更像是哮喘门诊，年轻球员们全都弯着腰、眼睛布满血丝地喘息着。在这样一个遭受烟雾袭击的地带，坐落着200余所学校。有时候，污染物的积聚使得激烈比赛的孩子们因为无法畅快地获取氧气而不够专注。蒙罗维亚高中的体育老师说："在糟糕的日子里，你能听到(学生们)浅浅却又刺耳的咳嗽声。烟雾限制了他们的运动。这太糟了。"

孩子们的脆弱沉重地拷问着县医学协会的良知。研究人员认为青少年的身体不能承受与成年人一样的打击，因此为学生运动员设定一个特殊的预警系统可能会很有帮助。高官接受了这一建议，并将其编纂成册。当本地氧化物水平达到0.35×10^{-6}时，学校将取消较为剧烈的户外活动。加州校际联盟南部分部对此进行了倡导。但是，传统上8—10月在任何天气条件下举行的所有橄榄球比赛，都能够因烟雾而取消吗？是的,1969年，全年就有十几个警报。

很快地，教练和管理人员就改变了练习和比赛的时间以把暴露风险减至最低，或者干脆带领着戴着头盔的男孩们走进体育馆。这对青少年运动来说是一个很可怕的状况，也是烟雾影响的另一个证明，但是如果忽视它则意味着大量青少年的病亡。克莱尔蒙特高中的足球教练承认："如果我们不遵守的话，无异于是在玩火。"当烟雾让人焦虑万分的时候，运动仍然继续进行着。

可以说，这段时间南加州人收到的最好消息是，他们确认在某种程度上吸入医学界所知的不健康空气的不再只有他们。就在披头士乐队发行专辑《佩珀中士的寂寞之心俱乐部乐队》、越南战争开始向南扩散的时候，科学家们公认空气污染是全球范围内出现的低剂量、人为造成的化学攻击。事实的确如此。《时代周刊》1967年1月特写了看起来极其恶心的洛杉矶高速公路，行驶在上面的汽车下午就必须打开前灯。尽管数值让人震惊，摄影师可在任何制造业大镇上捕捉到那些烟雾。令人生厌的灰色空气笼罩在巴尔的摩、芝加哥、底特律、休斯敦和华盛顿特区上空。在公民运动曾经战胜烟雾的地区，烟雾再度出现，并且逐渐蔓延到德国和法国的制造业城市、远东及曾经被古老的罗马帝国统治的地区。

你确实需要一个速记本才能记下这个世界性流行病所造成的后果。在纽约市，每位居民每年需要花费200美元去除油烟、污垢和空气中的酸性物质。在全国范围内，空气污染造成的经济损失每年高达100亿美元，附带的还有腐蚀石材、钢材及其他一连串的东西。纽约市天际线上的美景不再是当初的样子，首都也好景不再，游客们有时候甚至看不到比其他建筑都高的华盛顿纪念碑。烟雾对公众健康也造成无法估量的损害，人的寿命缩短，人们因为空气能见度降低、阳光被遮挡而备感不安。只要看看工业化的日本，就知道人们怎么在烟雾攻击下举白旗的。在东京西南约370千米的港口城市八日市，学校里的孩子们经常戴着黄色的医用口罩在外面玩耍，以便在石化厂的烟雾中保护他们的面孔。动物也未能幸免，在芝加哥的动物园，北极熊患上了肺癌和肺气肿。

由于空气污染已经蔓延全球，随之而来的是对于大气更广泛的关注。在这个迅速工业化的星球，一旦某个地区的碳氢化合物和硫化物导致了灾难，那里面临世界末日的可能性将更大。事实上，科学家们早就惊诧于"温室气体"对地球环境的影响，一直到40年后，前副总统阿尔·戈尔的《难以忽视的真相》证实了他们关于全球变暖的忧虑。这些科学家推测，由燃烧和加工煤炭、石油及其他化石燃料而释放到大气中的二氧化碳，基本上可以烤熟地球。如果他们的推断被证明是正确的，到2020年，全球平均气温将上升5℃。全球变暖已经使沿海地区和淡水资源受到严重破坏，并造成濒危物种灭绝，即使现在立即淘汰化石燃料换成清洁能源，也不能完全消除已经造成的恶果。美国内政部的负责人解释说："形势恶化趋势之迅猛，在已知的地质史上是空前的。"某杂志1967年向读者科普了相关知识，认为这种全国性的生态活动不再是暂时性的：

　　一些科学家认为，大气中的二氧化碳产生速度远远快于其被海洋吸收或者被植物转换成碳和氧的速度，其浓度自世纪之交以来增加了10%左右。该气体在大气中产生"温室效应"：它可以让阳光穿透，但是能够有效地阻止阳光在地球上产生的热量逃逸回太空。地球上逐渐变暖的趋势已经造成明显的后果……科学家们担心，在几十年的过程中，平均气温可能会上升到足以融化极地冰盖。这样将会使海平面上升100英尺，也将有效地将世界上的沿海城市及其烟雾问题一并淹掉。

　　全球气温的上升给加利福尼亚人预示了特别阴郁的未来，欧文·艾伦及其追随者导演的世界末日电影只是在逃避现实，而不是纪录片。地质学家和其他科学家开始进行之前从未做过的研究，他们推测雪原和冰盖的融化可能会使大陆构造发生改变。根据这一理论，从陆地到海洋的难以理解的重量转移，将释放相应庞大的能量。地质运动活跃的地区，如洛杉矶，暴露于火山、地震和其他自然运动的多重袭击下时，将会是最为脆弱的地带。对于居住在圣安德烈亚斯断层的成百上千的南方居民来说，专家早就预测这将会是一个毁灭性的"大订单"，不管是空气还是土地，似乎都不是特别舒适的。

　　迪士尼乐园中的"小世界"主题游览虽然对人类来说很渺小，可是适用于研究遥远海岸污染物之间的联系。某天，知名的气象学家莫里斯·内布格在《时代周刊》中预言：来自亚洲的飘荡在太平洋上空的低空气流可能不再如此清新。大家都知道稀释后的洛杉矶烟雾最远可以往东传至落基山脉。内布格说，现在想象一下8亿中国居民拥有汽车会是什么样子。这可能造成一个绕地球一周的烟雾带，人类文明将因此消亡：不是那种瞬间毁灭的灾难，而是如同煤矿塌陷事故，让人慢慢窒息而死。内布格的想象出奇地有预见性。如今，随着亚洲经济飞速发展和机动车普及，扬起的空气污染"千层饼"飘浮于太平洋上空。影响温度的物质，像是烟雾、硫酸盐、炭粒、工厂烟尘和硝酸盐，在某些日子里可以在洛杉矶空气中占到三分之一。由于全球森林砍伐和干旱，沙尘粒子加入该循环中，使得情况进一步恶化。一位大气物理学家说："有很多次，污染物像一条带子一样弯曲来回，覆盖了整个太平洋。"

* * *

到20世纪50年代开创性运动的末期，南加州的环保团体因为其极端的激进主义早已名声在外。社会将他们与满足家庭温饱需求的男人或退伍军人相比较，把这些抗议者归类为怪人或者愤世嫉俗者。然而，到了20世纪60年代末期，大城市认识到再也不能对地球的气候和生态系统坐视不理，这给活动家带来了第二次机会。地方团体重新革新和调整自己，在看似很小的范围内展开了战斗，对象包括好莱坞托潘加峡谷充满争议的新公路、洛杉矶港口布满细菌的海水。这些活动家大部分有日常工作，他们并不孤独。SOS有一个指导方针，动员其志愿者通过电话网络和群发邮件，招募新鲜血液和收集新数据。路易丝·杜姆勒，南加州大学医学院教员的妻子，一位家庭主妇，以她的热情为SOS圣加布里埃尔谷分会吸纳了十几位成员。杜姆勒可以如注册会计师般用统计数字向你描述，帕萨迪纳一年299天空气质量达不到健康标准，比其他美国城市都多。她会向你展示家中肺病患者的肺部图片。"我们的生存取决于我们开始关注和施加压力。"她说，如果官方坚持无为，她的家人将搬离该区域。

SOS大规模扩张、提高公众认知的行动吸引了不少人。当"权力归花儿"（flower power，20世纪60年代末至70年代初美国反文化运动的口号，标志着消极抵抗和非暴力思想）时代逐渐逝去，宠物岩石（Pet Rocks，加利福尼亚广告经理加里·达尔在1975年发明的石头玩具）和地球鞋（Earth Shoes，美国地球鞋公司旗下的知名负跟鞋，由丹麦瑜伽教练安·卡尔索在1970年设计，该鞋的主要特点是鞋底前高后低）的时代来临，SOS已经与将近600个公民团体建立了正式的联系，其令人羡慕的知名度就更不用提了。也许它最名不见经传的遗产之一就是对其他改革倡导者的鼓舞。其中之一是太平洋帕利塞兹的律师罗杰·戴蒙德。他认为应该由公民来惩罚烟雾排放者，因为从白宫到加州州长官邸的政治家们已经搞砸了这件事。于是戴蒙德策划了一次大动作，此举广为后来的职业环保者效仿。1969年，当整个城市都因为曼森家族谋杀案而备受创伤时，戴蒙德对291家制造烟雾的公司提起了5000亿美元的诉讼，其中包括汽车制造商、石油公司、航空公司和大工厂。更重要的是，他标榜自己代表了当地居民，他们的"健康、舒适和福利"都遭到了空气污染的损害。虽然最后法官因为这次诉讼过于复杂和无组织而予以驳回，但是这次维权行动对环保人士影响深远。他们意识到，通过法律诉讼，可以有效迫使企业为他们造成的生态危害承担责任。事实上，就在法官驳回戴蒙德的诉讼后不久，一位投资银行家和一位法学院学生采取了与戴蒙德类似的手段，把空气污染与法律结合到一起。除了戴蒙德所起诉的对象，他们还起诉了州长和两位尼克松政府内阁成员，为南加州人享受洁净空气的权利遭到损害而索赔150亿美元。虽然没有适用的法律，但即使是远方的稍微关心此事的媒体，像《纽约时报》，也为南加州人终于有了一个听取他们不满的地方而欣喜不已。

针对这一切，主流的态度也逐渐发生变化。最典型的例子是，由于一个组织的坚持，加州立法者重新启动了"全力以赴"治理机动车空气污染的方案，力图在1975年之前彻底消除机动车污染。促成该方案的是一个超前于时代的、拯救世界的组织吗？不，是洛杉矶烟雾减排商会，这是他们关于消除烟雾的最为热情洋溢的请求。

在汽车制造商让步后，州政府和联邦政府就监管基础起了争论，SOS尽了最大的努力：它怂恿了另一个喧嚣的"权力"。1969年，媒体话语权逐渐增强，妇女们在控告APCD对大产业监管失误的起诉书中指责烟囱就像雨后春笋般遍布全县。SOS成员悬挂的标语上写着"怪物的时代来临了"。她们抱怨说，南加州的烟雾斗争统帅已经失去了斗志。她们指控地方政府大量批发豁免权许可证。她们还和其他环保主义者一起，坚决反对新建或者扩建在天然气短缺时会消耗含硫燃料的电厂。在雷厉风行的史密斯·格里斯沃尔德担任执行主席一年之后，路易斯·富勒出任行政区长。这些女士们的指控令他发狂。他要求大评审团调查其中"非理性的、查无实据、蛊惑人心的语句"。富勒说，这需要耗费人力，SOS的煽动性行为已经让他进了医院，他的医生告诫他要减轻压力。62岁的富勒不喜欢游行或者举牌抗议，这些活动家们都知道。他看到SOS对他反感背后的阴谋。怀着像尼克松一样的偏执心理，富勒怀疑，SOS的幕后主使是美国车辆控制委员会。他早期批评过他们的失误，他相信那些人因此对他心怀仇恨。他解释说："我们已经开始切实立足于控制工业和执行规则，管控措施甚至严格到难以操作……所以，（SOS）可以停止抨击我们了。"

格里斯沃尔德在20世纪60年代末调任至联邦空气污染岗位，此前他在工作中更倾向于向外而不是向内求援。他身上有着教授的行事风格，他把自己的管辖范围视为一个特别的试验场，并不断地寻求增援，尤其是向社会科学家。他认为这代洛杉矶人经历了美国最为严重的污染。他说，现在化学烟雾已经覆盖了其他6000多个城市，这是最适合对烟雾来源进行多学科研究的时机。格勒斯沃尔德渴望了解西海岸的人们如何适应每天呼吸微量毒药。他也感觉到南加州无法从底特律的变化上找出自己的出路，用流行心理学术语来说就是"愤怒转移"。洛杉矶的传统产业受到的残忍对待，本该由更有政治影响力的汽车制造商承受，却被他们逃避掉了，这间接引起了广泛的焦虑。在大发电厂和制造商把排放缩至最低之后，监管机构不得不向最不可能满足减排需求的企业——小金属加工业者和家庭经营的牛排餐馆等，争取更多的让步。这引起了普遍的不满，格里斯沃尔德认为富有责任心的最好方式就是最终消费者的选择。1963年在一次发人深思的演讲中，他像传福音一般提醒普通大众，他们必须划清界限：

我们知道空气污染像天花一样都不是城市必然的邪恶产物。造成州与州之间公共健康差异的不是高深的知识，因为信息已经公开化；造成这种差异的原因在于态度和价值取向……一个社会能够忍受伤寒症和霍乱，却不净化其供水。

SOS对这种公民参与的理念很是赞同。也许正因为如此，与对待易怒的富勒不同，她们很少公开与格里斯沃尔德争论。

然而，让保守派们惊愕的是，即使是发现光化学烟雾根源的阿里·哈根·斯米特也和SOS一样，对地方电力公司秉持不信任的态度。各公司累计预算达数百万美元的项目都遭到他们的抨击。20世纪60年代末，洛杉矶水电局在普拉亚德雷建设Scattergood发电厂，爱迪生公司则试图扩大在亨廷顿比奇的项目。斯米特警告称："除非社会相当警惕，否则这一地区的其他发电厂也会一并崛起，（并且）烟雾形势会加倍严峻。"石油公司是20世纪50年代活动家们的首选目标。而当时，促进南加州发展的电力厂已经取代它们成为更受关注的目标。相比海岸线上云集的传统火电厂，一直被鼓吹为节约成本且"无烟雾"的核能发电机组似乎是更好的选择。洛杉矶市政府官员决心满足不断上涨的电力需求，早早地提出了在马利布花费9200万美元建造核电厂的提案。批评家和居民们反对这样的设施，担心容易出事故和地震，更不用说它们本就让人看不顺眼。因此，就像县北部曾被提议建设的核电厂一样，这个提案也被摒弃。就这样，"不在我家后院"的心态打败了SOS对于清洁电力的诉求，如今这种心态已经渗入洛杉矶所有关于基础设施建设的争论。然而，洛杉矶烟雾弥漫的状态还是把能源政策推入了公众话题。它带来了一个超前的问题——健康呼吸是人们与生俱来的权利，这一理念最终成为全世界卫生机构的共同认识。

当美国在1970年4月确定第一个"地球日"时，SOS已经发展为由5000名成员组成的队伍，并且组织了最后几次有影响的行动。多年来这些女人们在枯燥乏味的政府会议中大声疾呼。现在，甚至批评家们都承认SOS是南加州最执着的烟雾战士，她们在尝试提倡人们改变生活方式。SOS不再唱衰地方政策，而是决定发起名为"共同乘车日"的活动，使洛杉矶成为更令人愉快的地方，这也是第一次有组织的拼车和乘坐公共交通工具的示范活动。像后来的保险杠贴纸一样，SOS在本地实行全球化思维，包括试图说服经常开车出门的人们不要单独驾驶他们的私家车和旅行车。名为"氧气行动"的组织加入这些女士们的行列，他们使用早期的计算机来实现汽车合用配对。交通部门安排了特快巴士。一些工作室也加入进来，他们拍摄了宣传片，主演包括电视剧《脱线家族》(*The Brady Bunch*)中的演员、露西尔·鲍尔和其他名人。SOS成员和女演员莎布丽娜·席勒，后来分裂为自由主义CARB和她所在的当地空气污染协会成员，公开斥责那些不愿意参与活动的乘客。人们找到一些自己更易于接受的借口——与节约相比，追究底特律(汽车业)的责任是一个更好的方式。当被问及个人动机，席勒认为，她有一个很好的动机。她的丈夫是一个电视撰稿人，为菲利浦·威尔逊节目(The Flip Wilson Show)工作。她承认，一想到有一天他会因为有毒空气诱发的冠心病而倒下，她就会忍不住发抖。她说："我想你可以说我的动机是自私的。"

早在20世纪90年代SUV开始占据洛杉矶的高速公路之前，洛杉矶人就热衷于大排量轿车，这也可以用"自私"一词来解释。SOS发起的"共同乘车日"活动只是一次声势浩大的失败尝试，原本根深蒂固的出行习惯不是一夜之间就可以彻底改变的。活动当天只有六个人登上了三辆"环保"公交车。"氧气行动"主席的车在那天抛锚了，他说公众还"没有意识到事态的严重性"，并以此安抚躁动的活动参与者。但是，事实上已有部分公众知道事态的严重性。新的组织，如"清洁空气联盟"接过了为呼吸而战的接力棒。早期的组织，如美国肺脏协会，重新调整了他们的精力。与此同时，莱维和斯莱德从她们喜欢的客厅里发展起来的组织开始萎缩。环境维权行动不再是一个边缘运动：这是一种火热的训练。席勒在1980年回忆道："有段时间，SOS的确是生力军，但它后来慢慢地累了。要花那么多时间去做那么多事情，而且都是无偿的。这只是这类组织生命周期的循环罢了。"

同样，南加州人愿意为共同利益做出的让步也非常有限，更不要提市长和地方政客为了减缓烟雾的滋生而对生活方式改革做出了胆小怯懦的保证了。在SOS鼎盛时期，加州人于1968年和1970年两次否决了两个公共交通资金提案，虽然民调结果显示这两个提案获得了县里的强烈支持。整个洛杉矶社会的态度就像罹患了精神分裂症一样——既要驱除烟雾，又不要驱除制造烟雾的大型工厂。这自然强化了洛杉矶人两面派的形象。这也有助于数十亿美元公共储金的流动。人们痴迷于自己所驾驶的汽车，因此，对于高速公路企业基于其在商业、劳工和政府方面的权益而提出的提案，就算没有汽车俱乐部公关人士的死缠烂打，人们也很容易接受。对这些利益集团来说，它们所做的就是让加州人继续待在他们的汽车里，不去管排气量的增加，同时还说着为公共利益做贡献或者开创新局面的梦话。从这个角度，SOS在向小商人和精打细算的妈妈推销"市郊到城市"时与向傲慢的电厂管理者们推销一样困难。重点是加州人逐一给自己颁发了绿色通行证。一位作家尖锐地写道：

加州人……心安理得地开着他们的豪华战车，在白天或者晚上的任何时间进行任意里程任意数量的必要或者无聊的旅行，还希望这些行为不会产生任何排放。他们没有想到自己应该为降低空气污染做出牺牲，也不能忍受缩短行驶距离或放弃汽车的某些性能。当呼吁他们这么做时，很多加州人……可能会变得非常孩子气。加州人和洛杉矶人不是考虑到自己的行为可能会造成什么变化，而是不假思索地把问题归结到别人身上：政客、监管机构的官员、汽车行业等……正如一个早期从事这一课题研究的学者观察到的，不管公众多么厌恶空气污染，这些东西和他们开的车的联系比人们想象的要大得多。

好莱坞和电视网络曾经用俏皮的风格描述这些现实，现在它们分别开始建立自己的环境信誉度。1966年，哥伦比亚广播公司（CBS）播放了一部由丹尼尔·肖尔参与编剧的重要纪录片，名为《有毒气体》（*The Poisoned Air*）。该节目认为，政府需要改变公众的冷漠心理和自身对企业的温和态度，借此对空气污染问题施以猛药。这个节目的播出对于媒体来说是一个翻天覆地的变化。十年前，CBS电视台的一位编剧曾经创作了一个剧本，讲述一个虚构的伊利诺伊州小镇被致命烟雾吞噬的故事，后来他迫于压力不得不修改结局，于是，剧中的烟雾不是像多诺拉的那样来自工业废气，而是四处飘荡的矿尘。三年之后，洛杉矶当地的电视台KNBC—TV拍摄了纪录片《缓慢的断头台》（*The Slow Cuillotine*），请"左倾"演员杰克·莱蒙担任解说员，其内容显得没那么出格。"在严重的烟雾条件下，"这位两届奥斯卡奖得主告诉观众，"我不知道我的鼻子呼出来的是什么，我的眼睛几乎要流血，上帝知道我身体的其他器官处于怎样的状态。"尽管饱受好评，《缓慢的断头台》也只能在地方播出，且仅有3万美元预算，而不是常见的25万美元。然而无可否认，好莱坞终于破茧而出。披着斗篷的美国斗士——蝙蝠侠，在1969年宣布，他再也不能袖手旁观。他放弃他的蝙蝠洞，逃离讨厌的高谭市①，并计划揭发那些躲在"保护塔"里披着"假冒的令人尊敬"外衣的污染企业。

在自由主义者的想象中，自我管理的社会环境将会激发责任感的蓬勃发展。约翰逊总统的科学咨询顾问委员会和部分社论作家建议认真考虑对每一个造成污染的人收税，包括个体司机。他们表示，把油门和钱包联系起来，将为研究无铅汽油、替代能源，淘汰马路上排放黑烟的老爷车及监测温室气体提供经费。如今，随着北极冰川消融和中东不断的流血冲突，这在想象中可能已经完成了。然而，当时被问及此事的大多数美国人表示，在他们已经感觉税费过重时，不喜欢别人伸入他们的口袋掏钱。即使普通工人也经常听说，技术成癖、消费驱动型社会可能是文明的绞索。尽管如此，一个小商品爱好者和纳税人的国家只能尽快适应。

许多加州人对生态抱有矛盾的心态，但这里不缺少渴望尽可能多地做出改变的人。他们会进入这个州广阔的民粹主义和传奇的历史，因为这是他们的时代。新的组织像蒲公英一样不时出现，其总部大多聚集在海湾地区。这些群体的名字即体现了他们的追求："地球之友""滴滴涕突击队""零人口""绿豹"等。他们自我标榜为"环保活动家"和"生态怪胎"，并转移到了一个二

---

① 漫画中蝙蝠侠活动的地方。

战后的美国还没准备好收听的频率。无论如何，这些活动家想让人们知道，除了臭氧和一氧化碳，一些重金属，如铅、镉等，也会让死亡无声地蔓延。对他们来说，汽车已经不再是繁荣的象征，而是一个物欲横流的醒目标志。人们开始坐在推土机前以阻止新的工程发展。一名伯克利男子把他的旧车翻新成一个雕塑。在早期的生态恐怖主义活动中，里弗赛德县的破坏者们袭击了四个加油站，并且在油泵上刻下"歇业——除雾"的字样。在约翰逊盛世和登月之间的某个时期，美国已经发现了下一个迫切需要解决的问题。基于南加州在逆温层战争中留下的巨大创伤，这个问题是激烈且让人不安的。

后来，当地的医生和大学教授们与这些环保主义者联合起来，赋予后者时常欠缺的合理性。他们几乎不相信洛杉矶人能领会来自天空的威胁，因此委托自己以实际行动警告社会。诺贝尔奖获得者、化学家威拉德·利比是其中的先驱者。他用一份他参与编写的被广泛传阅的杂志专栏激起了人们的恐慌。文章刻画了三级烟雾警报时的惨烈场面，医院里挤满了病人，城市居民拼命逃离"病态的黄色窗帘"，多达5万个无辜生命被扼杀。"我所描绘的场景是理论上的，不过它看起来非常合理。"利比指出。橘农们过去每英亩地收获500个橘子，现在只能收获300个。文中还引用一位医生的话称，这种状况令人深感不安，因为"现在发生在植物身上的事情最后也可能发生在你身上，生命在这一点上是共通的。"

SOS及其联盟组织一直在倾听。在对烟雾之城的最终批评中，他们对公众健康问题费尽心力。SOS过去纠结于监管方面的细节，现在她们关注的焦点是，管理者拒绝承认或者考虑洛杉矶可能永久处于"低级别卫生应急状态"，这简直让她们歇斯底里。富勒在20世纪70年代退休，继任的管理者罗伯特·蔡斯是一位退伍军人，他这样解释自己与富勒在看待SOS成员上的不同政见：在没有具体证据指控烟雾是致病因子时，她们只是一群追赶绿色环保潮流的白痴。

加州理工学院的学生1968年通过一场轰动校园的大气倡议加入了这场运动。学生们梦寐以求的是地球母亲和科技发明之间的和谐、交通工具的改进和低污染排放水平之间的两全。为了取得进展，他们测试汽油的替代品，并提供课程训练"失业的穷人"成为熟练的环保者。一些古板的教员斥责这些"不合格的"学生起哄闹事，因为从生态学的角度来看他们做得太多，也做得太快。（哈根·斯米特此时更加质疑周围的成年人对空气污染的态度，他认为加州理工学院的孩子是正确的）种子迟早要发芽，这只是个时间问题。全美最受尊敬的公园和自然保护团体——塞拉俱乐部，开始投入资源研究空气、水和替代能源。SOS也已经尽其所能。

自然，流行文化可以通过诗歌、故作深沉的文章、专栏、脱口秀和其他任何你能想到的方式，诠释这种剧烈的变化。大门乐队（Doors）一首名为《一船傻瓜》（*Ship of Fools*）的歌反映了对于地球飞船的担心："人类正在消亡/无一遗漏/人们漫步月球/烟雾很快就会抓到你……"圣贝纳迪诺报纸的讽刺作家约翰·威克斯指出，应使用黑色幽默的方式来记住这些重要的东西。他建议设立整个地区共同庆祝的"烟雾日"，庆祝手段多种多样：印有胸部X光片的贺卡，青年团体的颂歌，如"回想高浓度的臭氧臭味"。唯一缺少的是以安迪·沃霍尔（美国艺术家，曾创作艺术作品《金宝汤罐头》）的方式演绎专利产品"烟雾罐头"。

我们不是没有机会重新考虑污染洛杉矶阳光文化的烟雾。在20世纪70年代早期，专家除了看到烟雾所造成的伤害，也发现了我们所处的星球的脆弱性。工人们从圣佩德罗开车去市区上班，却使得烟雾进入帕萨迪纳人的眼睛，就像苏联在巴伦支海进行核武器试验，却使得温尼伯杂货商出售的农产品蒙上了放射性尘埃一样。过去人们不确定地球的健康对自己意味着什么，现在人们开始重新审视美国人将科学和消费视为幸福生活纽带的这种接近精神层面的信仰。从价格低廉、喷洒杀虫剂的水果上摄取毒素，或者因工厂自动化造成蓝领工人失业值得吗？南加州人已经从上百万焦黑的肺部获得了深刻的教训。

不管汲取了什么样的经验教训，习惯于依赖技术的人们能否改变自己，甚至强迫自己改变以同时保护自然和现代性，这样的问题仍然存在。从动荡的20世纪60年代得到的共识是，你最好尝试或承受真相。每个人的态度和行为都至关重要。问问玛乔丽·莱维和彼得·凡奇医生吧。

很大程度上来说，人们所呼吸到的被污染的空气都是他们自己造成的。

阅读思考：对于雾霾的治理，作为个体的公众可以有何作为？

失衡的乡村生态[①]

蒋高明

蒋高明，中国科学院植物研究所研究员，联合国教科文组织人与生物圈中国国家委员会副秘书长，中国生物多样性保护基金会副秘书长，中国环境文化促进会理事。随着社会的经济发展，社会结构的变化以及各种现代农业技术的广泛应用，中国的乡村生态普遍出现了严重的问题。此文中，作者列举了其中一些严峻的问题，并提出发展生态农业的可能性，认为中国需要一次生态革命，一次以农民理性回归的真正的绿色革命。

与几十年前相比，农民们的生活水平显著提高了：那时候吃不到的白面馒头，现在普通农民的餐桌上都能看到；那时候不愿意吃的烤红薯、煮玉米棒子，现在成了稀罕物；农民家里用上了电风扇、电话、彩色电视机、洗衣机、空调；原来破旧的草房，现都换成了清一色的瓦房。然而，这些可喜变化后的环境代价也是巨大的。"山清水秀，空气新鲜"曾经是最为农村人自豪的，记得刚上大学时，农村来的同学和城里来的同学因为农村好还是城市好而争得面红耳赤。而今，这一切即将成为历史，农村再也没有与城市媲美的资本了。中国经济高速发展，牺牲了乡村自然资源和生态环境。过去30多年来，中国乡村主要环境变化表现在以下几个方面。

第一，化肥、农药污染严重。现代农业过分依赖化肥、农药、除草剂、添加剂、农膜等化学型生产资料，粮食增产的同时，环境污染也接踵而至。中国单位耕地面积化肥平均施用量为434.3千克/公顷，是化肥施用安全上限的1.93倍，但利用率仅为40%左右。农药平均施用量13.4千克/公顷，其中高毒农药占70%，有60%～70%残留在土壤中。现在的农村是充满了杀机的"杀

---

① 蒋高明.生态农场纪实[M].北京：中国科学技术出版社,2015.

场"，大量农药充斥在果园、菜园、养殖场、农田中，生产反季节蔬菜加重了农药和化肥的滥用。除此之外，畜禽粪便污染也相当严重，其排放量超过工业固体废弃物2倍多，部分省份超过4倍多。

第二，野生动物减少，乡村生物多样性降低。大量农药和除草剂的使用，并没有从根本上控制住害虫和杂草，可是每年农民依然需要购买，而且越用越多。但是，在这个过程中，一些乡村原本存在的野生动物及其天敌也被杀死了，生物多样性急剧下降。目前的北方农村，秋天已根本看不到南迁的大雁；夏天很难看到成群的蜻蜓；燕子也明显地少了，因为它们找不到搭窝的地方。多样化的森林变成了杨树纯林，鸟类找不到合适的地方做窝。大量湿地消失，导致青蛙等两栖类动物丧失家园，河里的鱼虾因为污染而消失。即使让人生畏的蛇，也因为误食吃了耗子药的老鼠而丧生。

乡村消失的不仅仅是蜻蜓、蝉、大雁、燕子、喜鹊、小黄雀、青蛙、蛇、野兔，更是我们的自然生态。我年幼时的乡村充满着野趣与童趣，那是儿童的天堂，是小动物们的乐园，如今，这一切都成了历史，成了记忆。我甚至担心，有一天，我们的后代不知道什么是蜻蜓和蝉。当我们向他们描述的时候，孩子们以为他们的父亲或爷爷在讲天书。

第三，树种趋于单一，"大树进城"带来乡村大树、老树和古树浩劫，加剧了空心村的衰败。为追求短期经济利益，农民们卖掉了本地树，而改种速生树。北方基本上以杨树为主，原来老百姓喜欢种的榆树、国槐、洋槐、白蜡树、楸树、泡桐、梧桐、枫杨、柳树、柏树、松树等几乎被清一色的杨树所取代，大半个天下的树木都姓了"杨"。南方乡村则以杉木、马尾松为主，近来有被来自澳大利亚的桉树"占山为王"的趋势。大树进城之风蔓延全国，城市街头一夜之间站满了树贩子从乡村挖来的大树、老树和古树。城市的美丽，是以极其丑陋的做法，牺牲乡村生态为代价换来的。在农村，几乎看不到代表乡村文化的大树和老树，树木几年就换一茬，给人感觉是永远处在发展中阶段。

第四，乡村湿地消失，农家孩子缺少了亲水空间。过去的农家男孩子，几乎没有不会游泳的，而现在会游泳的非常少了。一个重要原因是池塘被填平了，改造成了旱地，乡村湖泊和河流湿地消失了，孩子们从小就失去了戏水空间。有的河流可能还有水流动，但成了上游工厂的"排污沟"。乡村大量湿地的消失造成的直接后果是干旱加剧了。有人经常抱怨现在的降水量达不到历史时期的平均值，甚至只有一半，可能与湿地的消失有一定关系。由于地面干燥，"上气不接下气"，有云不下雨，这样的天气现象在北方农村逐渐增多了。

第五，秸秆焚烧禁而不止，收获季节农田里"狼烟四起"。由于没有给秸秆找到一个很好的出路，农民为图省事，匆忙收完粮食后，秸秆就地焚烧，造成严重的环境污染，甚至诱发事故。2007年9月26日，原本只是一场轻雾，却在农民焚烧秸秆"狼烟"助长下迷了济南人的眼：济南机场将近30个架次的航班降落受到影响，来访的俄罗斯国家杜马议员的专机只好迫降，造成不良的国际影响。由于城市周边农村焚烧秸秆等原因，城市环境空气中可吸入颗粒物含量明显增高，尤其夜间空气污染程度加重。北京每年的"蓝天计划"多次因周边省份焚烧秸秆而"夭折"。

第六，沙子、石头和土壤的消失。城市和工业高速发展，需要大量的建筑材料，这些材料依然是取自农村。昔日的银沙滩被挖得千疮百孔，河流丧失了泄洪能力；大片的山体被炸开，石山被切割成石头、石板，或加工成各种"艺术品"运往城市或海外。对石材的需求，开始是破坏一些不知名的山体，现在连泰山也有人打起了主意。有人迷信泰山石，认为它能够镇宅避邪，就到泰山周围贩运石头，泰山石生意被一路看好。建筑用砖的原料取自农田里的黏土，砖瓦场遍布农村。更令人担心的是，城市和工厂由于缺乏长远的规划，经常是"建了拆，拆了建"，那些封存在水泥中的沙子永远失去了利用价值，为获取新建筑材料又要继续破坏乡村生态环境。

尽管一些地方的农民生活富裕了，但是他们的生存环境质量变差了，一些怪病也多了起来。人们的富裕是以环境的污染和健康为代价换来的，我们的生活还能够充满阳光么？"人们穷怕了，有了钱还管什么环境"，这是我听到的最多的声音。针对上述严重现实和人们的麻木意识，我们只有大声疾呼：救救乡村生态！

乡村中的"白色恐怖"

十几年来，我一直都在我国农村进行调研，足迹几乎遍布全部省份，其中对粮食生产大省河南、河北、山东、吉林、辽宁、黑龙江、四川、湖南、湖北农村的有些地方去过多次。在考察过程中，一个严重的现象令人忧心如焚，这就是愈演愈烈的耕地白色污染问题。北方耕地几乎被清一色的白色塑料膜所覆盖，即使在热量条件非常好的广东、广西、福建、海南等地，农民种地也覆盖农膜，只不过膜由北方的白色变成了黑色。从空中俯瞰中国乡村，大地白茫茫一片，在高速公路两旁，白色塑料膜一望无际，让人仿佛来到了一个"水汪汪"的世界，真是"白色恐怖"。

田间地头、渠沟路旁，甚至大街上、农户的院落里，到处都是废弃的农膜。旧的农膜没有处理完，新的农膜又铺上了，这一奇特景观在改革开放前的农村是根本看不到的。我曾经实地考察过几十个国家，从来没有见到一个国家像我国这样，大张旗鼓地应用农膜。长期下去，耕作了5000多年的中国农田将被大量使用的农膜、化肥、杀虫剂、除草剂等化学物质所毁灭。

使用农膜主要有两个目的：一是建造塑料大棚生产反季节蔬菜或水果。二是直接铺到耕地上，生产经济价值较高的蔬菜或作物。在山东、河北、河南等省的农村，目前农民种地，除了玉米、小麦等大宗作物外，花生、土豆、西瓜、大蒜、茄子、辣椒、黄烟等，毫无例外地覆盖农膜。

据农民介绍，土地覆盖农膜后，由于改善了土壤温度、湿度，生长季节可以延长，产量能够提高20%～50%，个别作物的产量甚至能够翻倍，如花生。通过覆盖农膜增加产量是农学家的新技术发明，但是，谁也没有考虑到的是，我们的生态环境能够承受多少农膜污染？目前，我国每年约50万吨农膜残留在土壤中，残膜率达40%。这些农膜在15～20厘米土壤层形成不易透水、透气很差的难耕作层。

勤快一点的农民，会将农膜从地里挑出，但也仅仅是扔到地头而已。据说有人专门来收集废弃农膜，但是，因为农膜沾满了土，利用价值并不大，因此，只有很少一部分废弃农膜被回收。当农膜积累多了以后，农民们大多是一把火点燃了之。殊不知，这把火带来的是更加严重的污染。

那些自然界不能分解的有机化合物，被称为POPs（持久性有机污染物）。2004年正式生效的《斯德哥尔摩公约》，把艾氏剂、狄氏剂、异狄氏剂、滴滴涕、七氯、氯丹、灭蚁灵、毒杀芬、六氯代苯、二噁英、呋喃以及多氯联二苯12种化合物列为首批对人类危害极大的POPs，在世界范围内禁用或严格使用。它们在自然界中滞留时间很长（最长可在第七代人体中检测出），毒性极强，可通过呼吸和食物链进入人体，导致生殖系统、呼吸系统、神经系统等受损、癌变或畸形，甚至死亡。焚烧农膜极易产生上述12种POPs的至少5种，即清单上的后5种。

十年前，农业部和科技部的官员希望科学家们尽快拿出降解农膜的方案，筛选特殊的微生物来分解农膜。遗憾的是，至今令人兴奋的消息不多。虽不断有人传言研制出了可降解农膜，但是，因其价高质劣，农民根本不用。这里，主管官员和科学家们都犯了个常识性的错误——农膜是自然界根本不存在的东西，哪里有什么微生物愿意"吃"它们？为什么不研究替代措施或者制定政策，让老百姓停止使用农膜，从源头控制白色污染呢？

诚然，大量使用农膜，产量提高上去了，但是生产出来的东西不好吃了，即质量下降了。任何生命，生长有其固定的规律，本来长得慢的如果让它长得快，其代价就是质量的下降和环境的污染，表现在大田作物和蔬菜上就是品质下降和耕地污染。据农民们反映，现在种植的大蒜基部比拇指粗，这在二三十年前是根本不可能的，这是农膜和化肥的贡献。但是，现在的大蒜辣味不足了。以前种蒜是用秸秆覆盖，而不是用塑料膜，是用大量有机肥，而非化肥，所以，风味的大幅度下降是必然的。

虽然风味不好了，至少产量高，农民可多卖钱，管它好吃不好吃呢。真的是这样么？实际上，铺农膜增产后的利润"大饼"被更多的人瓜分了，农膜生产商、运输商、出口商、批发商、零售商，他们的眼睛早就盯好了农业增收带来的那点可怜的利润，国家减免农业税或粮食直补带来的效益很快就被农资涨价抵消了。农民仅得到很少的一点利，却要承担很大的风险。仅靠提高一点产量实现增收，但还要承受土地污染的苦果和农产品市场价格波动的风险。在沂蒙山区，笔者了解的实际情况是，非常新鲜的蒜薹前天是5角/斤，昨天是4角/斤，今天就是3角/斤了。去年大蒜地头价是1.2元/斤，今年只有0.7元/斤，市场风险是农民根本没有办法克服的。

我和研究生们在山东弘毅生态农场进行生态农业试验，我们严格不用化肥、农药、农膜，实验的重要指标有根系生物量，这需要将作物的根从土中清洗出来。洗根本来就是比较细致、比较耗时的工作，但挑出农膜成为他们洗根的最大工作量。研究生们从盆里取出小麦的根系，洗净土壤后暴露出了许多残留的农膜。这些农膜混在土壤里，湿润的时候也看不见，待晒干后就显露出来了。

据做实验的学生介绍，这些土是从周围老百姓的农田里买来的。农民每年向地里铺盖农膜，一些残屑就进入了土壤里。土壤还是经过筛子过筛的，但细小的农膜依然没有被筛出来。那些农膜是多年前残留的，基本不能降解。

通过耕地铺膜并增施大量的化肥来提高土地生产力，正如给土地吃"鸦片"，植物长快了，产量提高了，杂草暂时控制了，但是，土地就会对这些物质产生强烈的依赖，地越种越瘦。现在农民普遍反映"地不上大量化肥就不长庄稼"就是这个道理。那些残存在土壤中的农膜，再加上过量使用的化肥、农药、除草剂等，将逐渐在耕地中积累，长期下去，耕地将元气大伤。

耕地是农民的命根子，我们应当像保护眼睛那样保护耕地。不能为了提高一点产量，鼓动农民只考虑眼前的利益，大量使用自然界中不曾存在的东西，长期这样做的风险是很大的。农膜的泛滥就是有关部门盲目推广的结果。

正确的做法是，不是将土地覆盖农膜变白，而是通过增加土壤有机质使土壤变黑，即将秸秆通过牛羊等动物转化成肉、奶和肥料，肥料产生沼气提供能源后，再将沼渣和沼液还田，逐步培肥地力。增加土壤有机质，增加土壤团粒结构，依然能够改善土壤水、肥、气、热条件，这个做法能使土地持续保持高生产力，而非短期行为。增加动物生产和能源生产后，耕地所创造的价值高于覆盖农膜带来的效益。增加有机肥就会减少化肥用量，取消农膜覆盖就使生产成本下降，并从源头杜绝白色污染。所有这些事关农业根本出路的问题，必须引起农业部、国家环保总局、国土资源部、科技部等相关部门的高度重视。

提高农民收入，必须采取正确的做法，增产的同时要增效，要保护耕地，减少环境污染。那些"杀鸡取卵"式的用地不养地，反而毁地、害地的做法，应当杜绝了。哪个部门出面来管管愈演愈烈的白色污染，能够早日让中国农民从"白色恐怖"中摆脱出来呢？

农民何时才能回家安心种地

每年春运，电视画面上就会出现这样的一幕：大批农民工携带大包小包，乘坐拥挤的火车或汽车返乡。农民在城乡之间这样大规模地来回迁徙，人类历史上绝无仅有，世界各国也唯中国有这样的奇观。

农民进城打工促进了中国经济高速发展，但他们为此付出了健康的代价，两三代人的幸福代价，甚至生命的代价。以前农民很少听说的癌症成为最大的死因。2009年，由卫生部和科技部联合完成的《第三次中国居民死亡调查报告》显示，癌症已成为中国农民最主要的死因，肺癌、肝癌、直肠癌、乳腺癌、膀胱癌死亡人数明显上升，其中肺癌和乳腺癌上升幅度最大，过去30年间分别上升了46.5%和96%，且有年轻化的趋势。很多人正值壮年就去世了，许多农民寿命不能过半百。年轻人进城打工，小青年夫妇刚结婚就两地分居，老人和孩子没有人照管。

那么，农民为什么舍弃了其基本的职业，舍弃了家庭幸福，甚至舍弃了健康而进城打工呢？这是因为现在的农村没有很好的出路，仅靠种地收入难以维持家庭的各种支出。

农民是种地好手，进城谋生是舍本逐末。中国的粮食安全仅靠妇女、老人，长期下去是非常危险的。大化肥、大农药、转基因是发达国家劳动力稀缺且昂贵逼出来的路。我国的优势是人多，人民勤劳朴实。我们舍弃了自身优势，牺牲了乡村生态环境，换回来的是国民很难再吃上的放心食物。城里人想花高价钱买放心食品，但是，放心食品从哪里来呢？

"民以食为天"这句古朴的道理，今天正受到越来越严重的食品安全隐患的挑战。不放心食品直接影响了人与人、人与自然之间的和谐，长期下去将导致国民健康素质整体下降。安全隐患主要来自食物生产的源头，即地头和各类养殖场、加工厂，影响因素有农业五大害和一潜在危害，这"五大害"是大农药、大化肥、除草剂、添加剂、农膜，潜在危害是转基因。

农药和除草剂使传统农田充满了杀机。辛苦的锄草劳作已被除草剂所取代，"锄禾日当午，汗滴禾下土"已成为历史。然而，尽管农民每年都向庄稼、果树、蔬菜施以大量农药，向耕地喷洒除草剂，且毒性越来越强，但依然不能消灭害虫和杂草。后者与人类竞争的结果是，生产出来的食物除风味下降外，还充斥了各类不利于人类健康的成分。能够杀死虫子和杂草的东西对人体也好不到哪里去。

农膜虽然实现了反季节蔬菜生产和提前上市，但其代价惨重。由于焚烧农膜释放出了有害物质，以蔬菜产业闻名的华北某市农民得癌症的人越来越多，他们的地下水已不能饮用，需要花钱到上游的县买水喝。

添加剂和激素滥用带来的危害触目惊心。无节制使用现代技术使鸡、鸭、鹅等禽类"长大成禽"的周期从120～150天缩短到38～45天，生产出来的肉含有很多药物残留。水产方面，鱼、鳖、虾、蟹、鳗等无一不用添加剂和生长素，令人垂涎欲滴的海鲜里，就隐含有危害人体健康的成分。

在一些地方，农民种地（养殖也一样）分两类，用传统的办法生产自己吃的食物，用现代技术生产城里人吃的食物。因为市民无法生产粮食、蔬菜、水果、肉、蛋、奶、水产，只有受制于"农"。城里人即使再有钱，可以买到任何高级消费品，唯有两个东西买不到，即洁净的空气和健康。

农民尽管使上了浑身解数，但仅靠农产品致富，并承担养老、医疗、教育、婚丧嫁娶的各种费用还是非常困难的。许多发达国家都向农民补贴，例如，日本每个农民获得的补助每年2万多美元。可见，发达国家从来没有希望农民从地里刨出金子来，因为农业是基础产业和低效益产业，纳税人有义务维护农民利益。在中国，因为种地不合算，农民务农的积极性不高，青壮年劳力纷纷进城去谋生，留下了妇女、儿童、老人看守家园。进城的农民干最苦最累最脏的活，住最差的房，很多住处根本就不算是房子。所赚的钱除了必要的花销，到头来依然难以维持娶媳嫁女和养老送终。

正确的出路在于，让农民在家门口就有活干。这些活就是为13亿人生产放心食品，修复退化的生态系统（包括自然生态系统和农业生态系统），恢复日益衰败的乡村道德和乡村文化，构建中国特色的和谐社会。利用生态学原理，农民在生产健康食物的同时，还可以解决肥料来源问题、农药带来的环境污染问题、农村燃料和电力问题以及农村教育和养老保险问题。在上述过程中，农民做出的巨大贡献，理应得到国家和城市的认可，并从经济上给予补偿。因为用传统方法生产食物费工费时，甚至存在一定的风险。

有一年，我让父亲完全用传统的办法种谷子。我的要求是，不用一粒化肥，不用一滴农药，不能覆盖农膜。我先声明，这样的粮食是我自己吃的，否则他可能"掺假"，因为条件很苛刻。这可苦了老人家，虫害还好说，可以用手抓，麻雀可带来了大麻烦，一个多月的时间父亲每天都要轰麻雀。这样产出来的小米倾注了他太多的心血，别人给多少钱他都不卖。

我还做过这样的试验，利用自由放养技术，将"牢笼"里的鸡"解放"到树林里。那些鸡这下可自由了，地里的草，林下的虫子，都成了鸡们的美食。因为活动量大，2000只"半成年"的鸡每天光吃粮食就得300元，且出"林"的时间比出"牢笼"的时间延长了三分之二，生长周期长了这就意味着要消耗更多的粮食。因为我坚决不给鸡吃饲料添加剂，成本就更大了。最关键的是害怕死亡，如果到快要出售的时候来场"灾"，那么消耗的四五万元的粮食，就变成了一点可怜的鸡粪。

上面的两个例子说明，有机生产无论成本、风险、风味，还是放心程度都是现代技术所不能比拟的。有机产品理应由"慧眼"识别，否则，好的产品卖不上好的价钱，还有谁来给我们生产好的呢？由于造假的成本远低于生产真产品的成本，市场选择了不健康食品，社会从此不和谐。著名"三农"问题专家温铁军教授亲自卖有机大米，不能不说是我们这个社会的某些环节出了问题。

中国需要一次生态革命，一次以农民理性回归的真正的绿色革命。不能等经济危机了，就降低粮价，牺牲农民。政府对农业的补贴不能给化肥厂商、农药厂商、农膜厂商、种子商、官员、转基因科学家，而应当直接按粮食实际销售量高价从农民手里收购，对于低收入者，政府可以低价卖给他们粮食。

当前，农民种地成本过高，粮食价格过于低廉。前面说过，20世纪70年代，山东一带小麦玉米年产量即突破亩产1000斤，可收入人民币200元。以黄金购买力计算（1976年二级工38.87元的购买力相当于今天的5296元），维持人类基本生命需求的粮食价格按照1976年的购买力计算，今天的粮食应当为136元/斤，才是按照当年农民的购买力（将挣到的工分去买黄金）理应得到的合理价格。

今天的廉价粮食是农村妇女老人生产的，青壮年已不愿意安心在家种地了。再过十年二十年，那些老人妇女不能动了或者不在人世了，谁给城里人提供便宜的粮食呢？

中国80%的大豆产业沦陷了，我们还要再等待玉米、小麦、水稻的沦陷吗？

粮食即使不卖到100元/斤，就是10元/斤，估计打工的农民就能回去99.9%，如果5元/斤，打工的农民能够回去90%，即便是3元/斤，恐怕80%以上青壮年农民毅然回村。3元/斤粮食，也意味着，每亩地里可以刨出六七千元，五口之家就是三四万元。一对农民夫妻在城里干苦活累活危险活，吃最差的住最差的，一年也剩余不了这么多钱。

那么，80%农民回村将带来什么样的变化呢？一是火车票再也不难买了；二是农民得癌症的少了，寿命延长了；三是80%以上的化肥厂关门了；四是90%以上的农药厂关门了；五是农村的环境污染也少了；六是农民再进城是以上帝身份来的，再也不用担心受歧视；七是农村重新充满生机，村落再也不用担心从地图上消失；八是农村孩子们从此有了天真烂漫的笑容。

据我们的前期实验，完全不用化肥、农药、农膜、除草剂、添加剂、转基因六大害，照样能够高产出粮食来。如果卖到3元/斤，农民肯定就会精耕细作了，食品安全和乡村环境也改善了，城里人也能够吃上放心食品了，人们从此就少去医院看病了。所以多花钱投资健康食物比什么都强。"病从口入"，只有吃得干净才能少生病。

将那些被利益集团掠夺的财富还给劳动者，则中国经济和环境才能可持续发展矣！中国的新农村建设也罢，解决城市问题也罢，就业也罢，犯罪问题也罢，还给农民的尊严也罢，完全在于劳动有其合理的回报，在于耕者有其利。如果农民辛苦种出来的粮食回到了20世纪70年代相对价位，中国的社会经济环境和谐发展问题就能得到合理解决。

阅读思考：农药、化肥、农膜等现代化技术为什么带来了乡村的生态问题？

不满的种子①

古道尔　麦克艾弗伊　哈德逊

古道尔，著名动物学家，以对野生黑猩猩的开创性观察和研究而闻名。她热心投身于环境教育和公益事业，由她创建并管理的珍·古道尔研究会是著名民间动物保育机构，在促进黑猩猩保育、推广动物福利、推进环境和人道主义教育等领域进行了很多卓有成效的工作，由古道尔研究会创立的"根与芽"是目前全球最活跃的面向青年的环境教育计划之一。她曾多次来中国访问，支持中国的生态环境保护宣传教育工作；麦克艾弗伊，技术咨询师；哈德逊，作家。转基因技术，是一项颇有争议的生物技术，此文中，古道尔等人的观点，作为不同声音的一方，也是非常值得人们关注的。

　　我们根本不知道转基因作物对于人类健康和大环境的长期影响……一旦某种转基因作物出现大问题，我们面临的困难将是清除一种永存的污染，我不相信有谁真正知道应该如何应对。

——查尔斯·威尔士王子，1998 年 6 月

　　假设你在餐厅里，放在你面前的是一盘黑色的土豆泥，你可能会拒绝接受。事实上，你还会被吓一跳！即使餐厅向你解释说这种黑色新品种是一种特别有营养的土豆，你大概还是会拒绝，宁可要一堆白中带黄的传统土豆泥。但是，如果你得到的是经过转基因后含有杀虫剂以防昆虫染指的土豆做成的土豆泥，那你可能会和往常一样狼吞虎咽，因为你不会知道这根本不是你小时候吃的传统土豆泥。餐厅也不会告诉你他们的食物究竟是不是转基因

---

① [美]珍·古道尔,[美]加里·麦克艾弗伊,[美]盖尔·哈德逊.希望的收获[M].范效成，范义涵，译.西安:陕西人民出版社,2009.

的，不是餐厅隐瞒事实，多半是因为他们自己也不知道，所以不能告诉你。

农业大量使用杀虫剂造成的影响引起巨大的公愤，农业企业为了回应不得不思考替代方案。然而不幸的是，这个行业摆脱对杀虫剂依赖的努力却带来一种对人类健康和地球的环境状况造成同样灾难的技术，那就是：基因改造有机体。

基因工程产品是把基因物质从一种生物体插到另一种生物体的DNA（脱氧核糖核酸）里，转基因作物的目标是改造基因编码，使作物对害虫和特定品牌的除草剂产生抗体。举例来说，美国最平常的基因工程作物之一是苏云金芽孢杆菌玉米，这种经过改造的玉米在每个细胞里制造出自己的细菌毒素，可以杀死任何吃玉米的昆虫。生物科技产业告诉我们，改造基因使作物自己含有天然杀虫剂，因此就能降低化学杀虫剂的需求而使环境受益。但是我们根本不知道用这种方式改变基因的食物的长期影响。因为基因工程作物的安全性测试，往往不是采用客观的科学方法，而是由生物科技制造商自己完成的。也许正因为如此，他们经常得出这些转基因作物和非转基因作物一样安全、有营养的结论。结果，数百万英亩（1英亩=0.4047公顷）的转基因作物被种植、贩卖和吃掉。

第一批生物科技作物于1994年上市。如今全世界有1.67亿英亩的土地上种植转基因作物，主要是玉米、棉花、大豆和卡诺拉油菜。它们经改造后制造出自己的杀虫剂，或者能抵抗除草剂。美国是全世界转基因食物的最大生产商，81%的大豆、40%的玉米、73%的卡诺拉油菜和73%的棉花都经过基因工程的处理，而这种技术也已经在全球许多地方出现。世界各地疯狂增加的转基因生物体，正困扰着包括消费者和科学家在内的许多人。首先，没有任何关于长期食用转基因食品有益人类健康的保证；其次，转基因作物对环境有极真实的危险，因为一旦这些植物散播到野外，出了栽培和测试它们的实验室范围，通常就没有可靠方法来控制它们的扩散。

目前，苏云金芽孢杆菌玉米等转基因食物在北美各地种植并贩卖。由于美国与加拿大的政府花较多时间和精力跟制造转基因生物体的企业合作，而不关心消费者的需要，因此没有强制要求对转基因产品进行标识，这意味着消费者除了吃有机食物外，完全无法回避它们。但是有机产业或许不再有能力保护消费者，因为转基因生物体正无法控制地散播到北美洲甚至中美洲。

小心！前方有危险生物

想象一下，当老牌的有机食品制造业者陆地公司总裁查尔·沃克得知，检查员在他的玉米片中发现微量的转基因生物体时，是多么让人震惊。沃克立即收集所有的有机玉米片并销毁，这一举措令这家威斯康星州的公司损失14.7万美元。最后公司经过一路追踪，来到得克萨斯州一位种植有机作物的农民的田里，他的作物意外地遭到邻近种植苏云金芽孢杆菌玉米的农田的交叉授粉污染。因此沃克认为，除非我们禁止种植苏云金芽孢杆菌玉米，否则它的花粉终将污染全国的每一片玉米田。

受威胁的还不止是玉米作物。只要是允许种植转基因作物的地方，就有传染给邻近农田的风险。就连遵守严格有机耕作准则的农民也自身难保——因为要防止风或鸟将转基因种子带进自己的田里，或是防止蜜蜂授粉，是根本不可能的事。1999年陆地公司的玉米片事件是美国有机食品因为意外的基因污染而被迫下架的首个案例。从那之后，全国各地有数不清的有机农田遭到转基因生物的污染。就连墨西哥乡下个体农民拥有的在多样性和纯度方面都被视为国际珍品的玉米品种，如今也受到美国种植的转基因玉米的污染。

信箱里的一封信

除了到处蔓延的污染威胁外，转基因作物也是大型公司获得全球粮食种植与分配控制权的一种手段。如今，几家跨国公司拥有转基因作物的专利权，现在连生物科技作物的DNA编码也被授予专利。这些公司竟然控告作物遭到污染的农民，说他们的专利权被侵犯了！所以，不仅是转基因作物威胁农民的土地和生计，而且拥有转基因作物的那些公司还要农民负法律责任！

波西·施梅哲家三代在加拿大萨克其万务农，50年来安心种着他的油菜——开黄花的植物，又名卡诺拉油菜——过着小康的生活。像其他成功的农民一样，他一直在进行作物试验，自己开发生命力强的品种，每年播撒从前一年的收成中筛选的种子。

所以，接到孟山都的信当然令他吃惊。这家站在发展转基因食品最前沿的大型农业化学公司声称，在沿着施梅哲农场的沟渠路旁生长的作物中，经测试发现了孟山都的转基因工程油菜。

根据施梅哲的说法，孟山都的某位生物科技经理肯定在未经他许可的情况下，秘密进到他的田里测试过他的作物，因为信上说他的农田有1%~8%受到该公司转基因油菜的污染。信中还指控施梅哲侵犯专利权，进而要求他为使用孟山都的种子而向该公司支付赔偿金。施梅哲从没向孟山都买过任何种子。他们的种子渗透到他的作物的唯一可能，就是附近种植该公司抗除草剂的转基因抗草甘膦油菜的菜田。

使施梅哲不同寻常的不是他收到来自孟山都公司这类威胁性的信，也不是因为祖传的宝贵种子遭到转基因生物体污染而被迫全数销毁，更不是因为他的农田和一辈子辛苦的成果如今受到威胁。北美各地数十处的农民也处在相同的困境中，先是无辜受到转基因生物污染困扰，之后又收到孟山都公司的威胁信。然而施梅哲可不像多数倒霉的农民那样安静地在庭外调解，施梅哲决定反击。

稀疏的棕发，戴着金属框眼镜，说话轻声细语，72岁的波西·施梅哲看起来不像是会跟现代歌利亚对抗的那种人。在被问到为什么愿意忍受漫长的诉讼过程和天文数字的诉讼费用时。施梅哲说他的巴伐利亚祖父母于19世纪初从那个古老国家移民，就是为了逃避这种强权政治。

"他们想逃避那些控制全部农民的作物和食品的邪恶的大地主、贵族和国王。"他说，"现在企业已经变成贪婪的大地主、贵族和国王，企图控制我们的食品来源。我们无处可逃，只能挺身反抗。"

经过6年马拉松式的诉讼，花费了40万美元的诉讼费用，波西·施梅哲的案子被提交到最高法院。最后，孟山都公司的专利权主张获得确认，但是由于波西并没有因为"侵犯"孟山都的专利而获利，因此最高法院判定他无须赔偿他们的损失、诉讼费用或罚金。简而言之，他一点儿都不欠孟山都的。

施梅哲算是幸运的，他那具有里程碑意义的案件重要得足以获得全世界的关注以及来自相关个人和基金会的捐款。杰瑞·加西亚的遗孀黛博拉·昆丝·加西亚在她杰出的纪录片《食物的未来》中以他为代表人物。但是，每位农民在面对孟山都的诉讼时都能获得全球性支持吗？美国最高法院对下一个挺身对抗孟山都的农民会给予较有利的判决吗？目前我们看到的是北美农民正在受到企业的敲诈。

由于他的勇敢和以非暴力的方式为人类进步付出的努力，波西·施梅哲获得了印度的"圣雄甘地奖"。这些年当施梅哲向印度、孟加拉以及非洲的一些第三世界国家的农民发表谈话时，都会提醒他们：他们是有选择的，他们可以采取实际行动以避免孟山都等跨国公司在他们的国家种植转基因作物。施梅哲说，加拿大萨克其万大草原的农民再想种植非转基因的大豆或油菜已经来不及了，现在他们所有的种子都遭到转基因生物体污染。由于油菜是十字花科植物的一员，所以可以为萝卜和菜花等作物异花授粉。

"还不光是农民的田里呢，"施梅哲说，"现在所有高速公路的隔离带、停车场、后院、校园和高尔夫球场，都有孟山都的转基因抗草甘膦油菜在生长。我们甚至在墓地里发现它的踪迹。"由于这种作物经过基因编码，完全不受害虫和除草剂的影响，几乎不可能杀死它。

目前施梅哲只种不多的有机燕麦、麦子和豌豆。虽然他从来不使用杀虫剂，但他说曾在油菜作物上使用过化学肥料，这是一个令他后悔的选择。"我希望当初听我太太跟母亲的话，"他说，"我母亲直觉上就不信任农业用化学物质，不准那些东西沾上我们的土地。我太太一直坚持家里吃的所有食物一律有机栽培，以前她跟我说，'你有这么大面积的作物，你把这些有化学物质的东西卖给别人，我们自己却吃有机食品，这是不对的。'经历过这一切，现在我明白我早该当个有机农夫。"

虽然波西·施梅哲和孟山都诉讼案的法律审判已经结束，施梅哲可以选择在他的有机农场退休，但他却继续环游世界，和大型企业抗争。2005年，他旅行到泰国，他的公证词帮助政府下令禁止孟山都的终结者种子。他说，当初为了向祖先致敬而发动这场战役，现在他继续作战是为了向后续同仁致敬。

"我太太和我分别72岁和73岁了，"施梅哲说，"我们不晓得自己还能活多久，所以我们是这么看的：身为祖父母的我们必须问自己，希望留给子孙什么样的遗产？我的祖父母跟父母留下的是土地，我不希望留给子女的遗产是充满毒药的空气、水和土地。"

种子的统治者

一些正在接管北美农田的跨国公司也正在收购种子公司，毫不夸张地企图对世界的种子申请专利，这不是科幻小说，而是正在发生的事。2005年1月，孟山都（现在被封为"种子的统治者"）收购了全世界一流的种子公司圣尼斯种子公司。照这个速度，几家跨国企业即将获得对全世界种子供应的控制权。

即使更多的粮食能解决世界饥荒问题，我们也没有确实的证据表明基因工程能够恢复世上极度衰竭的农田，或是提高粮食产量。从孟山都、杜邦、道氏等跨国企业吞并世界种子供给的速度来看，有人怀疑基因工程的主要动机是贪财，企业企图通过专利权，确保掌控世界的食品供应。

与此同时，具有潜在危险的无可持续性的农耕法正在发展中国家蔓延，当地领导者往往受到来自世界银行和国际货币基金组织的压力，被迫与跨国企业合作。同时，企业在发展中国家开辟农业技术新市场，并以低成本生产食物，再卖给发达国家的顾客以牟取暴利，以继续对发展中国家的殖民剥削。

任何研究过世界饥饿问题的人都知道，使全球8亿人挨饿，每天近3万儿童饿死的本质原因不是缺乏食物，而是其他各种不同的因素：政治动乱、糟糕的食物分配、贪腐的地方和中央政府、人口过剩和过度放牧造成的土壤退化、企业收购乡村农田而威胁到旧日适应当地情况而经年发展起来的本地农耕文化，最后是数以万计的农民被剥夺农耕的权利（同时是养活自己的手段），不得不向城市迁徙。这最后的悲剧随着农民越来越穷并被褫夺公权，正在大规模地上演。他们往往被迫离开从祖先开始就世代耕种的土地，费力地在已经聚集大量失业人口的都市找到一份并不适合自己的工作。就这样，骄傲的农民变成饥饿而且往往饿到发慌的乞丐。这一切在多米尼克·拉皮耶的《欢喜城》中有生动的描述。

只有当这些恶事被提出来探讨时，才可能找到解决世界饥饿问题的出路。我们更需要和平的、人道主义的领导者，需要理解、同情、怜悯和常识，而不是技术。企业宣称只要把地球上的农田都转为种植能抵御害虫、风暴、干旱和疾病的转基因作物，就能从根本上杜绝世界的饥饿问题，我们对此深表怀疑。

因此，在2005年5月的《生态学家》杂志中读到一篇关于埃塞俄比亚环境保护局局长土沃德·伯翰·贾伯·依希巴赫博士的访谈时，我非常兴奋。当时他正试图彻底改革该国农业。他积极推广有机农耕，鼓励农民用堆肥和轮耕来改善土质——尤其通过引进豆科植物来提高氮含量——并利用地埂耕作法降低径流造成的土壤流失。或许他的国家能避免转基因作物和农业用化学物质造成的环境污染，也从此摆脱付款给西方企业的困境。此外，他和埃塞俄比亚的其他领导人正在发展当地的市场基础设施建设，推广环境敏感的放牧方法，并致力于国家市场基础的多元化。

土沃德博士在接受《生态学家》的访谈中表示，他们没有购买进口化学杀虫剂的需要，因为埃塞俄比亚作物具有多元化和多样性，使他们免于单一农作物种植在广大、同质性农田上惯常会有的害虫问题。他成功地驳斥了行业关于转基因作物能解决发展中国家饥饿问题的断言，坚信依赖技术将使大国"再度'奴役'非洲，只是这次不是强迫非洲人民在美国的土壤上栽种作物，而是非洲人民被迫在非洲土地上种植美国公司的作物"。

土沃德博士，我们向你敬礼！你为其他发展中国家树立了多么美好的典范。

农民的反抗

转基因生物体的增加，引发了关于未来收成的疑问。农民种植传统或有机作物的权益能不能获得保障？跨国企业放任转基因作物散播到邻近农民土地的行为如何被起诉？农民如何保留储存自己种子的权利？丰富多样的祖传作物会怎样？谁拥有诸如种子、植物、基因、人类器官和动物等活的有机体的专利权？最后，如果允许企业拥有我们的生命，这个世界会变成什么样子？

幸好，世界各地都有像波西·施梅哲这样的英雄挺身而出，拒绝让企业接管我们的食物供给。转基因生物的激增让很多人沮丧之至，以至于他们干脆把这些偏离正道的植物连根拔掉。英国的大批抗议者损毁转基因作物，在遭到逮捕时，他们以"维护更多公众的利益"——也就是预防转基因生物污染，为他们的行为做法律辩护。

有个标志性的案例于2004年进行审判，案中的27名抗议者（包括"绿色和平"组织的执行董事彼得·梅尔切特爵士）将位于英国诺福克的一片转基因玉米田夷为平地。被告知转基因生物污染的严重威胁提出极具说服力的抗辩，法官在总结中表示，被告的举动应该被视为"合法的污染控制"，判定抗议者无罪。

在法国，有一群把自己称作除草队的活跃分子致力于毁坏转基因作物，这个团体由著名的法国农民若泽·博韦带领。1999年，他因为协助破坏在牧场附近的麦当劳并以此抗议全球化而上了报纸头条。2004年，他们甚至定了一个除草日，将法国南部的转基因作物拔了个精光。另一个团体是"自由种子解放"，他们在2004年的一天夜里越过装满倒刺的铁丝网围墙，去拔除澳大利亚布里斯班附近种植的转基因菠萝。新西兰的抗议群众则出于担忧，进入田里向新栽种的转基因玉米开战。事实上，我们几乎在所有种植转基因作物的地方都可以发现环保人士、有机农民的身影，他们每天都在尽一切力量根除这些作物。多年来，希望摆脱转基因作物的巴西政府，出钱请农民将这些农作物拔除并烧毁。但是2004年初政策却改变了，孟山都获准在巴西种植转基因作物。

2005年6月1日，第一份全球转基因污染事件的登记簿出版。现在只要进入"基因观察——英国"和"绿色和平"组织共同主办的网站就可以得到1996年转基因作物首度面世以来，所有已知的食品、动物饲料、种子和野生植物受污染的详情。9年内，27个国家记录了60多件非法或未经标识的转基因污染事件，该网站也提供有关有害副作用的信息，例如抗杀虫剂的超级杂草的形成。

"地球之友"组织于2005年5月获取了一份欧洲委员会泄露的内部文件，而短短9年内全球各地发生的转基因事件则为这份文件提供了令人担忧的佐证。这份文件是欧洲在世界贸易组织中，针对和美国就转基因作物的争端所做的答辩，其中清楚地提到欧洲委员会的科学家对转基因食物和作物的安全性的怀疑，欧洲委员会承认对耐抗生素基因和转基因的益虫后续效应的顾虑是"正当的"和"科学的"，会员国应该可以自己就受保护的程度做出决定。然而自从贸易争端在2003年开始出现以来，欧洲委员会已经强迫两种转基因产品进入市场并向会员国施压，要他们取消禁令。

他们以前错了

制造转基因食品的跨国企业向我们保证，他们的产品对人类消费是安全的。可大约65年前，有一段时间人们相信双对氯苯基三氯乙烷（滴滴涕）这种化学物质对人、动物和环境无害。而现在滴滴涕的长期累积效应已经造成报复性的环境浩劫，导致整个鸟类近乎绝种，包括美国的秃鹰。

氯氟烃也一样。关键是听到新产品被引进环境中时我们最该担心的是长期累积效应。人们创造的许多转基因食物是在每个细胞中生出自己的杀虫剂，大量生产这些新毒药会对环境、对我们产生什么样的长期累积效应呢？

2003年，一些作为动物饲料而被生产出来的转基因玉米，意外地进入了人类的食物链，最严重的单一污染事件是只被核准做动物饲料的转基因星联玉米，却被做成墨西哥玉米饼而进入了人类食物链。为了预防烦人的昆虫，这种玉米经由转基因制造出自己的杀虫剂。这种毒物不被胃酸分解，这是许多可以引起过敏反应的物质共有的特性。美国、加拿大、埃及、玻利维亚、尼加拉瓜、日本和韩国七国的上千家商店被迫撤回该产品。当时我正在美国，不少人因而患上令人担忧的过敏，有些甚至出现过敏性休克。

在美国种植的大豆中，有超过八成都是转基因的。转基因大豆像孟山都的卡诺拉油菜，经过特殊的基因工程处理以抗拒孟山都的草甘膦除草剂。也就是说，农民可以将草甘膦除草剂喷洒在大豆作物周围，除草剂会杀死除了大豆以外所有的植物〔孟山都公司和以往一样表示它的除草剂和食用盐一样安全，然而研究人员已经找到Roundup除草剂的主要化学除草成分草甘膦与非何杰金淋巴癌（一种癌症的名称）之间的关联性〕。这些大量喷洒除草剂的转基因大豆产品，隐藏在超过60%的美国加工食品中，你也可以在大豆油、豆粉、大豆卵磷脂、蛋白质粉和维生素E中找到它们。

那么玉米DNA里的苏云金芽孢杆菌杀虫剂又如何呢？当杀虫剂被喷洒在植物上时，我们至少可以用清洗和去皮求得安心。但是，如果植物经过转基因，从根到果实的每个细胞都含有苏云金芽孢杆菌呢？你不能将它剥除，也不能将它洗掉，当这些经过变造的苏云金芽孢杆菌细胞进入人体，会对我们做出什么事来？我们不得而知。

动物和转基因生物

许多动物对转基因生物表现出本能的厌恶。举例说明，野鹅会避免到转基因的卡诺拉油菜田觅食，而喜好非转基因油菜。2003年9月，《福祉》杂志刊登了一个故事，是关于一位名叫比尔·拉什梅特的农民。他用他的牛进行喂食实验，他在一个饲料槽里装满50磅（1磅=0.4536千克）的转基因Bt玉米，另一个槽则装满天然的玉米粒。他观察到他的每一头牛都先用鼻子闻一闻转基因玉米，后退，然后走到天然玉米那里，狼吞虎咽吃了起来。1999年，美国记者斯蒂文·斯普林克·杨克顿为生态农业杂志*ACRES USA*写了一篇令人惊叹的文章，很多玉米带（美国中部产玉米的各州——译者注）的农民表示，如果喂食槽里是转基因作物，猪就不会把定量的食物吃光。浣熊经常扫荡有机玉米田，却不会碰转基因玉米田。他描述有位农民观察到一群（40多只）鹿，在过马路时踏倒他的大豆，却没有一只母鹿去啃孟山都的抗草甘膦大豆作物。

各种老鼠也都不喜欢转基因食品，加拿大和荷兰的农民表示，如果分别储存转基因和非转基因作物，装非转基因作物的箱子鼠满为患，而装转基因作物的箱子没有老鼠。实验鼠通常是爱吃番茄的，却拒绝吃转基因的延缓成熟的番茄。最后老鼠必须被强迫喂食番茄，研究人员才得以研究吃下转基因番茄的后果。结果几只老鼠出现胃部损伤，40只老鼠中有7只在几周之内死亡。尽管如此，美国联邦食品药品管理局在没有进一步测试的情况下，核准Flavr Savr番茄于20世纪90年代初上市。有意思的是这种番茄一直销售不佳，最后被拿下货架。

能够制造自身细胞性毒素的苏云金芽孢杆菌Bt土豆在美国诞生，这促使阿派特·普斯陶伊博士对于转基因食物对动物的影响进行了最彻底的研究，这位匈牙利裔科学家在英国罗威特研究所为英国政府服务。

普斯陶伊决定用另一种天然杀虫剂来制造转基因土豆，这是在雪花莲里发现的外源凝集素。他以大剂量的外源凝集素喂食老鼠，没有明显的不良后果。接着他切下外源凝集素基因，植入土豆的DNA里。当他在老鼠身上测试他新创造的土豆时，对结果感到震惊。首先，他的测试预示新土豆的营养成分不同于当初被取出的非转基因土豆亲系，其中一株新土豆作物的蛋白质成分较它自己的亲系少20%。困惑的他于是继续分析土豆，结果发现即使是相同父母的同种土豆在相同条件下生长，营养含量也不相同。这意味美国食品药品管理局在"转基因食物与其父母养分相同"的假设下制定的政策是受到了误导。

不过，他的下一个测试更令人不安。当他用生的新土豆喂老鼠时，这些老鼠饱受了免疫力弱化之苦，胸腺和脾脏受损，有些老鼠的脑子、肝脏和睾丸发育不完全，有的则出现胰脏和肠子等组织肿大。这些严重的后果是在吃下新土豆10天内就出现的，有些在110天后还持续着，相当于人类的10年。然而被喂食烹煮过的土豆时，老鼠却能保持健康。

普斯陶伊忧心忡忡。他的测试一丝不苟地进行过很多次。他喂老鼠吃过他的转基因土豆、天然土豆，以及和转基因土豆含有同量纯外源凝集素的土豆，只有老鼠吃下生的转基因土豆，才会产生严重的副作用。对普斯陶伊来说，如果作用不是外源凝集素造成的，一定是基因工程的处理本身使器官受损，并造成免疫机能不良的。

这一切出人意料而又令人震惊。普斯陶伊考察了不少其他科学家针对市场上转基因食品的测试记录。他被这些研究吓坏了，在他看来这些研究设计不当、流于表面、测试次数不足。而就是这些研究最后导致允许苏云金芽孢杆菌土豆、玉米、棉子和大豆上市。如果使用同样肤浅的测试，那他的土豆应该也会被核准上市。这些土豆也早就被卖给成千上万的人，理论上可能制造出类似在老鼠身上观察到的健康问题，这些问题可能要经过好几年才会在人身上显现。幸好，我们不生吃这些食物，然而相同危险将发生在番茄和其他不一定经过加工的转基因蔬菜水果上。

这期间普斯陶伊在电视节目《行动中的世界》上讨论他的发现，并在节目中表示，他本人不再吃转基因食物。毫无疑问，这引起媒体极大的兴趣。不久他被开除，有一阵子，他受到科学界的责难，并上了黑名单。

接下来几年，我没有再听到他的消息。后来我在非洲的时候，转到英国广播公司BBC的世界新闻频道，听到一些科学家出面为普斯陶伊博士辩护，并极力证明他身为科学家的人品。如今，享有盛誉的英国医学期刊《柳叶刀》刊登了这项研究成果（调查来信：含雪花莲外源凝集素的转基因土豆饮食对老鼠小肠的影响，作者为斯坦利·艾文和阿派特·普斯陶伊）。这些新发现势必会引发激烈的辩论。由于事关重大，一方是生物技术公司的利润，另一方是人类、动物和环境的健康，争论会持续下去。

此外还有几项不那么严谨却很有意思的研究。2002年4月27日的英国广播公司新闻报道，针对一些品种的转基因玉米进行的安全性测试是有瑕疵的。实际上这时英国的田地上就种植着玉米T25，这种玉米显然在鸡身上测试过了。测试期间，一群鸡被喂食转基因玉米，另一群则是吃普通玉米。结果吃转基因玉米的鸡，死亡数量是吃普通玉米的鸡的两倍，可T25还是获得上市许可。因为已知的风险和所有这些不确定性，有些国家已禁止种植与贩卖转基因食品。这些国家的许多居民对转基因生物体非常怀疑，并密切观察美国儿童，看有没有任何长期影响。现在北美儿童成了全世界研究转基因食品长期影响的试验品。

你能做什么

在面对如此惊人且快速增长的企业购并时，我们该如何扭转局势（动动我们的餐桌），回归健康、安全的农耕？我们用什么方式，使自己的身体和地球避开基因工程有机体？幸好还有一些事情可以有助于停止转基因生物体的扩散。

强制标识

美国是世界上少数不要求标识转基因食物的工业国之一。美国的消费者可以选择不买含有味精、二号红色色素，甚至是盐的包装食品，但他们在标准标识上看不到肉眼无法分辨的转基因生物。没有明确的标识，关心健康的消费者就无从得知是否将转基因婴儿食品喂进了自己宝宝的嘴里，也不知道给家人吃的素食汉堡是不是用转基因谷物做的。就连卷心菜、生菜、土豆、西红柿和茄子等生鲜蔬菜，也都可能经过基因改造。

生产转基因生物并拥有专利权的企业，知道消费者对他们经过实验改造的"科学怪食"颇有疑虑。事实上多数美国消费者希望对转基因生物体进行强制标识，因为他们想避开这些东西。也难怪企业在美国激烈反对转基因生物体的标识，因为企业知道标识转基因会使整个产业破产。所以只要可能，消费者应该要求相关机构对转基因食物的标识制定强制性标准。

对准食品商

反转基因的活跃分子也建议顾客向超级市场施压，使其停止在自有品牌的产品中暗藏转基因生物体。在美国，自有品牌产品占超市收益的四成。设想如果店家不再购买转基因生物体来制作自有品牌产品，"科学怪食"产业的下场会怎样？

英国发动了一个成功的宣传活动，积极分子进入超市，在购物车里装满包装食品，来到结账柜台时拒绝付款，直到超市经理个人担保所有物品都不含转基因成分。其他积极分子则是将"危险生物"的标签，贴在一般所知成分中含有转基因生物体的产品上。

超市接二连三地投降了。1999年，英国多数大食品商同意在自有品牌中除去转基因食品。在美国，消费者的压力令全食超市和商人乔超市不再把任何转基因食品放进它们自有品牌的产品中。

就算政府对消费者的要求充耳不闻，食品店却不得不做回应，因为我们可以转而光顾别的商店。如果不喜欢某家食品店的经营政策，我们可以找到提供各种非转基因的、有机食品的商店。所以不管你在哪里购物，都要让商店经理和老板知道你的要求，告诉他们，除非他们做出改变，否则你就要去

科学技术的双刃剑效应

别处买东西。如果你成功说服食品商销售有机食品，一定要有坚持到底的心理准备，亦即购买他们的有机产品。

避免吃转基因食品

除非制定转基因生物体标识的强制标准，否则转基因食品将一直隐藏在我们的食物中。如果你不希望吃转基因食品，唯一的做法就是购买有机食品。但是也有时候买不到有机食品，尤其是在外旅行期间。下面是几个减少摄入转基因食品的窍门。

尽量避免大豆、玉米和油菜这排名前三位的转基因作物。尤其要注意包装食品，因为美国有七成的加工食品都使用这三种转基因作物。多数快餐也含有许多隐藏的转基因食物，因为这个行业将玉米糖浆作为甜味剂，并使用大豆油和黄豆馅。糟糕的是，即使如豆腐和豆浆等受欢迎的"健康食品"都应该避免食用，除非是有机的。还要记住，全世界超过半数的转基因作物都喂了动物，所以务必尽可能地避免非有机的动物产品。

上"真食物网站"，你会看见一张齐全的购物清单，里面有所有转基因和非转基因食品的品牌名。此外，网站上还列出世界各地测试转基因作物的地点，并为停止转基因作物的散播献计献策。

阅读思考： 你是如何看待转基因技术的？理由是什么？

现在的噪声[1]

戈德史密斯

戈德史密斯，科普作家，在英国国家物理实验室声学部工作并担任部门负责人多年。在人类面对的各种环境问题中，噪声污染问题也开始为人所关注。此文，讨论了国际上噪声问题的现状，人们对之治理的努力及仍然存在的问题。关注噪声污染对人类环境的影响，也是环境保护的重要组成部分。

环境噪声如今已演变为一个广泛深入的议题，囊括了不计其数的测量结果、法规、方案、投诉和麻烦。许多问题已伴随我们多年，但有一些却是当代社会所独有的。

与以往的世纪一样，21世纪同样涌现出一些新的噪声源，占据着报纸的头条，激发了人们的烦恼情绪，这里面少不了伦敦夜间的人力车音乐，以及2010年南非世界杯赛场内呜呜祖拉的声音。就后者而言，不光是它的新颖给恐噪声人士带来了不安，更严重的是，它的响声相当猛烈，当它在你的身后吹响时，会以125分贝的噪声穿透你的头部，没准会让你跳起来。除了它，在世界杯的赛场内还充斥着欢呼声、叫喊声、哄笑声等其他响亮的噪声，其聚集效应是相当惊人的，以至于皇家国立聋人研究所当时曾提醒前去观看比赛的人要戴上耳塞以保护自己。

另一个较新的噪声是，风力涡轮机的叶片转过高塔时其旋转声中插入的"啪啪"声。这个噪声不仅前所未有，而且从几个棘手的方面看，它也很不寻常，未来可能会变得越来越常见，尤其是考虑到福岛核电站事故后各国从核能上的撤退。一座风力涡轮机传播的声音能量是相当低的，但在其通常所处的乡间环境中却显得非常突出。因为噪声源位于上方，所以一般的声障都起

---

① [英]戈德史密斯.噪的历史[M].赵祖华，译.北京：北京时代华文书局，2014.

不了作用；而且，风力电厂都位于开阔地带，周围也不可能有任何自然障碍物。另一个问题是风的不可预见性，这导致噪声也是不可预见的；再加上不幸的是，夜间比白天的风要多一些。

在许多国家，风力电厂都是地方与中央政府或环保主义者与其他人之间的矛盾焦点。不仅如此，它还在环保主义者之间形成巨大的隔阂，迫使他们发表针锋相对的言论。视觉景象比安静更重要吗？筑巢的鸟类和碳足迹两者孰轻孰重？遗憾的是，决策过程并不十分具有启发性。声音最高的一方常常获胜，最终决定往往是由地区层次做出的，这意味着没有机会形成全国性的政策。当然，我们并不是必须决定哪个议题最重要，而是必须拿出一个给予所有人应有的均衡的照顾的解决办法。如果没有这样的折中，结果只会是冲突、低效和疏远。

现在已几乎没有人再怀疑噪声对人的影响了，但依然存在一个大的研究空白：将剂量效应关系应用到真实情境难度很大。虽然很多噪声类型已取得充分证明的关系，但大部分是在控制环境或特别选择的环境中得出的，其中只需要考虑一个噪声变量。在真实环境中，不仅有大量其他参数会影响结果，而且常常会存在几个噪声源。声源之间交互的结果相当复杂，以致几乎不可能从数量上预测出其效应。而不能进行定量测算，就无法明确得出噪声和噪声消减对财政及其他方面在数量上的影响，也就是说，无法完成成本效益分析。总之，因为地方和中央政府不清楚它们的投资会取得多大程度的噪声消减，所以它们就不乐意在噪声消减项目上投入可观的资金。

但是，并不是所有噪声研究与开发都旨在减少噪声影响。蚊音器（2005年由哈罗德·斯特普尔顿发明，2006年首次通过他的公司"复合安全"售卖，它在法国的商品名相当不敬，叫做"贝多芬"）发射出频率约为17.5千赫仅青少年能够听见的声音，这声音并不美妙。这种设备的设计意图是为了驱赶在商店外游荡的青少年。它于2005年第一次进行了试用，之后引起巨大争议，但直到今天还偶尔使用。在英国，它曾被用来作为颁发外卖酒类执照的条件，但包括威斯敏斯特和谢菲尔德在内的一些市政会都反对这样做，主要是因为蚊音器无法区分婴儿和青少年。实际上，欧洲委员会已于2011年6月表决通过禁止该设备的使用，但没有欧洲议会表决实施这项禁令，它就不具法律约束力。

巧妙的是，蚊音器的受害者也将计就计，将高频音设为手机铃声，这样他们年长的老师（30岁以上）在课堂上就无法听到手机铃响了。当然，捍卫手机权利的战斗并不是仅仅发生在校园里。争论依然在继续，问题的焦点在于以下行为是否可以接受：在餐馆中使用手机，与朋友外出时接听手机，或者在火车上召开远程会议。分区再次担当了拯救者。很多国家的火车上都设立了特别的"安静车厢"，车厢内是不允许使用手机的（波士顿的通勤线上在交通高峰时间也禁止使用手机）。

公共场合使用手机的前景难以预测。一方面，可能在更多的公共场合会安装信号屏蔽系统；另一方面，也有可能人们会接受手机铃声和手机通话，把它们仅仅作为背景噪声的一部分。的确，对某些地点（比如图书馆）的背景噪声的期望强度的感知是变化的，而今天的年轻人也能够应付多种输入同时进行——计算机、CD、iPod、电视、手机和父母的训斥——过去年代的人们根本没有必要这样做。

一些人也许会把蚊音器的使用看做一种真正的妨害行为，它对少数人的权利构成了侵害，而另外一些人则只会将它作为另一个更广为人知的21世纪现象的例证："走火入魔的健康和安全"。同样，第二群人对2006年的一项规定也不会感到信服：学习吹奏风笛的苏格兰士兵必须佩戴耳塞，并将每天练习时间限制为室外24分钟或室内15分钟。这个指令的依据是英军医疗指挥部所做的一项研究，其结果显示风笛声在室外可达111分贝，比风钻声稍响，在室内为116分贝，与电锯声一样响。

听不到，不寻常

在频谱的另一端，人类已知次声现象的范围不断扩大，变得愈加奇异。至少它为某些幽灵现象提供了解释。1998年，考文垂大学国际研究与法律学院讲师维克·坦迪和心理系托尼·劳伦斯博士合作撰写了一篇题为"机器中的幽灵"的论文，发表在《心灵研究学会期刊》上。恰如其分的是，两位学者的研究并非有关一座鬼屋而是一间闹鬼的实验室。有人在深夜拜访那里的科学家后，谈到他们目睹了模糊不清的灰色人影，并时常伴有恐惧和压抑的情绪。业余时间热衷于击剑的坦迪在修理他的花剑时，得到了一个非超自然解释的灵感。他发现花剑会时不时地发出令人惊恐的振动，但只限于实验室中的某些地点。他几次试图找出问题的原因，但都一无所获，直到他将一个排风扇关闭。结果立刻就显现出来，"仿佛一个巨大的重物被提走了，"他说。测量结果表明，次声与使眼球跳动的频率刚好相同，因此会让人产生视觉错觉。

另一项研究更仔细地观察了次声对人类情感的影响，研究小组成员包括国家物理实验室和利物浦希望大学的学者，以及多位工程师、演员和一位心理学家。2003年5月，研究小组在伦敦珀塞尔厅安装了一台次声生成器：一根长4米、宽1米的管子，一端与一只扬声器相连。音乐厅举行了两场菲利普·格拉斯等当代作曲家作品的音乐会，研究人员在其中一场中间启动了次声管。观众的问卷回复显示，当次声存在时，观众对音乐的情感反应会加强——不管他们是喜爱还是憎恨，他们爱憎的程度都会加深。有些人甚至还提到脊柱上的战栗、寒冷、焦虑和悲伤的感受。这些效果与1998年坦迪和劳伦斯的发现相一致：当某人处于一间所谓的鬼屋中而感到紧张不安时，他的恐惧感会因为次声的存在而加强，比如，风吹过烟囱时产生的声音。所以不奇怪的是，在鬼片和鬼故事中风暴常常作为恐怖时刻的背景。而当罗伯特·克拉弗林于1779年提到风在烟囱中咆哮所导致的恐怖效果时，他或许比他所知的更加切中要点。不管这一切是真是假，次声世界的秘密仍有待探寻。

一条统一的途径

关于可接受的噪声强度，各国在走向一致的道路上一直举步维艰，这既是由于前文提到的国情和关注点的不同，也是因为总体上缺乏可应用的剂量效应关系数据。目前最有希望的方向是，将注意力从烦恼度这一很难搞清楚的问题转移到更少见但更易定义的生理效果上来。尽管将某种生理效果明确地归于某个噪声源并非易事，但一个清晰的模式却在心血管疾病方面显现出来。1999年，世卫组织认定夜间长期强度达50A计权分贝以上的噪声会引发此类疾病。此外，还假定引起睡眠障碍的噪声阈值为42A计权分贝，引起一般性烦恼的阈值为35A计权分贝。

将噪声归类为污染源有很多优势。它提高了人们对待它的严肃程度，鼓励人们尝试应用那些已被用来对付其他污染源的办法。它还强调了这样一个事实：倘若不考虑噪声对其他污染源的影响，噪声问题就无法解决，反之亦然。这一点早在20世纪20年代就已被一些人士所认识，他们注意到，开窗促进新鲜空气流动这一广受欢迎的举动虽然本身是正面的，但却会增强噪声的负面作用。类似地，如不考虑噪声控制措施对其他方面的影响，那么最好的结果会是效果欠佳，最坏则会适得其反。没人愿意看到附近高速公路两边丑陋的混凝土隔音墙。但是，如果进行充分的长远规划，各方通力合作，本地居民应有可能会同时享受噪声降低和浓郁植被地带的风景：100米的自然林会使噪声衰减约20分贝。在此客观降低的基础上，根据1997年的一项研究，主观感觉还会再下降5分贝。另一项瑞士和德国的合作研究也支持了这一结论，该研究显示，当其他因素相同时，在风景更加迷人的街区，因交通噪声而烦恼的人数会显著地少一些。

但是，直到20世纪末《污染综合防治指令》被确认为法律之后，一个治理噪声和其他污染源的整体途径才得以在国家和国际层次实施，该指令要求所有形式的污染源必须联合治理。这是一种崭新的思维，在多数国家，地方政府通行的做法是，指派不同的部门来治理不同的污染源，而部门之间相对缺乏协作。

荷兰是一个例外。在噪声研究和控制方面，荷兰是世界上最积极的国家之一。这一部分是由于它的高人口密度（在33883平方千米的土地上居住了1700万人）和随之而来的噪声问题，大约三分之一的人口受邻里噪声的困扰，75%的住所暴露于50A计权分贝以上的噪声中。2003年，全荷兰人口中有26%汇报称他们的睡眠受到噪声的"高度干扰"。不幸的是，由于下层土含水量高，加上缺乏高地作为声障，因此噪声可以毫无困难地到处传播。

声音的冲击

随着噪声影响研究的继续，科学家们也越来越清楚地认识到人的反应的复杂性和意外性，尤其是对声震的反应。声震指的是通过通信系统听到的突然的意外的声音，造成原因通常为静电干扰、交流中断或突然出现的电子音。声震已受到呼叫中心这一新兴行业的特别关注，不仅因为其从业人员经常使用电话，而且因为他们使用耳机接听，当出现不悦耳的声音时他们不能立刻摘除耳机。

声震会造成很多严重后果，如耳鸣、压抑、失眠以及一系列的听力紊乱，而对声震的担忧还会引起对继续从事呼叫接听工作的真实恐惧。

使声震成为如此棘手的问题的原因在于，它们的声源甚至可以是相当安静的声音，其声压级比法律中规定的限值要低得多。实际上，这些声音比一些说话声还要低，也就是说，一味地降低下限值只会严重干扰正常谈话。让情况变得更复杂的一个因素是，声震对某些人的影响似乎要比其他人大得多。

声震问题虽然未得到大量的公众关注，但已引发了众多针对雇主的索赔。迄今尚无一起走上法庭，但自20世纪90年代以来，庭外和解的金额在英国已超过200万英镑，在全世界超过1000万英镑。

据世卫组织2011年的估计，交通噪声使西欧每年失去约1百万健康生命年，表现为心血管疾病、认知损害，以及由睡眠障碍、耳鸣和烦恼引起的压力相关疾病。以英国为例，2006年共有101000人死于冠心病，而根据世卫组织的分析，其中3030人的离世是由于长期受交通噪声侵害而引起的。总的来说，欧盟国家中嘈杂程度最重的是芬兰，最轻的是意大利。值得注意的是，世卫组织未掌握西欧以外国家的足够数据来进行类似的分析。

从影响的人数看，目前噪声问题的主要来源是道路运输。但是，各国受影响的人口比例差异较大。在荷兰，只有约4%的人口受65分贝以上的白天道路交通噪声的影响，而在英国这个数字达10%。10%诚然不低，但英国人只要看看西班牙人的处境也许就宽慰多了，后者受影响的人口比例高达57%。总体上，在居民超过25万人的欧盟城市中，约有半数人口不得不忍受55分贝以上强度的道路噪声。伦敦学校中的儿童经常性地面对超过世卫组织指南中规定值的噪声，这显然会不利于他们的成长。

英国最近一次大规模噪声调查是2008年的"国家噪声调查"，由英国环保协会委托益普索公司进行，共调查了将近2000名成人。在调查对象中，有25%的人受到邻里噪声的干扰，过去一年中有13%的人曾被邻居发出的噪声吵醒，1%的人曾因为邻居吵闹而搬家。此外，虽然有4%的受访者回答说他们曾因为邻居发出的噪声而与对方发生争吵，但只有2%的人承认当自己发出噪声时有邻居与他们交涉，这倒是不奇怪的。

关于最令人烦恼的噪声，受访者的回答也在意料之中。最经常提到的是汽车和摩托车（18%），接下来并列的是："汽车防盗报警器""烟花"和"儿童"（12%）。

从以上结果可以看出，最近这些年来噪声强度的变化甚微。1990年，英国建筑研究所为英国环境部进行了一项有关环境噪声强度的全国性调查，2000年再次为英国环境、食品和农村事务部以及英格兰和威尔士的地方部门开展了此项调查。研究人员对1000个住所外的噪声进行了24小时以上的测量。研究发现，十年间噪声强度的变化很小，在某些地方有略微下降，但在其他地方却有略微上升；这与受访者的反馈是一致的，他们感觉，除邻里噪声外没有值得一提的变化。这种没有改善的状况令人忧虑，因为两份调查都显示，大部分人群接受的噪声强度都高于世卫组织《社区噪声指南》中的推荐值。

由于近年数据的缺乏，更难对美国的噪声变化得出任何结论。据估计，1980年有1620万美国人暴露于平均强度达85及以上A计权分贝的噪声中。1990年，暴露于55以上A计权分贝噪声的人数为1.38亿，65以上A计权分贝的人数为2540万，75以上A计权分贝的人数为140万。

近年来的停滞状态或许意味着，大量有关噪声控制的法律法规和技术方案已得到切实有效的推行，而未来要想取得突破就只有依靠更大规摸、更长远的战略规划了。

到目前为止，21世纪初最重要的此类法案当属欧盟委员会指令2002/49/EC："环境噪声的评估和管理"，即通称的《欧洲噪声指令》。该指令要求所有欧盟成员国绘制所有主要的集合城市和运输线的噪声地图。绘制噪声地图的目的并非是为了获取特定时间的真实的噪声强度，而是为了确定在平均的天气条件下，（大部分）与运输相关的噪声源的总体效果。绘图的基础是以交通流量等数据进行的计算。噪声地图可用来设计一定的行动方案，以降低高强度噪声，尤其"热点"地区的噪声。指令既没有设置任何限定值，也没有规定用来设计行动方案的测量参数，主管部门对此具有酌情决定权。指令的一大主要贡献是，在过去几十年努力的基础上，欧洲大陆上的多数国家终于实现了一条噪声评估的统一途径。因为该指令的颁行，同时因为近年来开始重新重视噪声问题，许多国家也纷纷出台新的噪声控制法律。

除了降低高强度噪声，《欧洲噪声指令》还要求各成员国识别和保持城市和野外的安静区域。何为"安静区域"则留待各国政府自行决定（各国政府则常常将此任务交给地方政府，比如在英国便是如此）。这无疑是一个明智的解决问题的方式：对嘈杂区域进行定义是很困难的，而以一种有益的方式对安静区域下定义则困难得更多，这很大程度上是因为，对任何人来说一个地方光没有噪声是毫无用处的，除非它同时还相当地有吸引力、易于到达、方便、安全、卫生，而且配备了必要的便利设施。当然，某一地区的居民觉得有吸引力的东西可能对其他地区的居民是最无吸引力的，更不用说不同国家的居民了，所有人都看重可达性，但对交通方式的偏好却不同，如此等等。

除了委派一支国际噪声专家队伍（噪声专家网络）去协助制定详细的噪声

政策，欧盟委员会还启动了一系列的国际研究项目，加强了噪声排放标准的执行力度，尤其是那些与车辆有关的标准。

根据指令，各成员国应于2008年7月之前起草完成"噪声行动方案"，包括制定出噪声消减的措施，并于同年12月之前提交给欧盟委员会。大多数成员国的进度都落后于这个时间表，但到目前均已公布各自的方案。

与许多其他目标远大的国际性工程一样，《欧洲噪声指令》及其实施受到了一些批评，为一些巨大的障碍所阻挠，并不得不多次拖延。尽管如此，这项工程依然代表了目前最大型的、组织最好的，并可以说是最有希望解决世界上现有噪声问题的尝试。

鉴于在噪声测量方法上取得国际性一致已经失败了无数次，所以可预见的是，《欧洲噪声指令》最具挑战性的一个方面是，找出不同成员国之间共同的途径。缺乏一致性意味着，不同国家绘制的地图可能会存在矛盾，以至于对同一地点的预测会达到10分贝的差异。而不难想象的是，在未来几年内，多数成员国的项目进展可能会成为更加急迫的金融问题的受害者。

但是，资金短缺并不是唯一的拦路虎。种种拖延之后，欧盟指令固然已得到遵守，但其中一些却可能会被豁免，因为它们留下了一种印象，即政府部门和一些地方当局将它们视为多余的欧盟行政体系的一都分，而不是一项划时代的成就，或合作治理现有噪声问题的最骄人的成果。

很多本该知道得更多的英国机构似乎并未对噪声污染给予足够重视。比如，2006年，英国社区与地方政府部委托对绿色空间进行研究，但对噪声却只字未提。另外，在2007年的皇家环境污染委员会报告中，在2008年伦敦市长就开放空间发展战略的最佳实践的咨询意见中以及在自然英格兰就一项景观政策的咨询意见中，噪声均被排除在他们的职权范围之外。

情绪的变化

世纪之交的英国研究最终为测量噪声强度的真实变化提供了良好的基准点。接下来要做的只是等待和展开更多类似的研究。但这却是一厢情愿。2007年，英国商业与工业部进行了一项调查，其结果使得"噪声强度是否正在上升"的疑问变得不那么切题了。这项调查的主题是"对来自英国航空声源的噪声的态度"，在经过漫长的等待后，政府于2007年11月公布了调查结果（而且是在议会对拖延提出质疑之后）。报告中坦言，调查结果并不那么有趣，甚至都不值得一看；政府甚至搞不清楚为什么费心去做这项调查，更不用说在未来政策的制定中将其结果考虑在内。由此可见，有一些重要的问题依然没有解决。实际上，这项研究显示，人们对噪声的敏感程度比过去大得多。治理机场及其他此类噪声源的唯一目的是降低它们对人类的影响，而要使降低效果达到所需的程度，就要求声源必须比计划中还要安静。这让人联想起1967年调查中有关希斯罗机场附近居民自1961年以来"态度变得强硬"的发现。可惜没有其他国家的数据做比较，所以很难判断这种情绪变化是否是英国独有的现象。

对此，我们只能猜测。一种可能性是，这标志着最近以来社会对谁掌握着优势地位因此有权抱怨其他噪声制造者的认识有所转变。公众对科学和科学家的信心大幅下降，比如，表现在抛弃转基因食品和对有机食品的热衷上，尽管科学证据已表明此类反应是无根无据的。不管事实是否如此，可以肯定的是，公众现在对噪声及其问题的兴趣至少比协和式客机上天（或它的设计理念显现）以来要大。所以，当欧盟规定的欧洲城镇的噪声地图以及以之为基础的行动方案变得更为人熟知、更可靠和更普遍时，不妨观察一下社会对它们的兴趣是否有很大提高，这一定会很有趣。

21世纪初英国治理噪声的方式比较复杂。多个世纪之后，一般的途径依然是基于公共和私人妨害的法律。地方部门有法定权力对噪声进行调查、防范和补救。对一些以噪声为基础的犯罪行为，比如夜间噪声，警察有没收的权力。法规治理的对象包括：飞机噪声、工作噪声、吵闹的聚会、公开娱乐活动、警报器、建筑工地、工业场所和公共街道上的噪声。

但是，在《英国噪声法——一个相当英国的解决办法？》一文中，弗朗西斯·麦克马纳斯明确指出，全国性的噪声战略是薄弱和含糊的，地方政府实施起来也差异悬殊，并且，地方政府在治理邻里噪声时并不十分卖力。

再来看看美国。1982年噪声消减和控制办公室关闭的后果至今仍能广泛地体会到，缺少这样一个中央机构来组织、鼓舞和发展针对噪声的行动，造成的只能是停滞和执行的不平衡。现在许多城市出台法令禁止一定强度以上的噪声（白天和夜晚的强度限制不同）侵犯房产界限，但在不少城市，投诉常常得不到后续处理，即便得到，也仅是警告而已。像进入诉讼程序这样的实际行动是极为罕见的，原因显然在于成本——而意识到这种罕见性之后会多多少少降低警告的效果，这是有可能的。

　　早些年飞机噪声控制曾取得巨大的进步，这要归功于噪声消减和控制办公室，它具有立法控制飞机、火车和卡车等噪声源的职责；但在其关门之后，飞机噪声领域再次跌入深渊。1981年，办公室尚未完成它的使命：它还未使得飞机噪声标准就位，州政府也未被赋予任何相关的权力。如今，唯一一家获准制定此类标准的机构是联邦航空管理局，它对飞机相当热心，所以恐怕不在乎它们是否嘈杂了一些。当规划新修或扩建机场时，联邦航空管理局就常常会面临法庭上的挑战；不过，它在等级上高于国家环境保护局，虽然被强制进行噪声影响的评估，但却没有要求它以之为依据做出规划决定。尽管如此，与英国的情况相同，联邦航空管理局还是花费了数额可观的资金用于隔音。

　　此外，鉴于汽车在美国社会生活中的重要地位，各州无权对个人车辆设限，全国性的强度阈值尽管存在，却只是指南而已。另一方面，对于新的道路或其他交通运输工程，噪声法规却能坚决到位，这是由于《国家环境政策法》和《噪声控制法》很久之前就规定了新的交通系统必须比它们所替代的产生的噪声更小。

　　当然，缺乏全国性的协作并不意味着所有人都对噪声问题放任不管。许多州在某些方面依然领先于世界。俄勒冈州波特兰市就是一个良好噪声管理的闪亮例证；它的噪声控制办公室自20世纪70年代末以来一直高效运转，它的噪声法规也在全世界名列前茅。

　　欧洲强调应把绘制噪声地图作为噪声控制工程的起点，这一观点近年来也得到了美国人的呼应。作为"自然声音"项目的一部分，国家公园的噪声地图被绘制出来，目的是帮助管理公园上方的空中游览飞行器（这是2000年的《国家公园空中游览管理法》关注的重点）。第一幅这样的地图于2009年绘制成功，同时完成的还包括一份保持安静区域的详细计划。毫无疑问，采取这样的行动是必须的。以大峡谷为例，20世纪50年代之前，它还是平静安宁的代名词，但到了1987年，其上方的飞越就达到5万架次。为解决这一问题，同年颁布的《国家公园飞越法》要求必须"切实恢复自然的宁静"，1996年，比尔·克林顿总统甚至签署了一项行政命令敦促公园管理方履行其职责。结果如何呢？1998年，公园上方的飞越不降反升，达到13.2万架次。与此同时，在黄石国家公园，人们对机动雪橇噪声一直争论不休，如今此类车辆的使用已受到严格控制。当然，并非所有人都站在同一战壕中。1990年，即将成为内政部长的盖尔·诺顿在对私有业主权利发表其支持意见时，甚至赞同争取一项

"制造污染或噪声的宅地权"。

其间，纽约市议会对该州现有的噪声法进行了修改（这部法律制定于1972年，是美国的第一部噪声法）。除加强目前的限制条件外，还将一个具有革新性及争议性的因素引入到现代噪声法规当中：对于焰火、摩托车等短暂的噪声源，只要其声音是"明显可听到的"，警察便可认定其违反了噪声法，也就是说，甚至都不需要进行任何噪声测量。这样做的效果还有待观察。

通常，制定有效的反噪声法规是一个缓慢的过程，早期的版本相对狭隘、薄弱，有时也并不适当。比如，相传马德里是欧洲最嘈杂的城市，这与西班牙直到1993年才制定出国家噪声限值的事实恐怕不是巧合。

在法国，根据法国环境和能源管理署收集到的数据，大部分市民将噪声污染视为他们日常生活中的主要顾虑。噪声污染的80%是交通噪声，而在这中间，68%来自道路交通。

道路交通噪声通常是任何大城市中最突出的噪声类型，但车辆类型却千差万别，纽约有卡车，希腊则有机动自行车。每100个希腊人拥有12辆机动自行车，这个数量是欧盟平均数的两倍。希腊城市的另一个问题是，为了降低主干道上的交通堵塞，警察常常将车辆引导进入狭窄的小街，而在很多城市中，来自高大紧密的建筑的反射使噪声得以加强。

在欧洲和美国以外，无论是被视为污染的噪声类型，还是对其采取的行动，都是相当不同的。例如，在中国，城市常常因建筑噪声和交通噪声苦不堪言：24小时全天候不停歇的施工在上海可谓司空见惯。最近这些年，室内石材家具的流行造成了很多噪声问题，因为它们常常是在原地加工。另一方面，自2011年以来，中国最大的113个城市已被要求在大型户外广告牌上公布辖区内的噪声量、安装噪声监控设备网络以及识别主要噪声源。

在所有经历快速增长或发展的城市中，建筑施工通常是许多区域最主要的噪声源。几乎不可能从源头上减低或控制它；而且，施工也会增加和转移交通流量，使噪声影响扩大到更宽广的区域。这样的噪声也是极难预测的，施工项目的动态特征意味着地方政府对此没有足够的反应时间。2010年，莫斯科70%的区域被环境健康服务公司列为噪声不适区域，很大程度上正是由于建筑施工及其影响（以及飞机和其他交通运输噪声）。在莫斯科最繁忙的一些街道上，噪声强度经常达到85A计权分贝以上——在欧盟，达到这一强度后会被要求佩戴听力保护设备。

在悉尼，虽然施工噪声并不是主要投诉对象，但其产品却是。随着高密度住宅区的建成，人们离开了更加宽阔、相距更大的郊区住所，搬到城市住宅区中，于是邻里噪声问题也应运而生。这座城市每年十多万起噪声投诉中的大多数都与此有关。而在墨尔本，某一区域在高密度住宅区建成之后，噪声投诉量翻了一番。

在日本，声景的概念受到欢迎，比起在欧美，它似乎被当做对付不必要声音的一条更明显的途径，这可能是因为日本花园具有制造水声的悠久传统。1997年，当时的日本环境厅发起了"日本音风景百选：保护我们的遗产"项目，这被证明是处理某些嘈杂区域的有效方式：项目的受欢迎度和一百个地方得到的知名度（及随之而来的旅游者的兴趣）意味着它们得到了细心的保护，未受到噪声源的侵入。这种方式显然对一百个幸运地点（其声景包括：依良湖岬恋路滨的波涛声，冈城遗迹的松籁，广濑川的蛙鸣和野鸟叫声）以外的地方没有任何帮助，但我们必须牢记的是，日本人对于什么噪声在什么地点适合的观点，与西方人大异其趣。正规的花园和茶馆被认为是宁静之地而得到保护，许多酒吧、咖啡馆和餐馆却被当做是极度嘈杂的场所，而公共汽车在行驶途中则日常性地利用外置扬声器播放大声的爆发性的音乐。

除了直接影响他们的噪声之外，今天人们对噪声最关心的地方恐怕会让巴贝奇、赖斯和康奈尔吃惊，因为它与人类毫无关系：水下噪声对海洋生物的影响。

水面之下

几个世纪以来，人类一直在增加海洋的声音，海洋生物由此受到巨大影响，但直到最近，这个问题才得到公众的密切关注。部分原因是改变已经真实地发生了。一个世纪以前，噪声影响虽然显著，但作用区域比较局限，仅囿于极少的几个地区。今天，人类发出的很多声音已能够传播相当远的距离，一艘船的噪声通常很小，但庞大的船舶数量让运输航道成为极其嘈杂的海域。加之，声音对于水下生物的巨大重要性也是近年来才被认识到，因此基于这一新的认识，如今在启动有可能产生水下噪声的活动之前，通常都必须进行环境影响评估。

人们对海洋生物受噪声影响的兴趣不断高涨，尤其体现在如下事件发生之后。2006年1月20日，一头鲸沿泰晤士河道逆流而上至伦敦市内，成为世界各地的头条新闻。有关方面对之实施了营救，但最终它还是死于脱水、肌肉坏死和肾衰竭。关于这头鲸造访泰晤士河的起因始终是一个谜，当时广为流传的一种看法是，英吉利海峡中的人为噪声使它的方向感发生了错乱。这一结论是在没有证据支撑的情况下贸然得出的，这反映了噪声问题意识已经相当深入人心了。

全世界的海洋中回荡的绝不仅是船舶的声响。今天，水下声音履行了水上电磁辐射所能完成的大部分任务，包括探测、测量、跟踪、目标识别、测绘、通信、速度测量、远程控制、定位、深度测量、导航和洋流测量。许多应用仍然严重受限于声波的波长（与电磁波相比，声波波长较长，因此数据的传输速率就低得多），或受限于声波的速度（要生成相同精度的图像，声呐所花费的时间比雷达长得多）。尽管如此，声音仍然得到了全方位的应用，其原因很简单，无线电信号在海水中会急速衰减，光波和其他电磁辐射也不会好多少，所以声波也就当仁不让了。

由水下声音巨大的应用范围可知，受影响的海域是极为庞大的，所使用的声波也达到了全波段；这就意味着很难预测噪声的强度，或识别噪声的来源。众多利益方牵涉其中，使情形更为恶化。几十年前，海上的非引擎噪声源多数属于军方；今天，强大的声音系统已经广泛地应用于捕捞业、海洋研究、再生能源、海上开采业以及休闲产业。

所有这些人类活动导致的后果是，在英吉利海峡之类的海域，人为噪声轻松地超过了许多频段的自然噪声。在很多沿海海域，商业船舶正主宰着300赫兹以下频率的水下环境噪声，而这些海域的海洋生物恰恰是比较丰富的。

一些海域正变得更加嘈杂这一点毋庸置疑，但实际增加的幅度却不得而知。而就整个海洋来说，是否比从前变得更嘈杂，这个问题目前也无法回答，因为所牵涉的自然和人为的噪声源数量太多且变化无常。单从噪声源的类型看，情况就清楚很多。正在增加并且会继续增加的有：商业船舶的数量，油气开采的程度（涉及爆炸和钻井），军事演习的频率和范围（更多的爆炸和低频声呐），打桩的数量（特别是用于近海风力电厂）以及休闲船只的数量。

最近的研究发现，水下噪声会对章鱼、鱿鱼、海龟和乌贼等海洋动物造成伤害，在控制实验中，它们的神经均受到了损伤。但是，最主要的担心是噪声对哺乳动物的影响。

人们很早就知道，高强度噪声会对海洋哺乳动物造成身体上的伤害，但是与人类的情况相似，来自更安静声音的影响却是微妙和复杂的。比如，动物受到惊吓后如果立即站起，血流中的溶解性氮就会形成气泡，从而引起剧痛和损伤，如不及时增加压力，即再次弯曲身体，甚至会导致死亡。一些搁浅的鲸和海豚的肝、肾及其他器官中被发现布满了小孔，很可能是此类快速上浮引起的。最近的研究也表明，海军声呐是某些事件中的元凶。其他的不良后果包括：造成食物链断裂，干扰母子间的沟通。繁殖也可能会受影响。要搞清楚所有这些后果需要做大量的研究，而这并不容易进行。可以使用声呐数据来估计海洋哺乳动物的数量，但物种常常很难辨别，而且除了噪声之外，还有很多其他因素可能会导致动物的生活区域发生改变或移动。学科之间的藩篱也会对研究构成障碍。生物学家常常以怀疑的目光看待那些对鲸和海豚感兴趣的物理学家，再加上其他一些因素，使得收集野生海洋动物受噪声影响的数据变得极其困难。其后果是，目前大部分有关噪声反应的数据都是来自于很小数量的驯服动物，它们多年生活在水族馆中，听力极可能已经受到了其不寻常的生活方式的影响。

对海洋生物有重要影响的一个变化是，美军潜艇突然回归使用主动声呐。这项技术流行于20世纪早期，之后已基本为被动声呐所淘汰。然而，在过去的几十年里，潜艇变得越来越安静，除非相距很近，已不太可能探测出它们的引擎。为解决这一问题，只好再次请出主动声呐。潜艇要达到无声的效果必须处于很远的距离，所以今天主动声呐的频率要比过去低得多，如此才能覆盖更远的距离。这一改进给鲸类带来了麻烦，没有人为此负责，甚至根本没有人意识到它们的不安，信号的低衰减率也使它们无处可逃。由于我们对海洋生物如何利用水下声音及敏感情况所知甚少，所以问题的严重性也就不得而知，而这种状况直到最近才得以改变。

比如，2011年的最新研究表明，海军声呐系统模仿了掠食性的虎鲸发出的声音。人们很早就发现在海军声呐演习中，喙鲸会发生搁浅，但之间的因果关系无法确定。通过在海床上使用水听器侦听鲸发出的独特的咔嗒声，可以监控声呐演习过程中这些动物的行为。一些鲸也接受了声呐录音的实验，另一些则被安装上设备，用以测量它们接收到的声音的强度以及记录它们的移动和方向。结果是清楚和一致的：这些鲸停止搜寻食物，游开并浮上水面。

虽然有关海洋哺乳动物和水下噪声交互反应的数据中还存在巨大漏洞，

但对于人为声音的负面影响，公众和科学家均丝毫不敢怠慢，一则是为了保护生态系统，以免渔业资源受到威胁，二则也是因为他们牵挂海豚和鲸的遭遇。有趣的是，人类给予这些海洋物种的爱心为何多于给予羊、马和牛的呢？要知道军用飞机同样给后者带来了巨大、频繁的痛苦。新近的研究表明，此类飞行也严重影响了鸟类和野生动物。举两个最近的例子，在密集飞行期间，橙顶灶鸫和松鼠都大幅度减少了各自的繁殖和觅食行为。也许可以这样解释，因为我们觉得海洋动物栖居于这个世界的方式与我们大不相同，它们的疆域更加自然、未经破坏，而我们的进入更像是一种侵略。

同样值得注意的是，对潜水员受噪声影响的关注也极为稀缺。原因究竟为何并不是很明朗。也许人们不把潜水员看做海豚和鲸那样的无辜受害者。更加可能的是，在人们的想象中，潜水员已经理所当然地得到了适当的听力保护，就像风钻操作工得到的保护那样。但是实际情况远非如此。对潜水员受噪声影响的实际评估遇到了很多阻碍，这些问题也是海洋物种研究中所碰到的。而潜水员听力受损常常是因为他们的耳朵承受了很多压力变化，要把这些后果与噪声影响区分开来并非易事。不过，在一些案例中，潜水员工作时手持的电动工具能够产生较高的声音强度，具有较大危险性；然而，对这些噪声并没有从法律上加以限制，对限制方法的研究也少得可怜。

单位问题

单位问题同样困扰着水下噪声声级的讨论，甚至比空气中更加严重，而它的复杂性是不可避免的。媒体报道中引用了不计其数的噪声声级，进行了许多错误的比较。其结果是，许多非常实际的问题被模糊了、夸大了，甚至引起了不必要的争议。

根本原因在于：分贝本质上与瓦特不同，它所表示的是一种差别——你想要谈论的东西与某个参照声级之间的差别，如果参照点不明确，那么分贝值就毫无意义。对于空气噪声，参照声级（0分贝）大约是人类听力的阈值，在20微帕左右。人类在水下的听力的阈值并不是一件重要的事，所以它未被作为水下声级量尺的起点。取而代之的是，将0分贝定义为1微帕。

于是，从表面上看，声学家在空气中标记为0分贝的声压在水下将会被标记为20分贝（在后面的几个段落中，我将说明实际情况比这个更加复杂，数字将有所变化）。所以，在用分贝做单位谈论声级时有必要说明其参照声压，但很少有人这样做。有些声学家因此会说这正是瓦特应被用作单位的原因。

另一个因素是，水比空气的密度大得多，更难压缩，换句话说，声音在水中传播的方式有别于在空气当中。这进一步扩大了分贝在两者之中的差别。

还有一个非常实际的因素经常导致噪声的比较出现错误，且不光是对空气中和水中噪声的比较，这个因素就是噪声源的远近。在水下声学中，声源强度是一个非常有用的概念，但应该到哪里测量它呢？测量一艘潜艇或一头鲸中心的声音是不可能的，也是毫无意义的，所以通常的做法是，将在离声源一米远处测得的强度值作为声源强度值。但这个方法通常都不明确说明，因为它只是在水中使用。在空气中没有这样的距离标准，一切取决于实际环境。谈论一米外喷气式飞机的噪声是没有什么意义的，必须说明实际的距离。但这常常被忽略了。许多列出噪声源代表值的海报和表格中都遗漏了这一关键信息。

这种误解可能会造成非常显著的影响。2007年，在提到一个制造了巨大低频噪声的实验性声呐源时，英国《经济学人》杂志上这样写道："它的最大输出值达到230分贝，而大型喷气式飞机是100分贝。"其言外之意是，该噪声是飞机噪声的300万倍，等于说，它周围的鲸就好像待在了300万架喷气式飞机的旁边。而实际上，对于周围的鲸来说，这个声音只有飞机噪声的32倍，无疑也是非常巨大的，但绝不是一个难以置信的噩梦，一个只有通过完全禁用才能解决的难题；相反，在现在的基础上，只要建立起妥善的保护措施和进行适当的修正，问题就能够迎刃而解。类似的情况也发生在其他地方：

低频主动声响是美国海军用来探测潜艇的一种设备。外界此前对该系统并不熟悉。所以，当海军宣布即将在海上进行低频主动声呐的试验时，就好像捅了马蜂窝，自然资源保护委员会将海军告上法庭，并成功使得低频主动声呐被禁用。《今日美国》1999年的一篇文章中说："除船舶的噪声污染外，低频主动声呐是海洋学家们最大的担忧。"

问题出在自然资源保护委员会、海洋生物学家和媒体均把低频主动声呐和中频声呐混为一谈上。中频声呐确实是非常响的，与之不同的是，低频主动声呐明显对过往的鲸毫无干扰，甚至连训练有素的海洋生物学家也错以为它是天然的水下声音。

这些也许只是无心之失，但之后发生的事情却肯定不是，为自然资源保护委员会工作的律师提交了各种各样有关喙鲸搁浅的证据，根据这些令人不安的证据，低频主动声呐似乎罪责难逃。但报告中矢口不提的是，搁浅发生在巴哈马，而装备低频主动声呐的船只却是在加州海岸。

尤其遗憾的是，有关水下噪声的事实和数据经常像上面的例子一样被误解或误用，而与空气噪声相比，这些事实和数据又是相当稀少的。这种稀缺性意味着存在大量的未知因素，因此，当那些水下噪声的制造者为了减轻影响而付出真实努力时，他们常常必须面对巨大的挑战。最基本的解决方法是分区，这一点也不意外。在起动一个重大的新噪声源(如打桩)之前，首先必须对周围区域的声场做出预测。这个步骤不难。下一步是确定周边各物种的可能数量，找出预测噪声强度足够对它们造成不良反应的区域。这依赖于动物在不同频率的阈值，而这些极难确定，尤其是惊吓之类的反应。但是，一旦影响区域确定之后（不同物种将是不同的），就可以在这些区域采取行动了。

减缓措施中最简单的一种是"缓启"，意思是，无论将哪一种噪声源引入海洋环境，都必须是逐步的。这可以很容易做到，比如：逐步调高声呐系统的能量。采取这一措施的理由是，它既能减少惊吓，还能给予动物逃跑的时间，当噪声干扰到它们但尚未造成伤害或带来巨大痛苦时，它们可以溜之大吉。

另一个主要方法是招聘海洋监测员，他们负责观察周边海域的动物生命，一旦有动物进入视野时，就立即停止噪声。当然，这只限于接近水面的动物，而当视野不清晰时，这项工作就变得相当有挑战性。

此外，被动和主动声呐均可用来评估区域内的海洋动物数量。问题在于，被动声呐对一些非常安静的动物不起作用，而主动声呐很可能会干扰到另外一些动物。

造成以上所有问题的原因在于，我们并不确切知晓噪声尤其是低强度噪声会对海洋动物产生什么影响。要获得相关知识，唯有开展更多的研究，而这需要物理学家和生物学家的通力合作。

噪声新技术

不仅无意制造的噪声可能成为威胁，那些此前还仅见于科幻小说中的声学武器如今也正迅速成为现实。

2005年，非洲之角，一位舰长为击退索马里海盗，使用了一种极其强大的、高度定向的声学设备。这种"长程声波设备"由美国军方发明，2003年首次使用，现在已被安装于成百上千的军用、商用和私人船只上。它能发出一种聚焦声束，有效发射距离达到近9千米，在较短距离内听起来极其大声，至少会给人一种非常不愉快的感觉，这种声束可用来发出声音或者命令。2000年美国"科尔"号驱逐舰在也门遭袭，该事件催生了"长程声波设备"。

2008年，一种让人更加惊恐不安的武器问世："美杜莎"（MEDUSA）。它通过向生物体发射短波脉冲，迅速压缩和释放组织，从而在头颅中导致声波脉冲，听起来就像声音一样。发明者称，通常的声波防护设备不起作用，因为声音并非通过耳鼓进入大脑，不是来自外界，也就无法阻拦。这种武器除提供给军方外，还被农夫用来赶鸟。

2010年，以色列的一家农业技术公司PDT Agro发明了另一种名叫"造雷机"的驱鸟装置。接着，以色列国防部批准研制这种设备的军用版本，用来对付人类。该设备的工作原理是，在特殊形状的"脉冲室"中，引爆空气和液化石油气的混合物，便会产生高达每分钟100次的非常大声的突发脉冲。

谢天谢地的是，并不是所有的新声学技术都用于制造武器。2007年，犹他大学的物理学家发明出一种小型设备，可以将声音转变成电流。雷达系统、笔记本电脑或冷却塔的余热被收集到热机中，制造声音，再由压电晶体将之转化为电流。2010年，诺丁汉大学的托尼·肯特和他的同事们率领的研究团队开发出了世界上第一种"声波激光"。其原理是放大单个的声音频率。这种"激声器"基于一种由砷化镓和砷化铝两种半导体构成的稀薄层状晶格，能够生成几纳秒的太赫兹频率的声音。就像以前的激光一样，在早期开发阶段，激声的用途一点也不明确。激声研究者，苏黎世联邦理工学院的热罗姆·费斯特评论说："它会找到用武之地，但老实说，我不知道在哪儿，也不知道为什么要用它。"目前有两个应用的可能性：增强超声造影和加速电子系统。

另外，让人既欢欣鼓舞又出乎意料的是，在经过了许多世纪的探索和几十年的科学研究之后，新的直接控制噪声的方法如今正处于研发之中。声子晶体就是其中之一，它可用来降低交通和工业设施的噪声。虽然声子晶体听上去非常的"新世纪"，但它的原理却极其简单，效果也非常出色。它由按周期排列的圆柱构成，圆柱间的距离决定了晶体能够减弱的声音的波长。阵列的工作原理结合了多重散射和圆柱体材料的吸收能力，与无回声室的墙壁非常相像。此外，这些圆柱还具有一种诱人的雕塑特性（最早在一尊雕塑上发现了这种效果）。风能吹过它们，人的视线也能穿过它们，而且，它们可以用再生材料制成。比如，一种设计是由金属管组成的阵列，管上穿孔，并在内部填满橡胶碎屑。声子晶体也被用来制造一种"回收"噪声以改善声景的仪器，这种仪器吸收环境声音，进行修改，增强其中悦耳的部分，之后再重新发射到环境当中。这一名为"柯蒂氏器"的仪器赢得了2011年消减噪声协会的创新奖。

对更安静技术的研发也在继续，涉及摩托车、割草机，甚至警报器。英国的军旅电子公司开发了一系列的车用警报器，可以发射白噪声的嘘声，这比音调噪声要愉快得多，但仍然可能会惊扰到无防备的人。到目前为止，其主要用途是倒车警报器，但未来很可能会安装在电动汽车上。

声悬浮技术利用强超声束具有的辐射压力抬起细小的物体，这一技术已经存在多年，但一直以来鲜有应用。最近情况有所改变。现在它被应用于国际空间站中，在那里的微重力条件下，很小但可控性强的力足够抬起小的物体，而无须触及它们。2010年，佛蒙特大学的研究者也建议在登陆火星的机器人和着陆器上使用这一技术，以防止它们的表面沾染灰尘。

总而言之，噪声在21世纪初的用途和影响的范围比以往更大。随着时间的流逝，这一话题既变得越来越复杂，也更加与我们息息相关。现在，人类的噪声经验已经相当丰富，对它的很多方面都有深刻的了解，掌握了控制噪声并使之为人类所用的技术。但征服噪声并不只是技术那么简单，还有很多事情是必需的，从公开讨论到综合管理，从调查分析到软件工程，一样都不能忽视。影响的因素如此之多，论战中的利益方如此之多，使得我们对噪声的未来很难做出预测——但也并不是完全不可能的。

阅读思考： 此文中提及的噪声问题，你在现实生活中遇到过多少种？

第三编

科学、技术与伦理

弗兰肯斯坦难题[①]

温 纳

温纳，美国大学教授，技术哲学家。此文选自其技术哲学著作《自主性技术：作为政治思想主题的失控技术》一书，是一篇技术哲学的文章。从最初的科幻小说《弗兰肯斯坦》的隐喻出发，这篇文章实际上是在从哲学的角度讨论人、技术、社会和政治的关系以及我们应该如何看待技术的问题。

我们的研究起始于这样的简单认识：关于失控技术的观念和印象已经成了现代思想中持久稳固的痴迷之物。我并非要抛弃这种观念，而是期待读者通过思考得出一些途径，使这一观念能够具有合理的形式。我希望这样一种努力能有助于我们重新考察并修正我们对技术在世界上的位置的理解。在提供这一视角时，我曾设法表明我们目前关于技术的许多观念非常值得怀疑、令人误解，并且有时实际上具有破坏作用。我也曾设法为一种新的技术哲学体系铺设初步的基础，这一体系以批评现有的理论为出发点，但志在最终阐明真正的、切实的其他理论。

对于我在此已经阐发的若干概念，一种可能的反对意见认为它们总体上都是弗兰肯斯坦式的。有些人或许以为，在选择这一方式时，研究工作就进入到一种古老的、不足信的关于科学技术时代的神话之中。的确，让想象沉迷于人造怪物的幻象是容易的。而且，落入语言的陷阱也并非难事，这一陷阱允许我们用及物动词来谈论无生命物体，就好像它们是活的一样。有些人甚至可能断言，这样的语言陷阱满足了某种需要，并且自主性技术只不过是某些人头脑中的一个非理性构想、一个心理投射，这些人由于这样那样的原

---

① [美]兰登·温纳.自主性技术：作为政治思想主题的失控技术[M].杨海燕，译.北京：北京大学出版社，2014.

因而无法应付他们所生活的世界的现实情况。

对于这种质疑，我要回应说：要害之点针对的是那本书还是电影？弗兰肯斯坦的问题究竟是什么？那个著名的原型发明者与其造物的关系中到底有什么处于危险之中？不幸的是，当前对这个问题的回答通常不是源自玛丽·沃斯通克拉夫特·雪莱的非凡小说，而是来自不断涌现出的三流魔怪电影，没有迹象表明这些电影的制作者阅读过或理解了原著。在这个事例中，原著的确优于电影。好莱坞的故事新编未能注意到小说的副标题"一位现代的普罗米修斯"，更不用说探明了其意义。电影制作者们完全忽略了这个由一位19岁女人撰写的故事的精髓，她是激进的政治理论家威廉·戈德温的女儿、最早的女权主义斗士之一——玛丽·沃斯通克拉夫特·雪莱。结果，这部作品没有得到正确的对待。而对我来说，在人类与技术造物和威力的含混关系方面，它仍然是现有作品中最具权威性的寓言。

在众人熟知的好莱坞改编影片中，这个故事变成了下述样式。一名极其聪颖但疯狂的年轻科学家用从墓地盗取的人体部分构建出一个可怕的生物。在隆冬之际一个暴风雪的夜晚，这位博士使其创造物具有了生命并庆祝他的胜利。但在创造过程中有一个漏洞。该博士精神错乱的助手依戈尔出了错：他为这个人造的人盗取了一名罪犯的大脑。当这个怪物醒来，他破坏了实验室、撞倒了弗兰肯斯坦博士，并逃到了乡野之中到处杀人。博士对事态的发展感到惊恐不安，并试图捉回这个怪兽。但在他能这样做之前，当地小镇居民追到了怪物并除掉了他。当然，这个结局是可变的，从来不确定，服务于电影的剧情需要——在40年间为波里斯·卡洛夫、贝拉·卢戈西、朗·沙内，小彼得·库欣和梅尔·布鲁克斯而服务。

问题的实质在于，这些电影情节实际上与小说《弗兰肯斯坦》无关。在原著中没有发疯的助手、没有被错误移植的罪犯的大脑、没有狂暴的任意恐怖行为、没有最后除掉这个创造物以带来安全和安宁（尽管提到过盗墓）。与这类无聊电影不同的是，该书所包含的故事提供了关于如下主题的有趣描述：创造、责任、疏忽以及接踵而至的后果。让我们看看玛丽·雪莱哥特式的故事要讲述的真正内容是什么。

从青少年时期开始，维克托·弗兰肯斯坦，这位年轻的日内瓦人，就对自然现象的原因感到着迷。他告诉我们："对我来说，世界是一个我渴望探索的奥秘。在我能回忆起的早年感受中包括了好奇心、为领会隐藏的自然规律而进行的热切探究、当它们展现在我面前时的极乐之悦。"在成年以后，他对这种挥之不去的迷恋的最初回应就是探索炼金术和超自然秘术，大阿尔伯特和帕拉塞尔苏斯的文本，以寻找哲人石。但当认识到这种研究徒劳无功时，他立刻转向了培根和牛顿的新科学。他听到一位教授讲述这些现代大师是多么优于古人，因为他们"洞察了自然的秘密，并揭示出她于隐匿之处是如何运作的"，对于所涉及之事，这显然是一个培根式的概念。遵循数学和自然哲学的原理，他最终顿悟了"生命产生的原因；不仅如此，我自己变得能够给予无生命物质以生命"。

到此，这个故事听起来非常像我们都认为自己知道的那个故事。但小说从这里开始出现了一些出人意料的转折。在一个夜晚，维克托·弗兰肯斯坦真的给他的人造人带来了生命。他看到它睁开了眼睛并开始呼吸。但他并没有为自己胜过了自然力量而庆祝，相反他突然感到一种深深的担忧。"现在我的工作完成了，梦想之美消失了，而且我的心中充满了令人窒息的恐惧和厌恶。不能忍受这个我创造出的生命的模样，我冲出了房间，在我的卧室中长久不停地走来走去，无法镇定下来以致不能入睡。"回过头来那个在实验室中新诞生的"人"又怎样了呢？他全凭自己试图弄明白在他身上到底发生了什么。他静静地走向维克托的卧室，拉开床上的帷帐，微笑着并试图说话。但精神紧张到极点的维克托仍没有做好准备来接受这个他创造出的生命，完全陷入了恐慌之中。"他或许说了什么，但我听不见；一只手伸了出来，似乎要拦住我，但我躲开了并冲下楼梯。我逃到了我的住宅所附带的庭院中，在那夜的剩余时间里一直待在那儿，极度不安地走来走去，聚精会神地倾听，捕捉并害怕每一个响动，仿佛那预示着我如此不幸地赋予其生命的魔鬼般的身体正在走近。"

因此，恰恰是弗兰肯斯坦自己而不是其蒙昧的创造物逃离了实验室。第二天早晨，他彻底离开了住所，来到附近的一个城镇，向一位老朋友诉说他的麻烦。这很明显是一种逃避责任的行为，因为那个创造物仍旧活着、依然不明就里、无处可去，而更重要的是，没有人向他介绍他必须生活于其中的这个世界的情况，他因而感到一筹莫展。维克托宣称对其工作成果感到悲哀、懊悔和恐惧，这听起来特别虚弱无力。例如很明显的是，其造物的可怖首先与其说与它的外貌有关，不如说与弗兰肯斯坦对自身成功的恐惧有关。他从那以后受到的折磨不是来自那个造物本身，而是来自它在他脑海中的幻影。他没有返回他的实验室，也没有做出任何方式的安排来照看其工作成果。直到两年多以后，这位父亲才与其技术之子再次相见。

《弗兰肯斯坦》的一个重要特点使得该书对我们的研究目的有用，它就是这个人造生命能够解释其自身的处境。足足有三分之一的小说内容或是通过他的手"写就的"，或是通过他与制造者的对话讲述的。他被遗弃在实验室之后，这个生物离开了此地，进入到世界当中开辟自己的道路。最后，他栖身于一处森林，附近是居住着一户瑞士人家的村舍。他偷听他们谈话，留心他们如何使用词语，不久之后自己就掌握了语言。他偶然发现了一些藏书，自己学会了阅读，并且不久就读完了《失乐园》、普鲁塔克的《名人传》和《少年维特之烦恼》。之后，他仔细检查从实验室带走的外套，发现了弗兰肯斯坦的日记，这本日记记述了实验的情况，并且提供了其制造者的身份。当这个生命最终在阿尔卑斯山脉中的一处冰坡上与维克托相见时，他准备好了进行一场雄辩。自主性技术的化身获得了发音能力，并且开始说话。他所提供的论证强调了一个未完成的、不完美的创造物的危险，列举了创造者的持续不断的责任，并且描述了进一步的麻木和疏忽所带来的后果。

我是创造出的生物，假如你履行你的那部分职责，履行你应对我承担的责任，那么对于我天生的主人和君主，我将完全是温顺和听话的。

你打算杀死我。你怎能拿生命开这样的玩笑？尽你对我的义务，而我将尽我对于你以及其余人的义务。如果你遵守我的条件，我将让他们与你都平静祥和；但如果你拒绝，我将大开杀戒，直到你剩下的朋友的血平息了我的愤怒为止。

这个怪物解释说，他的首要选择是成为人类社会的一部分。弗兰肯斯坦错误地将他放到世界上而没有考虑到当出现在正常人面前时他所具有的角色和影响。他寻找一个家的尝试已经造成了可悲的结果。他向那户瑞士人家介绍自己，不料发现的只是他们对其怪异外表感到恐惧。还有一次他无意中造成了一名小男孩的死亡。他现在要求弗兰肯斯坦承认，仅仅创造出某种强大和新奇的事物是不够的。必须对这个事物在人类关系范围内的地位予以思量和关照。但是，弗兰肯斯坦依然太愚钝和自私而不能领会这些话的意思。"可恶的怪物！你不是朋友！……滚开！我不会听你说话。我和你之间不可能有共同点；我们互为敌人。滚开，不然的话就让我们在搏斗中较量一下，拼个你死我活。"

这个生命没有理会这一连串恶言辱骂，他继续与维克托讲道理。情况很快就变得一目了然，无论如何，他在这两个人中更"有人性"、更有道理。同时，他明确无误地表明他是当真的。如果不做出调整、满足他的要求，他将实施报复。不久之后，维克托开始屈服于这个生命的论证逻辑。他承认："我第一次感觉到了一名创造者对于其创造物的责任，在我抱怨他的邪恶之前，我应该首先使他感到幸福。"二者已能够达成共识，这个没有姓名的"不幸的人"要进入人类社会可能已为时太晚，而且他们达成了一项折中方案：弗兰肯斯坦将返回实验室，为其最初的杰作制造出一个伴侣、一个女人。"不错，我们肯定是怪物，是用到处切下来的部位组成的；但正因如此，我们将更加彼此相依。"因技术产生的问题将会得到一个技术解决方案。

当然，这项计划并没有完成。拖了很长一段时间之后，维克托着手制造他的发明的第二件模型，但在工作期间他记起了一个有关事实。第一个创造物"曾发誓要离开人类居住区并隐身于沙漠之中，但她没有；而且她很可能成为一个能思考和推理的动物，也许会拒绝遵守在她诞生之前就达成的协议。"这个人造的女人将会有她自己的生活。什么能保证她不会提出要求，并且保证如果要求没有得到适当满足的话不会导致什么后果？接着，维克托猛然产生了一个甚至更加令人不安的想法。假如这两位做爱并有了孩子会怎样？"一个邪恶的族群将在地球上繁殖，它可能会使人类完全生活在一种不稳定和充满恐惧的环境中。""想到此我不寒而栗，未来时代的人们或许会诅咒我是害人精，我一门心思要满足自己的私欲，其代价也许是整个人类的生存。"认识到他所相信的一名英雄应负的责任，维克托采取了一项暴力行动。当着第一个创造物的面，他把那个未完成的人造女人撕成了碎片。

从这里开始，故事向着一种符合哥特式小说特点的戏剧性结局发展。这个生命提醒维克托："你是我的创造者，但我是你的主人"，然后发誓："在你的婚礼之夜，我将与你在一起。"他实现了他的誓言，并最终杀死了维克托年轻的新娘伊丽莎白。然后，弗兰肯斯坦开始寻找并要毁灭其创造物，但在很长一段时间没有成功之后，他在海上的一艘船上因病而亡。在最后的一幕中，这个生命在维克托的棺材上方自言自语，然后乘上了一艘冰筏并宣布他将自杀，方式是在火葬用的柴堆中自焚。

科学技术的双刃剑效应

最近几年中，认真研究《弗兰肯斯坦》已成为时尚。这本书频繁地作为详细的性心理分析的对象而出现，这些分析紧紧抓住了玛丽·雪莱同其著名的父母、珀西·比希·雪莱以及这个家庭的朋友拜伦勋爵的关系中的轶闻趣事进行研究。这些分析中无疑有一些是符合事实的。该书充满了明显关涉性认同、孩子—家长冲突以及爱欲—死亡焦虑等问题的内容。但也有足够的证据表明，雪莱在撰写她的故事时同样也对科学上可能发生的事以及科学发明引起的问题感兴趣。在她那个时代，就像在我们自己的时代一样，人们相信彻底的研究可能会揭示人类赖以存在的自然奥秘，并且这种知识可被用于整个或部分地合成一个人造人，这样的想法不被认为是无端的妄想。从这方面看，该书意在对她丈夫的普罗米修斯式理想进行批驳，这不是不可能的。珀西·雪莱从普罗米修斯身上看到了反叛者和生命赋予者的形象、一个典型的象征，体现了他所信仰的人类完美性、理性的创造力量，以及通过智慧的、彻底的重建来创造一个新社会的可能性。他的戏剧《解放了的普罗米修斯》表现的是，剧中的男主角解除了众神强加的束缚，做出无数的善举。雪莱在该剧的序言中解释说："普罗米修斯的确就是道德和智慧本性的尽善尽美的典范，受到最纯粹、最真实的动机驱使，追求最好和最高尚的目的。"有人指责诗人自己因"一种改造世界的激情"而失去自制力，雪莱对此回应说："对我来说，我宁愿与柏拉图和培根勋爵一起受诅咒，也不愿同佩利和马尔萨斯一道上天堂。"柏拉图和培根勋爵会受这种诅咒？

玛丽·雪莱的这部小说与其丈夫的戏剧大约同一时期发表，它很有可能是一次尝试，试图重新发现存在于一个看法中的悲剧性缺陷，而珀西·雪莱希望从这一看法中排除任何悲剧的迹象。其丈夫追寻的是培根主义—普罗米修斯式的立场，为发现和征服自然奥秘能获得的威力而惊异，而她在这一立场中发现的则是潜藏的麻烦。她的观点的一处最佳陈述出现在该书的扉页上，这是一段出自弥尔顿《失乐园》的引文：

我请求你，造物者，用泥土
将我塑造成人？我恳求你
使我脱离蒙昧？

在我看来，这些字句暗示出了整个《弗兰肯斯坦》中的真正要害问题：已经被创造出来但并未受到足够关注的事物的困境。这个问题抓住了我的研究所针对的主题的实质内容。

维克托·弗兰肯斯坦是一个发明者，但他拒绝对其发明的后果进行思索。他是一个创造出了世界上的某种新事物然后不遗余力想要忘掉它的人。其发明的强大威力令人难以置信，并且代表了某种技术在实际效能方面的巨大飞跃。但是，他将其投放到世界上，却没有真正关心怎样使其最好地融入人类社会。维克托赋予一个创造物某种生命，而这种生命之前只显现于人类身上。然后当它回到他面前时，他惊异地看着它，仿佛它是一种自主性力量，有其自身构造，有其十分坚定的要求。由于它的存在没有计划，这个技术造物就将一项计划强加到其创造者身上。维克托感到困惑、恐惧，而且根本无法想出什么办法来补救由他的这个只完成一半的、有缺陷的作品所造成的破坏。他从未超越进步的梦想、对力量的渴望，或是超越这种坚定不移的信念，即科学技术产物能为人类带来绝对的福祉。尽管他意识到了如下事实：世界上的某种超凡事物失去了控制，但只有一场灾难才能使他确信责任该由他承担。不幸的是，在他克服其被动性之前，其行为的后果已变得根本无法挽回，而且在面对一种未经选择的命运时，他感到自己完全无能为力。

如果说我们已考察的观点有任何正确之处的话，那么很可能维克托的难题现在已成为涉及整个文明社会的问题。起初，所有技术的发展都最大限度地反映出人类在智力、发明创造力和关切心方面的最高品性。但在超出了特定时刻之后（技术的效用在此时变得明显），这些品性对最终结果产生的影响就开始变得越来越小了。智力、发明创造力和关切心实际上不再对技术塑造世界的方式产生任何真正的影响。

正是从此时开始，一种深刻的无知和对理解的拒绝、不负责任以及盲目的信仰成为了社会针对技术所采取的倾向性态度。在此时发生的是：人类以骑士般的无视后果的态度强有力地改变着世界；他们开始"使用"装置、技法和组织，而没有留意这些"手段"出人意料地对他们的生活重新安排的方式；他们欣然服从他人的专业知识对其事务的支配。也正是在此时，他们不假思索地投身于远远超出了其理解和控制的巨型技术系统当中；他们无休止地扩增生活的技术形式，它们令人们彼此之间关系疏远，并且削弱而非丰富了人的潜能；当庞大的技术系统颠倒了手段和目的之间的合理关系时，他们消极地袖手旁观。最重要的是，正是在此时，现代人最终认同了一种压倒性的针对所有技术事物的消极反应方式。"人造出了什么，他也能改变它"，这句格言变得越来越令人反感。

直到最近，这种采用积极的形象来掩饰消极反应的做法，似乎仍是一种完全恰当的态度。那种基本的关于科学技术的工具——使用观念自弗朗西斯·培根开始就没有发生本质改变，它作为一种指导所有技术行动的精确标准而被普遍接受。你需要做的一切只是确保工具被掌握在可靠的人手中。对进步观念的衷心接受强化了这种看法，而最初的进步理念指的是，通过启蒙、全民教育以及科技持续发展的方式带来改善。但最终这一观念中的技术方面盖过了其他方面。进步变得与技术成就的范围扩展完全等同了。这被（并且仍然被）广泛理解为一种不可避免的、自生的利益递增过程——朝向令人满意的终极目标的自主性变化。

然而，这些占主导地位的信念和态度之外，还存在着某种甚至更为根本的东西，因为有这样一种感觉，即所有技术活动都包含了一种漠不关心的内在倾向。获取某物、一劳永逸，难道不是所有发明、技法、装置和组织的目的吗？你不想费心再次制造、发展或理解它。你不想为它的结构或其内部运行原理操心。你只是希望技术事物以其实际效用的面目出现。人们将获得商品，而无须了解工厂或销售网络。即便不理解使能源产生和输送成为可能的无数环节，人们也能利用能源。因此，技术允许我们忽视我们自己的工作成果。遗忘是名正言顺的！所有重要程序的真相被包裹、封闭在其范围之内，不再是我们关注的对象。我坚信，与其他任何事相比，这才是人类与技术手段打交道时具有极大被动性的真正来源。

我无意于忽视如下事实：从总体上看，人类已经在这种关系中得到了很好的服务。健康、移动性、舒适的物质生活以及生产和通信领域的物质问题的解决，这些方面的受益是众所周知的。我没有频繁地提到它们并非表示我已遗忘了它们。我也生活在这个世界上。

对于绝大多数人而言，这种简单、历史悠久的技术观念就足够了。仍有一些雄辩的公众代言人乐于在每个合适的场合对基本的信条加以解释。"当你谈论进步、谈论新的和不同的东西，可能性是无限的。那就是进步如此令人着迷和引人注目之处。无限的可能性。创造未曾梦想过的景象、声音和感觉，实现所有那些有待实现的，改变世界，存在这样的潜能。""对任何但凡有历史感和认识到人类本性的人来说，显而易见的必然是，将会出现超音速飞机以及超级超音速飞机，还有超超级超音速飞机。将来的人类肯定不会倚靠在波音747的座椅中，说'这就是我们能达到的最高程度'。"

对于许多信奉这一信念的人来说，任何针对技术的批评都被视为可恶的异端。就像以利亚为耶和华辩护、对抗耶希别和亚哈的神灵一样，对他们来说选择是严格非此即彼的，要么是一神论，要么就什么也不是。那些认为这个文明的技术内涵有问题或者严肃地提出不同种类的社会技术安排可能更可取的人，被描述为彻底否定者、悲观主义者，甚或更糟，是将天真的受害者引向不可名状的恐惧边缘的诡计多端的骗子。

然而，有迹象表明这种讨论已扩大了其范围。的确，仍然有以利亚式的人物在迦密山顶命令木头堆燃烧（通常依靠新的飞行器或武器系统）。狂热的支持者和欢呼者们仍在忙于设法掩盖这样的事实，即"进步"以前所意味的东西要比新奇的硬件和技法要多。但是，其他的声音正在开始出现。一种更有活力、更智慧的质疑开始取代顺服的成见是有可能的。许多人现在理解了为何有必要在面对技术现实时以不同的方式进行思考和行动，并着手寻找新的路线。

本书旨在对重新评价我们与技术之关系状况的研究贡献一份力量。我的目的是对我认为在其他著作中被低估或不够明确的问题进行一些详细描述。这些视角中的立场并非像技术拥趸们可能断定的那样，认为技术本身就是一个怪物或恶魔。我的观点反而非常类似玛丽·雪莱小说中的看法，即认为我们正在处理的是一个未完成的创造物，它基本上被遗忘或未受到关照，被迫在世界上开辟自己的道路。像维克托的杰作一样，这个创造物包含了人类生命的宝贵要素。但以其目前的状态，它太经常地作为一个噩梦重返于我们面前——一个再现我们自身生命的怪异的、自主的力量，残缺不全，并没有完全受到我们的控制。

得出这样一个结论有什么帮助吗？除了对现代思想中反复出现的一个问题进行了说明，它还提供了什么？

几乎根本没有。就是说除非那些建立和维护技术秩序的人愿意重新考虑他们的工作，否则几乎根本没有。两种截然对立的信念遮蔽了维克托·弗兰肯斯坦的视线：首先，他会制造出一个具有不可否认之完美性的人造物；其次，他的发明是一场无可挽回的灾难。对于那些想要超越这两种结论的人来说，本书余下的部分提供了另外几个步骤。

作为立法的技术

显然，在我们遇到的问题的总体范围内，存在着非常多的特定论点和解决方案。关于技术给现代世界制造困难的方式，生态保护运动、消费主义、未来学研究、技术评估者、创新与社会变革的研究者以及所有"反正统文化"的尚存力量都有某些话要说。既然读者对当下围绕这些问题的激烈争论无疑是熟悉的，我就不回顾细节了。但是，按照它们的政治倾向以及关于如何才能达成更好事态的观点，这些论点的范围大致自行划分成两个范畴。

在第一个、无疑也是最引人注目的范围内，焦点问题涉及风险和安全、代价和收益、分配以及人们所熟悉的以利益为中心的政治类型。技术被视为某些疑难后果的一个原因。例如，本书中提到的所有问题都可以被理解为技术进步过程中"承担风险"和"付出代价"的问题。一旦承认这一点，那么重要的任务就变成了：①准确预言和预测以减低风险；②对导致或可能导致的代价进行充分估量；③代价和风险的平衡分担以使人口中的一部分人与其他人相比既不过分受益也不过分受损；④对影响社会技术决策的政治现实进行敏锐判断。

在这种模式下，预测工作通常分派给了自然科学和社会科学。偶尔有人希望一种新的技术或科学——未来主义或诸如此类的事物——将开发出来以提高社会的预测能力。基本的任务是设计出更明智的方式以审查技术变革及其对自然和社会可能造成的后果。理想的目标是具备事先在整体范围内预测所有重大后果的能力。这样你就掌握了一种精确的方式，来确定以一种方式而非另一种方式采取行动的风险。

确定代价的问题留给了正统的经济学分析。在那些"消极的外部因素"被理解为技术实践活动后果的领域中，损失可用美元价值来计量。于是，因不良"副作用"而付出的代价可与获得的收益进行对比。在一些有关环境和社会问题的论证中，可以发现这一评估模式的例外情况，在这样的论证中，不以美元换算的代价被赋予了一定的重要性。不过，总体而言，对代价的考量遵循了莱布尼茨为所有理性争论提出的解决方案："让我们计算一下。"接受了这种方式，你倾向于提出这样的问题：你准备出多少钱来买无污染汽车？公众自身准备为清洁的河流交多少税？野生环境和开放空间与足够的道路和住房之间的矛盾如何权衡？喷气式飞机机场的噪声代价是否足以抵消在市镇当中设机场的好处？回答这些问题依据的是现金收入记录机，尽管计算机展示出了大量另外的模式。

一旦风险被确定、安全措施得到评估并且代价得到计量，那么你就开始关心分配问题了。将由谁来享有多少利益？谁将承担不确定性的负担或为代价买单？对此，常规的政治事务——压力集团、社会和经济势力、私人和公共利益、讨价还价活动等——开始登场。我们预料，那些最知情、得到最佳资源和最活跃的人将设法使技术生产的利益更大比例地导向他们手中，同时避免大部分损害。但对于那些在这一观念下将技术作为一个政治问题提出来的人来说，对这一分配过程进行改革是必需的。甚至那些不对自由主义社会中财富和特权的不公有所抱怨的人，现在也起身对技术"影响"通过社会系统得以分配的方式进行最尖锐的批评。某种激进主义以隐蔽的方式悄然出现于社会当中。那些从这个角度看问题的人的卑微理想是：风险和代价比以往更公平地得到分配。那些注定要从一种特定发明中获益的人应能预先说明其后果。他们还应承受不良副作用的代价所造成的主要冲击。这将会依次逐渐消除先前时代中技术发明和应用方面总体上的一些不负责任的问题。既然一系列新的法律、法规、惩罚和激励措施将导致平等和负责任，这种方式同样还致力于更好了解实际政治决策过程的真相。

目前，大多数针对技术的任何真正有影响的研究工作都建立在这种观点的基础之上。生态保护运动、纳德运动、技术评估和公共利益学所关注的实质内容都有某些不同之处，但它们关于政治和理性行动的观念全都在这个基本框架之内。其中几乎没有什么新内容。你在此发现的是得到改进并致力于一些新目标的实用主义——多元主义模式。以这一形式看它足够新鲜，能为令人厌倦的长期争论提供新的活力，对现状的批判足够激烈以至于看起来几乎是离经叛道的。但是，既然它接受了传统自由主义政治学的主要前提和思想倾向，它就完全不会惹麻烦。这一处理方式业已影响了环境政策和消费者保护方面立法的主要部分。不管是在学术还是政治领域，它都允诺一个光明的未来，为"研究""政策分析"，当然还有"商议"展现了新的前景。

总的来说，我在此强调的问题不是第一个范围内的工作者当前要解决的那些问题。但是，对那些采纳这一处理方式的人我还要补充一点。人们目前普遍认为必须加以研究的并非技术，而是其执行和管理系统。你必须留意各种各样的控制机构和手段——企业、政府机关、公共政策、法律等等，以了解它们是如何影响我们的技术发展进程的。好吧，我不会否认有许多因素渗入到这些技术集合体的最初和后续的应用过程。这些"执行"系统显然与最终的结果有很大关系。然而我的问题是，这类系统自身运行的技术背景是什么？它们觉得有义务遵守什么强制性要求？我已尝试用几种方式来说明对某个"另外的执行方案"的希求是误入歧途的。你要使用某件东西这一事实比你如何使用它远为重要得多（前者经常会掩盖后者的存在）。那些在实用主义—多元主义框架内工作的人们没有充分意识到这一点。我们也许坚定地相信我们正在逐步改进管理技术的方式。但也许更可能发生的是，这种努力只不过使一层层旧的反向适应的规则、惯例和实践成功地披上了一层更精致的管理外衣，难道不是这样吗？

第二个问题领域更不容易得到准确的定义，因为其中包含了众多的观点和代言人。该领域的核心信念是，技术之所以产生问题，与其说是因为它是某些不良副作用的根源，不如说是因为它进入到人类的生命和活动网络之中，并成为了其中的组成部分。技术带来的弊病——这并不是说它带来的只有弊病——源自它对其所接触的事物加以构建和整合的倾向。因此，那些所关心的问题并非来自某种间接力量导致的连锁反应。它们是当下的和直接的，存在于个人和组织的日常生活之中。分析的焦点仅仅放在风险/防护、代价/收益和分配之上根本没有揭示这种问题的实质。它们所要求的答案远比功利主义—多元主义能够提供的方案要超凡、深刻得多。

那么这第二个领域内的问题是什么？其中最基本的一些在我们关于技术政治理论的探讨中有所反映。这种模式代表了思想运动的关键阶段，这场思想运动试图以技术为首要焦点来进行社会和政治分析。但迄今为止，这些思想几乎不曾关心过如何改进的问题。在本书的理论阐述中，我有意避免涉及流行的解决方案。我的经验是，针对宽泛、容易的解决方案进行的探索用不了多久就成了商业和学术市场中的廉价商品。它们恰恰对所批评的事态起到了维持作用。

但不论好坏，目前第二个领域内的大多数思想非常有针对性、重解决方案、有系统计划。人本主义心理学学派、反正统文化的作家和激进分子、乌托邦和社区自治实验、自由学校运动、交友小组和感觉再唤醒活动的支持者、嬉皮编录者（the hip catalogers）、和平运动、激进软件和新媒体的倡导者、另类机构和建筑以及"适宜"技术或"中间"技术的创立者和设计者——

所有这些都曾致力于本文中提出的一个或更多问题的实践方面。

许多工作都开端于对与技术社会生活相关的心理混乱状态的清醒认识。高技术的世界仍是这样一个世界，它对人的工作表现提出了过多要求，而提供的回报却是肤浅、不足的。理性—生产性的系统强加给其人类成员的压力、压抑和心理惩戒水平与个人实现的机会不相称。普通大众发现其生活被分割成碎片，分散并解离。尽管由此产生的神经官能症在社会技术网状系统中经常被认为是正常和有成效的，但对这种病态价值的持续存在仍有一种强烈反感。心理学专家和外行人士一起通过大量非常不同的努力，试图找到这些病症的根源并消除它们。

其他此类工作源自一种个人、社会和政治方面遍布的无能为力感。面对决定生活质量的主要力量和机构，许多人已开始注意到他们在影响其活动的最重要安排上几乎没有真正发言权。他们明智、积极地参与既不是必要的，也不是被期望的。即使是那些认为自己得到了"很好服务"的人，也有理由对直接影响他们的决定、政策和计划感到惊异，他们对之并没有发挥有效的影响力。在正常状态下，你必须完全加入到"多数人的意见"中来。正如你同意让桉树在澳大利亚继续生长一样，你同意接受无数被作出的决定、已确立的事物、要遵守的程序、被提供的服务。然而，有些人已经开始质疑这种顺服、遵从的生活方式。在几个被选出的领域，一些人已尝试要求重新获得对活动的影响力，而以前他们任其从自己手中滑落。自由学校、食品自营和有机食品店、新艺术和手工艺运动、城市和乡村联合社区以及替代技术的实验全都指向了这个方向，至少一开始是这样的。他们致力于克服将一个人日常生活的责任交给关系疏远的大规模系统所带来的无能为力状态，并取得了不同程度的成功。

一系列彼此相关的项目源自于意识到了社会中的组织机构倾向于妨碍而非服务人类需求的满足。生产领域的丑闻已经达到了令人惊骇的程度。人们花越来越多的钱买那些在消费风气中被理想化了的无用的、有失体面的东西（如私处除味剂），而社会与个人对于健康、住房、营养和教育的基本需求却渐渐被忽视。那些提供商品和服务的社会机构的运作体系本身看起来设计得很糟糕。不是引发出它们所雇用或服务的人的最佳品质，相反，它们整体上在每个人那里唤起的品性是最微不足道、创造性最小、最少信任感、最缺乏爱心和最不可爱的。为何如此以及如何会是这样已成为了一个广泛关注的话题。现在，那些发现根本无法延续旧模式的人着手尝试建立以人为本和更有响应力的制度，创建更合理的社会交流、工作和娱乐环境。

最后，在越南战争、水门事件和中央情报局丑闻曝光的后果中明显存在着一系列关注，在趋向于排斥负责任行动的局面中重新恢复责任感是它们的目的。毕竟存在着这样一个临界点，跨过了它顺从就变成了共谋。20世纪已使这样的情况可能发生：一个只是住在郊区并从事一项工作的人，就能在国内或国外犯下最惊人的罪行。卡利中尉和阿道夫·艾希曼的辩解——"我只是在此工作"——成为了每个人的借口。但对那些意识到责任的人来说，当远方发生什么事，伤亡数字统计出来时，责任是巨大的。就像斯坦利·卡维尔和纳德齐达·曼德尔斯塔姆曾经说过的那样，有这样一种感觉，即你最后觉得对几乎每件事情都负有责任。做的恶与未行的善全都沉重地落在每个人肩头。就像卡夫卡的K站在城堡门口一样，忧虑的人开始寻找应负责任的某个人或某件事物。

我承认我没有一个关于这些项目的特定名称。有人曾经向我建议使用人本主义技术，但那似乎范围太宽。文学产业化要求为很快就要被忘掉的事物起一个吸引人的平装书名，在这样的时候让真正重要的事情没有名称或许也无妨。

然而，这两个领域的根本差别可以表述为：一种在洞察力和承诺方面的区别。第一个即功利主义—多元主义方案是从技术现在需要立法的意义上对它出现的问题加以认识的。需要有一系列不断增多的法律、规则和管理人员，以使技术实践的效益最大化，同时限制其令人讨厌的弊病。政治被视为代议制政府和利益集团之间相互作用的过程，由此这样的立法就实现了。

第二种方案也许仍是杂乱无章和缺乏效力的，但它开始就有一种关键性的认识：从真正的意义上说，技术就是立法。它认识到，技术形式确实在很大程度上塑造了我们时代中人类活动的基本模式和内容。因此，政治就成了（和其他事物一道）一种活跃的、与技术所包含的特殊形式和过程的遭逢。

沿着几条分析线索，本文已设法提出第二个领域内所有思想的核心观点——技术本身就是一种政治现象。当你能认识到现代技术如今在为人类存在状况立法方面比传统理解中的政治发挥了大得多的作用时，一个关键的转折点就出现了。新技术是演化着的结构中的体制性组分，这个结构塑造了一个新政体，即我们确实日益生活于其中的高度技术化的社会。在绝大多数时候，这一结构仍在缺乏公众详察和辩论的情况下逐渐发展。人们确信技术是中立的、工具式的，以此为掩护，一种崭新的秩序正在得以建立——一点点、一步步、各部分和片段以一种新方式结合在一起，公众丝毫没有意识或机会来对进展之中的变革的特点提出质疑。技术政治正是以梦游症（而非决定论）为特征的——无论左派、右派和中间派都是如此。沉默是其独特的表达方式。假如开国者们曾在1787年费城大会上睡大觉而不发一词，他们对摆在其面前的立国根本问题的反应就会与我们自己如出一辙。

的确无法否认，我所描述的技术政治现象主要是一系列病理症状。要解释它们就是对事情为何出了问题作出诊断。但是，没有理由来解释承认技术内在的政治性为何应当把我们与当前秩序的弊病永久联系起来。相反，第二个领域内所选择的方案与尝试重新定义真正的政治并彻底重建能实践它的社会环境有共同的纽带。作为政治学理论所关注的事项，这项工作已令人赞赏地得到了诸如汉娜·阿伦特、谢尔登·沃林和卡萝尔·佩特曼等作者的推动。在历史研究领域，它表现为对各种创立反中央集权民主政体的尝试重新产生兴趣，如1793年和1871年的巴黎公社、19世纪的乌托邦实验、20世纪西班牙的无政府主义、劳工与社区协会在许多现代革命中的建立。在当代实践中，可以在日益普遍的努力中见到它的存在，这些努力要在工厂和官僚机构中建立工人的自我管理机制，在城市和乡村环境中建立自给自足的公民社区，在等级制和管理主义先前曾发挥支配作用的地方试验直接民主的模式。

从这种角度来看，将技术视为立法、然后按照这一洞识向充满希望的方向发展是有可能的。当你认识到一项简单但长久被忽视之原则的正确性时就迈出了重要的一步，这项原则是：要实现不同的社会生活和政治生活理想，必然需要有不同技术的存在。你能够创造出生产、能源、交通运输、信息处理等系统，适于民主政体中自主的、有自决力的个体的成长。或者，你可以建立起（或许是无意地）与这一目的不相符的技术形式，然后对事情为何莫名其妙地出了差错而感到困惑不解。使政治理想与适于它们的技术安排联姻的可能性看起来似乎是无止境的。例如，假若某些怪人有意着手设计一套系统，来增加普遍的无能为力感、强化技术精英的统治前景、制造出政治仅仅只是间接体验到的遥远场景的信念，并因此减少所有人认真对待民主政体之公民身份的机会，那么，除了仅是维持我们的既有系统之外，还能提出什么更好的方案吗？我们可以决定比这做得更好，这样的希望当然是存在的。尝试这样做是一个挑战，如今作为一项事业隐约呈现出来，同样摆在政治学和工程学两者面前。但是，认为技术形式仅仅是中立、"普适"的，这样的看法是一个不再值得丝毫尊重的神话。

作为认识论的勒德主义

但接下来呢？接照20世纪著述的标准模式，我现在应当赶紧提出一些意见和建议，论及事态怎样才能有所改变。有些人可能会说，除非分析、批评和见解指向实际的行动方针，否则它们有何益处呢？

然而，鉴于我们已了解的情况，深吸一口气后就冒出一些达成更好世界的方案是不容易的。这些问题都是难解之题。使它们显得比实际上要容易解决从来不是我的目的。以我的经验看，已提出的所有矫正方案实际上几乎都不过是在不可靠方向上的尝试性步骤。古德曼将道德范畴应用于技术行动的请求、布克钦对于得到解放之技术的概述、马尔库塞对乌托邦思想的重新发现，以及埃吕尔对反抗的、自己做主的、自由个体的呼唤，所有这些都为我们提供了某些东西。但是，与要克服的困难的巨大程度相比，这些解决方案似乎是微不足道的。我认为，我也许能应付这个问题，并似乎正将注意力集中到一些有用的建议之上。本书已进行到此，读者大概能够预知这些建议可能会是什么样的。

我首先要说的是，需要开始寻求新的技术形式。认识到现存技术结构经常把方向搞错以及具有压制性，我们应找到新种类的技术来避免当前人们面临的这套问题。这意味着在这一文明的物质秩序中大概会诞生出一种新的发明和创造方式。

其次我要提出，这些技术形式的开发要通过那些关心其日常应用和后果的人直接参与而进行。现代技术的一个主要缺陷在于，那些因它们的存在而受到影响的人对于其设计和运行只有很少的或没有控制权。因此，涉及技术的规划、建造和控制过程应该尽可能向那些注定要体验最终产品和全面社会后果的人敞开。

第三，我要针对那些呈现于此的论证提供一些具体原则，以指导进一步的技术构建活动。一条这样的准则肯定会是：作为基本原理，技术应被赋予一种规模和结构，使非专业人员能够直接理解。也就是说，技术应在智力上和物质上都能被那些它们可能影响到的人所理解。另一条有价值的原则会是：技

术应被构建得具有高度的可塑性和可变性。换言之，我们应力求避免这样的
境况：其中的技术系统给民众生活强加了一种持久、严格和不可更改的深刻印
记。还有一条可以想得到的准则是：应按照技术倾向于促成的依赖程度来对之
作出评价，那些造成了更大依赖性的技术被认为是较差的。这只不过是确认
了我们在本书中再三看到的一种情形。那些其存在必须完全依赖于他们无法
理解或控制的人工系统的人，无论以什么方式都不能自由地改变这些系统。
出于这个原因，任何试图创造新技术境况的人都必须明确，不要在发现自由
的同时又在行动一开始就莫名其妙地再次失去了它。

最后，我要提出一个最重要的步骤——我们应当回归到对技术的最初理
解，即作为一个手段，它就像所有其他我们可以利用的手段一样，必须仅在
我们对什么是适宜的有可靠认识的情况下，技术才会得以运用。古人知道，
这是伦理、政治和技艺的共同交会点。如果对何种手段在当下境况中是适宜
的缺乏清晰和有洞察力的认识，那么你对手段的选择就很容易导致过度和危
险。我相信，这种对手段适宜与否的领悟能力现在已经相当彻底地丧失了。
取而代之的是这样一种认识：如果某种技术显露出一点有限的效用，那么它
就应该立即被采用，而不管它有什么更广泛的含义。在一段时期（可能自
17世纪初期到20世纪初期），这是一条富有成效的前进道路。但我们现在到
了一个关键时刻，这种骑士般的气质此时将只会把我们引入歧途。现代文明
成熟的一个信号将是在对手段进行判断时重拾那种失落的适宜感。从重新获
得的选择能力以及我们对一种技术前景既能说"是"也能说"不"的能力当
中，我们将会获益。我们如今在很多情况下会想说："毕竟，一个诱惑物并
是非常有吸引力。"

我确信，这种方式为我们已看到的问题指出了一个新的开端。与此同时，
这些建议具有乌托邦主义和幻想的色彩，这使得它们不那么令人信服。我所提
出的唯一新方法可能就是用自己的帽子当喇叭筒。有很好的理由可以说明，为
什么现在任何对于采取一种新道路或新起点的呼吁都达不到预期效果。

这些理由中相当一部分不过就是如下事实：当积极的、乌托邦式的原则和
建议能够被提出来时，现实领域已经被占领了。必须承认技术已经是现实存
在——占据太空的装置、塑造人类意识和行为的技法、为整个社会活动定型的
组织。无视这一事实就是回避必须加以考量的现实。例如，你发现在当代的
讨论中，那些对处理技术两难问题的前景最乐观的人，就是那些对要在未来

施用的新系统报以信心的人。他们并非希望通过任何直接行动来使现存事态发生改变，而只是希望添加上某些更好的特征。按照这种方式，大量当前需要解决的问题被绕了过去。

另一个障碍是：即使你真的想要构建一种适合于不同种类生活的不同技术，你也会茫然无措，不知道如何进行。没有充满活力的知识体系、没有适用于我们目前形势的研究方法，告诉我们如何改变我们已走上的道路。芒福德提出，社会应该回归到小规模工艺和技能的更古老传统中，可这个建议不能令人信服。为这一传统提供支持并使之具有意义的世界已然消失。这种技术在何处以及怎样才可能成为真正的备选方案是非常有疑问的。的确，技术复古主义能为现有的技术库存添加一些东西。但在外表面的装饰中，我们没有发现能使情况发生重大变化的那种知识。

要举例说明这些考量的效力，没有什么比20世纪60年代末期的反正统文化运动的可悲命运更合适的了。那些乌托邦梦想追随者的信念是，通过抛弃占统治地位的文化并"唤醒意识"，一种更好的生活方式将得以产生。在社会时尚的几个领域——服饰、音乐、语言、麻醉品使用，存在着一些引人注目的创新。但在流行式样的表象背后，熟悉的现实依然起支配作用。生活的基本结构，其中许多属于技术结构，仍未受到挑战和发生改变。这场运动的参与者自信地认为，他们通过几个姿态就已胜过了那一切。但所有现实关系网络仍然完好无损。所做到的充其量只不过是为现存模式提供了一个时髦的虚饰。管理团队的成员们开始穿上喇叭裤和有花边装饰的服装。

我认为教训是显而易见的。即使你所致力的目标与普遍流行的目标截然不同，也只有在手段问题得到直接关注的情况下，才会有一个真正的开端。你必须重视这一事实：技术已经存在了，占据着可用的自然和社会空间，并利用着可用的资源。你还必须重视这一事实：你仍然根本不知道如何前行，以找到真正适合于新"意识"的新手段。无疑，一些面对这种现实的人干脆想要停止努力。他们将会看到拉拢收买的真正必要性以及所有设法抗拒自己的技术命运的人即将产生的失望情绪。一些人将发现，除了在绝望中放弃并将其困境归咎于"那些当权者"之外，不可能有任何作为。但假如我没有搞错的话，那么这个问题的逻辑至少还容许有另外一种选择。

在许多当代著述中，对自主性技术观念的回应读起来像是这样的："技术并非一种无情的毁灭性力量；作为人类的制造物，它可被人任意地毁灭、加强和改造。"这一陈述的作者是格伦·T·西博格博士，他也许是最后一个提出所有现存技术实际上都可被"毁灭"的人。但如同其他许多人一样，在他头脑中，对人类仍控制着技术的确信根植于以下观念：在任何时候整个局面都可被打乱，并且某种更好的事物将取而代之。出于我们一直所了解的那些原因，这种想法几乎纯粹是白日梦。真正的技术不允许这种大规模的损害：此处的变化是通过"发明""发展""进步"和"成长"而发生的——这样的过程中，有些部分作为过时之物最终被废弃了，而越来越多的东西被添加到技术库中。所产生的技术被认为具有或多或少的持久固定性。它们有可能被毁灭或得到重大修改的想法是难以置信的。

但西博格的观点也许有些价值。正如我们已注意到的，技术的基本功用难道不是将事物拆开以及将它们组装成一体吗？要对付你在各种技术系统中发现的无论什么样的缺陷，一种可以想到的方法或许就是首先将这些系统拆开。我要指出的是，这本身并非一个解决方案，而是一种调查方法。不管眼前的特定目的是什么，正是通过这一基本的但同时也是最困难的步骤，技术活动被遗忘的本质可能会被揭示出来。以研究它们之间的相互联系以及它们与人类需求之间的关系为明确目标，被认定为有问题的技术将会受到剖析。装置、技法和组织的主要结构将会至少暂时被拆散、失去功能，以提供机会来弄清楚它们正在为人类做些什么，并且给人类带来什么影响。如果能得到这种认识，那么你就能在发明完全不同的技术安排时运用它，使其更适于那些未受操纵的、经过有意识和慎重的考量而得到明确表达的目的。

假如这样的信息是显而易见的，那么这一切就没有必要了。但是，当前的情况恰恰是缺乏这种认识和理解。我们深陷于高技术系统之中，处境与卡利加里小屋中的梦游者最为类似不过。必须采取有点儿极端的措施，以使一些重要的问题至少被提出来。认真并有意识地拆解技术的做法（如果你愿意可以称之为认识论意义上的勒德主义），是重新发现那些深埋的、我们文明所依赖的本质的一种方式。一旦被揭示出来，这种本质会再次受到仔细检查、分析和评价。

我已经能听到有人大声疾呼。这个人的勒德主义难道不就是在怂恿人们砸毁机器吗？难道它不就是一种十分狂热的虚无主义吗？任何人怎么能冷静地提出这样一种可怕的行动方针呢？

我必须再次解释，我只是在提出一种方法而已。这种方法与传统意义上的勒德主义（砸毁和破坏装置）无关。当然，最初的非常有危害性的勒德分子只是一些做出了爆发性戏剧化举动的失业工人。在对工业革命中纺织业的机械化进行仔细检查时，他们应用了两个有趣的标准。新设备提高了正在制造的产品的质量吗？机器改善了工作的品质吗？如果对其中一个问题或全部两个问题的回答是"不"，那么这种创新就不应当获得批准。勒德分子受到合法的工会行动的限制，他们做了他们能做的事情，并且无意中给自己带来了一种持久的恶名。

就我所知，从来不存在任何认识论意义上的勒德主义分子，除了保罗·古德曼或许有时可以算作一个例外。我并不是在建议对任何事物举起大锤。我也不提倡可能危及任何人的生命或安全的任何行动。我的观点是，在某些情况下为了给认知创造空间和机会，将一个技术系统拆解开或切断它的电源或许是有所助益的。

从这一点看，技术秩序最令人感兴趣的部分无论如何也不是在装置的物质结构中发现的那些东西。我曾试图提出，重要的技术实际上就是生活方式，即适应于理性的、生产性的方案的人类意识和行为。在这一背景下来看勒德主义，它很少关乎拆解任何一部机器。它要致力于调查现代社会技术中涉及人的部分的联系。更具体地说，它可能试图至少考虑下列内容：①人以特定种类装置为中心的依赖性和受控行为的类型；②合理化技术在人类关系上印下的社会活动的模式；③大规模、有组织的技术网络所塑造出的日常生活形态。这远不是要野蛮地砸毁机器，而是一个审慎过程，旨在重新恢复以下问题的意义：我们是怎么回事？

例如可以采取的一个步骤是，团体和个人自觉通过预先约定暂时摆脱对选定的一些技法或装置的依赖。我们能够预期，这将造成"脱瘾"体验，非常类似于一个瘾君子戒除强效毒品时的情形。必须仔细观察这些体验，以得到原始资料。应当注意表现出来的"需求"、习惯或不适感，并加以彻底分析。在此基础上，将有可能考察人类与所涉及的发明物之间的关系结构。接着，你可能想要知道是否应恢复那些关系，并且假如要采取新形式的话它们应是什么样的。参与者将有真正的（总的来说非常罕见）机会来对特定技术在其生活中的地位进行深入思考，并作出选择。现在可以开展这类很有成效的实验，涉及我们技术化生存的许多工具，诸如汽车、电视和电话，而对这种技术化生存，我们缺乏清醒的意识。

实际上在社会和政治机构为了其有效运作而依赖于先进技术的任何情况下，都可以发现方法论意义上的勒德主义的可能性。出于各种原因想要改造或变革那些机构（工厂、学校、企业、公共事务机关）的人，是有可能作出他们之前曾忽视的另一种选择的。你可以尝试暂时断开组织化系统中的关键联系并研究其后果，为你之后想要的变化做好准备。无法规避以下事实：最可能出现的后果将是某种混乱和失序。但是，对此不加掩饰或许要比忍受那些当今作为诸多最重要机构之基础的、我们没有充分意识到的混乱和无序要好一些。同样，这些征象必须被视为原始的资料。必须将系统性拆解的结果当作一个机会，来探索、认识和追求某种更好的东西。机构究竟在做什么？其技术结构与你希望其达到的目标之间有怎样的关系？除了按原有方式将其重新恢复之外，你还有没有其他可做的？倘若要以批判性的态度去探寻这样一些问题的答案，那么勒德式的举措是必要的。也许，假设某些积极的革新会从这种对机构既有运行模式的直接挑战中产生出来，也并非过于牵强。

然而到目前为止，勒德式备选方案中意义最为重大的也根本不要求采取直接行动：能做的最好的实验，仅仅是当技术系统崩溃时拒绝对其加以补救。社会中许多最大的投资，目前是那些支持失败技术的投资。这种支持通常被算作是"增长"，并被列入增量栏目。我们建造了越来越多的高速公路，使郊区发展得越来越大，设立了越来越庞大的中央供水、供电、排污以及治安系统，所有这些都是在疯狂努力中实现的，以维持盲目开发的城市综合体中的秩序和最低限度的舒适。或许，一种更好的备选方案会使行将有效的人工手段消失。然后，你可能开始认真探索，不是为了寻找某种表面上"更好"的事物，而是崭新的社会技术生活形态。

眼下除了这寥寥数语之外，我几乎没有什么更多的话要说。本书已经将我们带上一条漫漫长路，所通向的结论实际上仅仅是一个开端。你在起始之处所要做的就是开始行动。我非常清楚地知道，这些观点很多将被认为是不切实际的。但这正是问题的症结所在。我已试图表明，人类活动的实践—技术方面已经几乎完全不再受到有意识的关注。自主性技术是我们存在的组成部分，这部分已经被转变、改造，并且与生存需要、创造性智慧相脱节。任何想要挽救人类这部分生活的努力，在一开始看来必定是不切实际的，甚至是荒唐的。

从这个角度看，最后的建议与其说是对行动的呼唤，不如说是对研究过程中出现的逻辑问题加以评论的尝试。鉴于这些发展状况的力量，什么才有可能使情况发生变化？我目前最好的答案是：如果要克服这一技术政治现象，一种真正的政治技术必须取而代之。我已尝试着对可能会促使其诞生的实验性方法进行了一些概述。

在玛丽·雪莱的小说中，维克托·弗兰肯斯坦被描绘成了一个"现代的普罗米修斯"。这位年轻人注定的悲剧映照出一个古老的故事，其中，雄心、机巧、骄傲和能力的因素结合在一起，遭遇到了一个不幸的结局。

但毫无疑问的是，关于普罗米修斯的故事的最出色版本是由埃斯库罗斯在2500年前写就的。在《被缚的普罗米修斯》启发性的、神话般的勾勒中，我们发现了许多我们在本文中曾经遇到的主题，原因是埃斯库罗斯对这个传说的加工具备一个有趣的特点，它强调了技术在普罗米修斯反抗众神的罪行中的重要性。在埃斯库罗斯看来，人类的堕落与科学和工艺的引入有着紧密的联系。终生被绑缚在一块荒凉的岩石上的普罗米修斯述说了他的困境。

普罗米修斯：我使人类不再预见到厄运。

众人：你向他们提出了什么良方来抗拒那种不幸？

普罗米修斯：我使他们有了盲目的希望。

众人：那是你给他们的一件绝妙的礼物。

普罗米修斯：另外，我还给了他们火。

众人：生命短暂的人类现在拥有了耀眼的火了吗？

普罗米修斯：是的，而且有了它，他们将会学会很多技艺。

众人：因为这些……

普罗米修斯：宙斯折磨我并且无休无止。

埃斯库罗斯清楚地表示，盗火首要的后果就是盗取了所有专门技能与发明，后来给了人类。普罗米修斯大声宣告："我探到了教堂前廊支柱旁熊熊燃烧的火的秘密之源，当被发现时它就成了传授所有工艺给人类的老师、成了巨大的智谋之源。这就是我犯下的罪过，为此，我在浩瀚的天空下被牢牢地绑在锁链中。"当这位莽撞的故事主角列举他曾给人类带来的一项项具体事物时，可以明显地看出，埃斯库罗斯的故事表现出原始人类向文明社会发展的运动。"他们不知道用砖来建造房子以抵御阳光照射；他们知道的是用木头搭建房屋。像地面小洞中成群的蚂蚁那样，他们居住在地球上阳光照射不到的洞穴中。"火使得人类能够开发出农业、数学、天文学、家养牲畜、马车以及众多宝贵的技术。但普罗米修斯以一种悲伤的语调结束了其骄傲的描述。

正是我而不是其他什么人发现了船，这种被海浪拍打的、以帆为动力的运输工具。这就是我为人类找到的手段——也是为了我自己！因为我自己想不出什么办法来让自己摆脱我现在的痛苦。

普罗米修斯的难题与我们自己的难题类似。现代人已经使世界充斥着大量最奇异的发明和创新。如果现在出现的情况是这些成果不能从根本上加以重新考虑和改造，那么人类就可悲地面临着一种永久的处境，即受到其自身发明产物之力量的束缚。但如果我们还能设想可以去拆解、学习和重新开始，人类就会有解放的前景。或许可以找到办法，使人类社会摆脱我们自己制造的苦痛。

阅读思考：弗兰肯斯坦的隐喻贯穿本文，作者所要表达的意象是什么？

无妄暴亡[①]

贝利沃　金格拉斯

贝利沃，加拿大医学生理学研究员，科普作家；金格拉斯，加拿大医学研究人员。此文选自一本有关死亡的科学与哲学的著作，但在这一章中，作者描述的，却是种种技术发明所带来的死亡的威胁。从中我们可以看到，技术在为人类带来"幸福"的同时，也带来了风险，虽然所举的例子不多，但也以有代表性的方式说明了这一问题。

世上没有哪种野兽比人类自身更加令人类畏惧了。

——米歇尔·蒙田

如我们之前所提到的，与攻击—逃逸反射相关的大量肾上腺素的释放，是为了使个体在面对威胁时做出或攻击或迅速远离的准备。然而，人类既不具有锋利的爪子和尖锐的獠牙作为攻击武器，又不是特别敏锐灵活，也不具有粗厚的外皮或是甲壳保护身体，跑得也没有那么快，使我们得以摆脱那些自然天敌。我们在与其他物种共同经受进化选择的过程中能够存活下来，并不是因为具备什么身体上的特殊能力，而是归功于高度发达的大脑皮层，它赋予了我们制造一些弥补自身生理防御功能缺陷的生存工具的能力。在一个由强者制定规则的世界中，由人类这样弱小的种族担任自然界的主宰，绝对是一个例外情况，一种异常的突变现象将我们塑造成了地球居民中最具好奇心的动物。

电影《2001太空漫游》中有一个著名场景，一个史前人类部落被敌对部

---

① [加]理查德·贝利沃，[加]丹尼斯·金格拉斯.活着有多久：关于死亡的科学和哲学[M].白紫阳，译.北京：生活·读书·新知·三联书店，2015.

落霸占了赖以生存的水源，在饥饿的驱动下，他们用骨头做成武器杀死猎物以维持生存。在靠着这个重要的发明逃离了灭亡的命运之后，他们却没有就此罢休，而是利用这些武器夺回了自己的水源，并杀死了敌对部落的首领。这个情节非常有趣，因为它展现了暴力与人类的进化有着深刻乃至剪不断理还乱的联系。实际上不管是为了食物、繁衍，还是获取敌人的财产，发现或发明一种能够产生"超人"能力的新型武器以便折服对手并将自己的世界观强加给他人，一直都是人类社会的一种重要的开创性力量。今时今日，大量的新型材料（如不粘锅材料"特氟龙"、防暴纤维材料"凯夫拉"等）和许多新兴科技（激光、电脑、互联网）都在我们的日常生活中变得不可或缺，但所有这些，最初都是以军事应用为目的的工作成果的副产品；如果不是出于研制新型武器的需要而投入了大量的能源和海量资金支持，这些产品或许永远都不可能出现在世界上。

军备升级

任何武器都有一个共同的原则，就是尽可能快速制服或者杀死对手，同时最小化自身受到反击的风险。从这个意义上说，史前人类手持的大棒，不管形式有多么粗糙，但作为人工延长的手臂，仍标志着他们从大型猿猴向早期人类转变的最重要的阶段；有史以来第一次，他们的攻击力量被大大地增强了。后来，随着早期石制或燧石制的刀具的出现，这些武器在近身格斗中的效用得到了进一步强化，可谓形成了后来"白刃"（刀、猎刀、剑等）大家庭的祖先。制作这些兵器的基本原则，就是将所有施加的力量集中在最小的接触面积上（刀尖或刀刃），以便使武器能够更好地穿透对手的身体。这些白刃兵器的危险程度不容小觑，举例来说，手枪射出的子弹在接触到皮肤时的能量密度为3焦耳/平方毫米，而一个健壮的成年男子手中的一把锋利的刀刃所能造成的能量密度则可达200焦耳/平方毫米。正因为这个道理，现在有很多防弹背心可以有效地阻挡大多数类型的枪支射出的子弹，但对于简单的刀片划伤却无能为力。

当然，白刃兵器的效力直接与其刃的锋利程度成正比关系。比如，日本的铸剑大师拥有制造近乎完美的日本武士刀的工艺，其刀刃的精细和坚韧程度可以使武士轻易割下敌人的头颅。相比之下，欧洲的铸造水平可没有达到这么出神入化的水准，他们所打造的刀刃质量还有很大的进步空间。据说，1587年苏格兰女王玛丽·斯图亚特被指控参与密谋推翻伊丽莎白一世而被执行断头死刑时，刽子手的第一斧落下时，只在后脑开了一道口子，第二次尝试，砍到了后颈，但却没有完全砍断脖子，直到第三斧下去，才终于人头落地。这并不是一个孤立事件，也正是这些失败的斩首刑追求所引发的惨状，促使医生约瑟夫·伊尼亚斯·吉约坦在几年以后建议推出一种更为人性化的处决方式。这个愿景激发了安东尼·路易和托比亚斯·施密特的灵感，他们设计出了一种装置，并以医生的名字将其命名为"吉约坦机"，又称断头台。

尽管威力惊人，但白刃兵器有一个致命的缺点，那就是攻击者必须足够接近其目标，而同时也就很容易受到致命的反击。在武器演进历史的最早期，探求远程杀伤的可能性就已是优先考虑的军事策略，两万年前的投石机、一万两千年前的弓箭、七千年前的弩具的接连出现都可以证明这一点。这些武器都可以产生惊人的力量，迅速制服猎物或是敌人，同时保持自己处在易受伤害的距离之外。这种远程杀伤的理念在20世纪随着无人机的发明而到达了顶峰，那是一种无人驾驶的飞机，可以由身在几千千米之外的人员操纵，对敌人进行杀伤性打击。

杀戮狂热

在绝大多数人类社会形态中，无论原始的还是现代的，暴力都毫无区别地肆虐其中，我们可以通过历史上的无数屠杀、活人祭祀、残酷刑罚以及浴血的战争中体会到这一点。战争通常被认为是一种文明开化社会的现代"发明"，但考古学的发现却得出了相反的结论，很多原始人类生活的重要组成部分就是与邻近群落之间不断进行的战争。举例来说，古代努比亚的杰贝尔·撒哈巴坟堆是距今1.4万年的历史的墓葬遗迹，其中发掘出的枯骨中有40%（包括男人、女人和儿童）的骨骼中嵌有石片或石弹，说明这些人是经受暴力致死。

如果说以获取食物或赢得战争为目的而施加暴力可以得到我们的理解，但文明史中还有着一些更为神秘且恐怖的部分，即人类总是有一种乐见其同类遭受痛苦折磨的欲望。从还没有历史记载的时期，类似五马分尸、车裂、钉十字架、楔穿刺、活剥皮这样的酷刑就一直在用来惩罚重罪犯人，以便获得定罪的证据（认罪证供或是揭发同谋），甚或纯粹出于一种更加令人胆寒的虐待欲望，乐于看着人们饱受痛苦折磨。酷刑使人吐露实情的功效实际上是被大大高估了的，折磨通常只能使人"炮制"出逼供者所要求的答复，与真实性基本无关。比如说，在中世纪，供状本身就被看作可以判定被告有罪的无可辩驳的罪证，因而很多用于"问询"的精妙技术应运而生，用来从被告口中抽出些"诚实"的忏悔，而不管这些忏悔是来自于水刑（给被告灌下几升的水）还是杖笞（用木制重板打断手脚）。不用说，这些"证供"的价值很值得怀疑，因为被告的正常反应往往是说出任何事情来阻止难以忍受的痛苦。更令人不安的是，这些暴力有时候是披着高贵的外衣（或至少是以威权的观点所评判的"高贵"）而准予获得执行的。在宗教裁判所时期，甚至天主教会也不时会动用酷刑手段。

人类可能是自然界中最怕死的动物，而尤其吊诡的是，他们同时也是最肆无忌惮地虐待自己同类并导致同类死亡的动物。这种杀戮的狂热在爆炸物和火枪的发明之后变本加厉。

用粉末放火

如果说冶金技术的发展推动了致命冷兵器的发展进程，那么火药的发明则为人类通过暴力满足欲望带来了一个重要的转折点。种种证据表明，这种由硝石（硝酸钾）、木炭、硫黄所组成的"黑火药"，最初是由中国人在唐朝（约公元9世纪）发明的。他们更多的是将黑火药应用于焰火娱乐方面（将这种黑火药塞在竹筒中制造出"爆竹"来进行取乐）。不过，过不了多久，人们就发现了当这种粉末用于高速发射弹药武器时可产生的强大杀伤力。在五百多年间，这种火药是人类所发现的唯一一种爆炸物，火炮的出现彻底地改写了战争的规则，不管是进攻的策略，还是面对这种威力强大的火器时进行有效防御的工事建造方面，都要发生重大改变。

这种在自然状态下完全惰性的简单粉末，何以在火焰加热的情况下会产生如此强大的爆炸？在正常状态下，一个物体的燃烧是受空气中可供其消耗的氧气含量限制的。也正是这个原因，火势往往会被风扇动得更旺；若是切断了空气来源，则会立刻完全熄灭。而火药的机巧之处就在于，它们同时含有可燃物和助燃物，也就是说在燃烧的同时，即使没有空气供应，维持其燃烧所需的氧元素也会得到充足供给。比如说在黑火药中，氧通过硝石（硝酸钾）得以供应，在有高热源的情况下，通过对木炭中的碳原子和硫黄进行氧化而形成二氧化碳和氮气。

黑火药能够在很短的时间内以热量的形式释放出大量的化学能，从而将化学反应中生成的气体提升到高温高压状态，剧烈膨胀而引发爆炸。在这个过程中所产生的热量加上气体膨胀的能量，可以造成速率达400～800米/秒的强大冲击波。如果这种爆炸发生在一个密封的空间内（如炮膛、枪膛中），释放出的能量足以将弹药以一个相当惊人的高速射出。虽然很久以前黑火药就已经被拥有更高性能的硝化火棉或硝化甘油所替代，其本身只应用于烟花爆竹制造业，但今天仍有大量手工制作的土法爆炸装置采用与黑火药相同的原理。举个例子说，硝酸铵（NH_4NO_3）是一种与硝石结构相近的分子，通过与剂量相当的可燃物相混合，即可用来制造破坏力惊人的爆炸装置。硝酸铵是一种非常易得的助燃物质，在很多种化肥中随处可见，因此特别是在阿富汗，它们被塔利班武装用于配制杀伤力很强的炸弹，以对抗北约军队的士兵们。在美洲，因在1995年由提摩西·麦克维在俄克拉荷马州联邦大厦制造的爆炸案中所起到的致命破坏作用，硝酸铵蒙上了广为人知的恶名，此次袭击事件造成了168人死亡，其中还有该大厦内托儿所中的19名幼儿。

打击力度

由于武器的首要功能是以最快的速度驱动一个独立物体将猎物或是敌人致死（或制服），爆炸性混合物的发明则是通过大幅提高打击速度和投射射程，使人类在兵器史上又向前迈出了一大步。举个例子说，即使是最好的弓箭手也很难射中50米以外的目标，这是由于地心引力的影响必然会将箭矢拉向地面的缘故，但有些非常有天赋的狙击手能够击中距离阿富汗联军2.4千米以外的目标。

现代枪支的子弹由三个核心部分组成，引信、爆炸性填充物以及子弹本身，密封在一只弹壳中。当扣动扳机时，弹簧运动激发子弹引信区域中少量爆炸物质的点火，从而迅速点燃了其近旁的可燃物，也就是字面意义的"引火的药"。这个燃烧过程先是比较缓慢（为了避免武器在开枪者手中爆炸），而随后逐渐地加速以致最终产生出相当量的气体积累，并推动子弹向弹道口的方向高速射出。这种推动子弹射出的爆炸是在空间非常有限的武器弹道中发生的，因此当子弹从枪口射出后，爆炸的压力迅速得以释放，也就发出了枪支所特有的标志性的"砰"的巨响。

从物理学角度看起来，与这种运动相关的能量，我们称之为"动能"，可以通过公式 $E=1/2mv^2$ 来计算，m 代表物体的质量，而 v 代表其速度。根据这个公式，如果我们将子弹质量提高一倍，其产生的能量会增大一倍。但是，如果我们将发射速度提高一倍，其产生的能量就会提高四倍。子弹的发射速度与其中所装有爆炸物的量（和燃烧效率）直接相关，因此那些需要超长射程或是需要更深入穿透体质坚固的大型动物（如大猎物）的子弹，往往会比射击较近目标的子弹拥有更大的体积。

不过，弹药的打击力度不仅能通过提高子弹的射出速度得以优化，还可以通过提高子弹射向目标的频率达到目的。在这个方向上，作为枪械发展史上的又一个转折点，理查·加德林于1861年所发明的机关枪标志着一轮狂热升级的开始。各种改进式的连发手枪、突击步枪，以及其他可间歇调控频率射出几千发子弹的自动及半自动武器，令敌人完全没有任何活动的机会。这些和炸弹、地雷、手榴弹等其他爆炸装置一样能够以致命的投射物封死整个空间的武器，已经彻底重新定义了作战方式，使得人们无需费力进行精确的瞄准就可以近乎盲目地消灭对手。

枪击杀害

现今时代，据统计约有6.88亿轻型枪支散布在世界各地，其中59%由民间持有，38%由军方持有，3%由警员持有，1%掌握在非法集团手中。据估计，每年共有30万起死亡事件与持枪冲突有关，另有20万起源于民事纠纷的死亡也都来源于上述的这些枪支。

枪支造成死亡的几率取决于四个因素：①子弹射入体内的深度以及是否触及重要器官；②器官损伤程度，这主要是由与子弹口径大小相关的空腔（永久性空腔）引起的；③产生的临时性空腔，这是在子弹经过的过程中动能传播所造成的；④子弹或碎骨所产生的碎片也会损伤脏器（仅在高速子弹的情况下才会出现）。在所有这些因素中，子弹由身体的哪个部位进入身体及其达到的深度（永久性空腔），是决定枪伤严重程度的最重要参数。临时性空腔在枪伤中通常扮演着较为次要的角色，因为大多数的人体组织具有很强的弹性，足以吸收枪击引起的振荡从而很快恢复其原所在位置，不会造成过大的损伤。不过，肝脏、脾脏等这些不具备弹性的组织，或者类似大脑这样的极端脆弱的组织，是可以被这种临时性空腔破坏的。

与我们所想象的不同，使用枪械是很难迅速制服一个人的。例如，由于我们看了太多不靠谱却喜闻乐见的影视剧场景，使我们对于这些枪械武器有着一种顽固的见解，那就是这些家伙应该具有一种强悍的"制动能力"（stopping power），就好像对着某个人开一枪，对方一碰到子弹就会立即向后倒下。这种反应是毫无道理的，因为枪支在受害者身上能够施加的能量基本与一个棒球所能做的不相上下，固然会造成非常令人不愉快的震感，但绝不至于使一个70千克重的成人倒退几米。不过，我们也知道很多人在被子弹击中的一刹那即刻卧倒在地的情况，与其说那是生理反应，不如说是一种心理反应，是在面对危机时本能所驱使的蜷缩身体的行为。这种心理上的作用，可以通过观察处于毒理状态（醉酒、吸毒）的人们在受到枪火震撼后从不会倒地这个现象明确地得到证实；这种认知麻木使他们在处于暴力环境时更加容易受到伤害。

我们说用枪支一般不太可能当场制服目标对象的原因，很大程度上是由于要想精确地瞄准人体上可以当即致命的部位实在是太难了。不管流传得如何夸张，一枚射入身体的子弹一般情况下最多能破坏50克左右的组织，只要枪击部位不触及可能直接导致死亡的关键器官，这个量对于一个70千克重的成人来说几乎是可以忽略不计的。实际上，如果想要用枪立即解决掉某目标，必须伤及其神经系统（大脑或脊髓），或是通过被坏其血管或心脏造成大出血。对于后面那种情况，死亡也不是说来就来。实际上，在被一发子弹彻底摧毁心脏的情况下，即使血液流动完全被中断，大脑中仍然会留有足够多的血液，足够支撑身体自主运动达15秒之久，对于面对歹徒的警察来说，这一点点时间会是极其惊心动魄的，特别是歹徒往往处于一种特殊的心理状态（生存本能、吸毒发作、攻击性人格等），会引发一阵暴发性的体能反应，很有可能会盖过枪伤所引发的消耗。明显地，当机体里长时间有异物存在的时候，会引发一系列的并发症并最终带来死亡；伤者的生存时限由受伤器官的重要程度、失血速度以及伤口病理性微生物感染的情况共同决定。

综上所述，枪支所造成的暴力死亡大多数是由于对于神经系统的直接伤害(子弹击中大脑或脊髓)，或是由于破坏主要血管而引发的大出血而导致。这些效应与子弹的特征(特别是其速度和在机体中的穿透力)紧密相关。对于我们绝大部分人来说，虽然被枪支射杀或是被白刃谋杀的几率都非常小，但仍然要引起注意的是，在我们的日常生活中，有些常见的物体同样具有强大的破坏力，从物理层面看起来，与枪弹的作用非常相似。汽车就是非常典型的一个例子。

致命撞击

公路交通事故每年在全球造成120万人死亡,14万人受伤，以及1.5万人残疾。令人吃惊的是，在我们所处的汽车无处不在的发达工业社会中，我们安然地认为这种事故是无可避免的并加以接受。其实，其中绝大多数的事故，只要改变一些驾驶的行为习惯就可以避免。不用说酒精固然是提高事故风险的决定性因素之一，但汽车制造商一再在广告中标榜的过高的行驶速度是另外一个重要的因素。在这之上，如果加上行车过程中分散注意力的那些愚蠢行径，如打手机、发邮件或短消息，在堵车时看报、吃东西、化妆等，我们就能得到一个完美的行车风险行为大全。

交通事故通常是致命的，这是由于撞击中会对身体产生的巨大应力。在实践中，与交通事故相关的伤害严重程度是由伊萨克·牛顿在三个世纪以前公布的物理学基础三定律所决定的。

根据牛顿第一定律，在迎面撞击发生的那一刻，每一名乘客都同时继续保持着与汽车行驶速度相同的移动速度，而在没有系好安全带的情况下，会造成整个身体被干脆利落地抛射出去。真的是必须要不怕麻烦把安全带系好：如果汽车在80千米/小时的速度下发生碰撞的话，只需要0.07秒的时间所有的乘客就都会撞在方向盘或挡风玻璃上。我们的内部器官也服从同样的定律：当我们的身体突然间停止运动，每个器官却都还在以固有的速度持续运动，所以在遇到突然减速后将通过动量的影响获得一个远远高于原有质量的"视重"。当速度差控制在20千米/小时时，一般不足以造成重大的损伤。而相反地，若速度差达到约36千米/小时，器官就会产生严重的损坏，以此类推，受严重伤害的风险将随着速度的提升显著地增加。

在速度骤减之外，决定撞击严重程度的更为明显的因素，是行进中的车辆所撞击到的障碍物的材质。擦上一个积满雪的路沿和正面猛撞一道水泥墙所造成的损伤必然是不同的。通过物理学定律可以计算出，以50千米/小时行驶的汽车在受到猛烈撞击时可以产生的力量可达45吨左右。

颅脑损伤是交通事故中最严重的后果，在45岁以下加拿大人的死亡原因中排名首位。虽然大脑被完好地镶嵌在颅骨腔中，有多层高强韧性的组织进行保护，但这仍旧是一个可以活动的器官，撞击可能会导致突如其来的位置变动，并与颅骨内壁产生强烈撞击。创伤的严重程度通常是与撞击力度成正比的。例如在脑震荡的情况下，撞击往往会导致数秒乃至数分钟的知觉丧失，此后伤者可能会感到眩晕，并短暂失去视觉或平衡感。在有身体接触的体育运动中，这种脑震荡是屡见不鲜的，发生这种情况的运动员将会需要一段较长时间的休养期（甚至会为其运动职业生涯画上句号）。至于脑挫伤则是比脑震荡更为严重的情况，因为这种伤害往往伴随着组织受损，会引发脑内出血，形成脑积液（脑水肿）并可能会伤害神经细胞。这种情况异乎寻常地危险，因为血液聚积并凝结后会形成脑血肿。在这种情况下，伤者通常开始会感觉持续长达数小时的疼痛，甚至延续到事故发生后数天（剧烈的头痛、失去平衡感、行动怪异失常），并随后陷入死亡式的昏迷状态中。在某些最严重的情况下，撞击会造成颅骨腔开裂，这种骨折也有可能会引发脑内血液的积聚，甚至会对脑组织造成直接损伤。

颈椎错位（rachis cervical），法语又称为"兔儿脖"（指用来宰杀兔子时采用的扭颈方法），也是公路事故中（特别是在追尾的情况下）常见的情形。这种形式的撞击会引发颈部的过度拉伸，随后引致过度屈曲，这样来回的剧烈运动自然会导致颈椎断裂。如果发生错位的偏巧是第二节颈椎，那么此处脊髓的断裂可能会波及支配横膈膜运动的神经，而横膈膜是调节自主呼吸的关键器官，于是受害人就会很快死亡。如果脊椎侥幸没有受到损伤，那么受害人可能存活，但通常会伴发永久性瘫痪。

骨盆或股骨骨干的断裂也是公路事故中非常常见的病例。这些往往由于乘客撞上仪表盘所导致的骨折常常会导致大出血，如果出血没能及时得到控制，很可能会因低血容量性休克而死亡。

与枪击情况相似，出血性休克（特别是由胸腔创伤引起的）以及颅脑损伤是公路事故（其实任何事故都一样）致死率最高的两种原因。如此说来，汽车基本可以与火枪射出的子弹一起被看作是拥有真实杀伤力的投射物，但不幸的是，汽车所杀死的人要比子弹杀死的多得多。汽车制造商们普遍都以赋予汽车高性能和高速度为至高荣誉，与此同时，舒适感、驾驶舱的噪声隔离，以及行驶的平稳性都使我们不能准确地估计汽车行驶的真实速度，以及其中涉及的物理定律的作用效果。另外，在驾驶过程中会分散我们注意力的事物有很多，比如手机、车载电脑、电子邮件以及繁复的操作选项。我们经常会无视车辆行驶的超高速度一旦经传化后可达到数吨的能量；我们也常常会忘记，与我们这个由一些脆弱的组织所构成的人体相比较起来，汽车所能带来的破坏性是万分惊人的。

阅读思考：人类有可能既享用技术带来的便利又能够同时规避可能的风险吗？

孤单的人声①

阿列克谢耶维奇

阿列克谢耶维奇，白俄罗斯作家，2013年诺贝尔文学奖获得者。此文选自其对切尔诺贝利核电站事故受难者的文学访谈录《我不知道该说什么，关于死亡还是爱情》的开篇。在此书中，作者以文学家的敏锐，如实地记录了那些在核事故中受难者的经历、感受，以及核事故的残酷。作者在全书的结尾处讲道:"我觉得自己像是在记录着未来。"

我们是空气，我们不是土地……

——马马达舒维利

我不知道该说什么，关于死亡还是爱情？也许两者是一样的，我该讲哪一种？

我们才刚结婚，连到商店买东西都还会牵手。我告诉他:"我爱你。"但当时我不知道自己有多爱他，我不知道……我们住在消防局的二楼宿舍，和三对年轻夫妇共享一间厨房，红色的消防车就停在一楼。那是他的工作，我向来知道他发生了什么事——他人在哪里，他好不好。

那天晚上我听到声响，探头望向窗外。他看到我就说:"把窗户关上，回去睡觉。反应炉失火了，我马上回来。"

我没有亲眼看到爆炸，只看到火焰。所有东西都在发亮。火光冲天，烟雾弥漫，热气逼人。他一直没回来。

屋顶的沥青燃烧，产生烟雾。他后来说，感觉很像走在焦油上。他们奋

---

① S.A.阿列克谢耶维奇.我不知道该说什么，关于死亡还是爱情[M].方祖芳，郭成业，译.广州: 花城出版社,2014.

力灭火，用脚踢燃烧的石墨……他们没有穿帆布制服，只穿着衬衫出勤，没人告诉他们，他们只知道要去灭火。

四点钟了。五点。六点。我们本来六点要去他爸妈家种马铃薯，普利彼特离他爸妈住的史毕怀塞大约40千米。他很喜欢播种、犁地。他妈妈常说，他们多不希望他搬到城里，他们甚至帮他盖了一栋房子。他入伍时被编入莫斯科消防队，退伍后就一心想当消防员！（沉默）

有时我仿佛听到他的声音在我耳边回响，即使相片对我的影响力都比不上那个声音。但他从来没有呼唤我……连在梦里都没有，都是我呼唤他。

到了七点，有人告诉我他被送到医院了。我连忙赶去，但警察已经包围了医院，除了救护车，任何人都进不去。

警察喊："救护车有辐射，离远一点！"

不只我在那里，所有当晚丈夫去过反应炉的女人都来了。

我四处寻找在那所医院当医生的朋友，一看到她走下救护车，我就抓住她的白袍说："把我弄进去！"

"我不能。他的状况很不好，他们都是。"

我抓着她不放："我只想见他一面！"

"好吧，"她说，"跟我来，只能待十五到二十分钟。"

我看到了他，全身肿胀，几乎看不到眼睛。

"他需要喝牛奶，很多牛奶，"我的朋友说，"每个人至少要喝三升……"

"可是他不喜欢牛奶……"

"他现在会喝的。"

那所医院的很多医生和护士，特别是勤务工，后来都生病死了，但是当时我们不知道危险。

上午十点，摄影师许谢诺克过世了。他是第一个。我们听说还有一个人被留在碎片里——瓦列里·格旦霍克，他们一直无法接近他，只好把他埋在混凝土里。我们不知道他们只是第一批死去的人。

我问他："瓦西里，我该怎么办？"

"出去！快走！你怀了我们的孩子。"

可是我怎么能离开他？他说："快走！离开这里！你要保护宝宝。"

"我先帮你买牛奶，再决定怎么做。"

这时我的朋友唐雅·克比诺克和她爸爸跑了进来，她的丈夫也在同一间病房。我们跳上她爸爸的车，开到大约3000米外的镇上，买了六瓶三升的牛奶给大家喝。但是他们喝了之后就开始呕吐，频频失去知觉。医生只好帮他们打点滴。医生说他们是瓦斯中毒，没人提到和辐射有关的事。

没多久，整座城市就被军车淹没，所有道路封闭，电车火车停驶，军人用白色粉末清洗街道。我很担心第二天怎么出城买新鲜牛奶。没人提到辐射的事，只有军人戴着口罩。城里人依旧到店里买面包，提着袋口敞开的面包在街上走，还有人吃放在盘子上的纸杯蛋糕。

那天晚上我进不了医院，到处都是人。我站在他的窗下，他走到窗前高声对我说话。我们不知道怎么办才好！人群中，有人听说他们马上会被带到莫斯科。所有妻子都聚集起来，决定跟他们一起去：“我们要和丈夫一起行动！你们没有权力阻止我们！”

我们拳打脚踢，士兵——士兵已经出现了——把我们推开。后来一个医生出来宣布：“没错，他们要搭机去莫斯科，所以你们得帮他们拿衣服，他们穿去救火的衣服都烧坏了。”公交车停驶，我们只好跑着去。我们跑过大半个城市，但是等我们拿着他们的行李回来，飞机已经起飞了。他们只想把我们骗走，不让我们在那里哭闹。

街道的一边停满了几百辆准备疏散居民的巴士，另一边是从各地开来的好几百辆消防车。整条街都覆盖着白色的泡沫。我们踏着泡沫走，边哭边骂。收音机里说，整座城市可能在三到五天内进行疏散，要大家携带保暖衣物，因为我们会在森林里搭帐篷。大家都好开心——露营！我们要用与众不同的方式庆祝五一劳动节！很多人准备了烤肉器材，带着吉他和收音机。只有那些丈夫去过反应炉的女人在哭。

我不记得我是怎么到我爸妈家的，只知道自己一醒来就看到了妈妈。我说：“妈妈，瓦西里在莫斯科，搭专机去的。”

我们整理菜园（一星期后，那座村子也疏散了）。谁知道？当时有谁知道？那天晚上我开始呕吐，我怀了六个月身孕，很不舒服。那晚我梦见他在梦里叫我：“露德米拉！小露！”但是他去世后就没有到我梦中呼唤我了，一次也没有（开始哭）。

我早上起床后决定，我得一个人去莫斯科。妈妈哭着问：“你这个样子要去哪里？”我只好带父亲一起去，他去银行里提出所有存款。

我完全不记得到莫斯科的过程。抵达莫斯科后，我们问看到的第一个警察:"切尔诺贝利消防员被安置在哪里?"

他马上就说:"休金斯格站的六号医院。"

我们有点惊讶,之前大家都吓唬我们,说那是最高机密。

那是专门治疗辐射的医院,要有通行证才进得去。我给门口的女人一些钱,她说:"进去吧。"接着又求了另一个人,最后才坐在放射科主任安格林娜·瓦西里耶芙娜·古斯科瓦的办公室。不过当时我不知道她的名字,我只知道我必须见她。她劈头盖脸就问:"你有没有小孩?"

我该怎么回答?我知道我绝不能说出我怀孕了,否则他们不会让我见他!还好我很瘦,看不出有身孕。

"有。"我说。

"几个?"

我心想,我要告诉她两个,如果只说一个,她不会让我进去。

"一男一女。"

"所以你不必再生了。好吧,他的中枢神经系统完全受损,头骨也完全受损。"

我心想,喔,所以他可能有点烦躁。

"还有,如果你哭,我就马上把你赶出去。不能抱他或亲他,甚至不能靠近他,你有半个小时。"

但我知道我不会走,除非我和他一起离开,我对自己发誓!我走进去,看到他们坐在床上玩牌、嬉笑。

"瓦西里!"他们叫。

他转过身看了我一眼,说:"好啦,没戏唱了!连在这里她都找得到我!"

他穿四十八号的睡衣,看起来很滑稽,他应该穿五十二号。袖子太短,裤子太短,不过他的脸不肿了。他们都在打点滴。

我问:"你想跑去哪里?"

他要抱我。

医生阻止他。"坐下,坐下,"她说,"这里不能拥抱。"

我们后来把这些当成笑话来说。其他房间的人也来了,所有从普利彼特搭专机到莫斯科的二十八个人都聚集过来。"现在怎么样了?""城里情况如何?"我说他们开始疏散所有居民,整座城市会在三到五天内清空。大家都没

科学技术的双刃剑效应

说话，这些人里有两个女的，其中一个哭了起来，发生意外时她在电厂值班。

"天啊！我的孩子在那里，他们不知道怎么样了？"

我想和他独处，哪怕只有一分钟。其他人察觉出来了，于是陆续找借口离开。我拥抱、亲吻他，但是他移开。

"不要离我太近，去拿张椅子。"

"别傻了。"我不理他。

我问："你有没有看到爆炸？发生了什么事？你们是最早到现场的人。"

"可能是蓄意破坏，有人引爆，大家都这么认为。"

当时大家都那样说，以为有人蓄意引爆。

第二天他们躺在自己的病房里，不能去走廊，也不能交谈。他们用指节敲墙壁，叩叩，叩叩。医生解释说，每个人的身体对辐射的反应都不一样，一个人能忍受的，另一个也许不行。他们还测量病房墙壁的辐射量，包括右边、左边和楼下的病房，甚至撤离所有住在楼上和楼下的病人，一个也不剩。

我在莫斯科的朋友家住了三天，他们一直说："你拿锅子，拿盘子去啊，需要什么就拿。"我煮了六人份的火鸡肉汤，因为当晚执勤的消防员有六个：巴舒克，克比诺克，堤特诺克，帕维克，堤斯古拉。我帮他们买牙膏、牙刷和肥皂，医院都没有提供，还帮他们买了小毛巾。

现在回想起来，朋友的反应让我很诧异。他们当然担心，怎么可能不担心？但即使传言都出现了，他们还是说："需要什么尽管拿！他情况怎么样？他们还好吧？能不能活下去？"活下去……（沉默）

我当时遇到很多好人，有些我都忘了，不过我记得一位看门的老太太教我："有些病是治不好的，你只能坐在旁边照顾他们。"

我一大早去市场买菜，然后就到朋友家熬汤，所有食材都得磨碎。有人说："帮我买苹果汁。"我就带六罐半升的果汁过去，都是六人份！我赶到医院，在那里待到晚上，然后又回城市的另一端。我还能撑多久？三天后，他们说我可以住进医院的员工宿舍。真是太棒了！

"但是那里没有厨房，我怎么煮饭？"

"你不用煮了，他们没办法消化。"

他开始变了，每一天都判若两人。灼伤开始在外表显露，他的嘴巴、舌头、脸颊，一开始是小伤口，后来愈变愈大。白色薄片一层层脱落……脸的颜色……他的身体……蓝色……红色……灰褐色。那些都是我的回忆！无法用言语形容！无法以文字描述！甚至至今无法释怀。唯一拯救我的是一切发生得太快，根本没时间思考，没时间哭泣。

我好爱他！我以前不知道自己有多爱他！我们才刚结婚，走在街上，他会抓着我的手把我转一圈，不停吻我，路人都对我们微笑。

那是收容严重辐射中毒的医院。十四天，一个人在十四天内死掉。

住进宿舍的第一天，他们测量我有没有辐射。我的衣服、行李、皮包、鞋子都是"热"的，他们当场全部拿走，包括内衣裤，只留下钱。他们给了我一件医院的袍子作为交换——尺寸是五十六号，还有一双四十三号的拖鞋。他们说衣服也许会还我，也许不会，因为那些衣服很可能"洗不干净"。我穿着袍子去看他，他吓一跳，说："女人，你是怎么回事？"

我还是想办法帮他熬汤，我用玻璃罐煮水，放进很小块的鸡肉。后来忘了是清洁妇还是守卫给了我锅子，也有人给我砧板，让我切香芹。我不能穿医院的袍子去市场，所以他们替我带蔬菜。可是一切都是白费功夫，他没法喝东西，连生鸡蛋都吞不下去。不过我还是想让他吃点好的，好像那还是有差别似的。

我跑到邮局说："小姐，我要打电话给在伊凡诺·福兰克夫斯克的父母。立刻！我先生快死了。"

他们立刻明白我从哪里来，知道我先生是什么人，马上帮我接通了电话。我的父亲、妹妹和弟弟帮我带了行李和钱，当天就飞到莫斯科。那天是五月九日，他过去常对我说："你不知道莫斯科有多美！尤其是到了胜利纪念日，会放焰火，真希望你能看到。"

我坐在病房里，他睁开眼睛问："现在是白天还是晚上？"

"晚上九点。"

"打开窗户！他们要放焰火了！"

我打开窗户。我们在八楼，整座城市都映入我们的眼帘！一束火花在空中绽放。

"你看！"我说。

"我说过我会带你来莫斯科，而且逢年过节都会送你花。"

他从枕头下拿出三朵他拜托护士帮忙买的康乃馨。

我跑过去吻他："我好爱你！我只爱你一个！"

他开始咆哮："医生是怎么说的？不能抱我和亲我！"

他们不让我抱他，可是我……我扶他坐起，帮他铺床，放温度计，拿餐盘，整晚待在他身边。

有一天，我突然觉得天旋地转，连忙抓住窗台，还好是在走廊，不是在房间。一名经过的医生扶住我的手臂，接着突然问："你是不是怀孕了？"

"没有，没有！"我好怕有人听到。

"不要说谎。"他叹了口气。

第二天我被叫到主任办公室。"你为什么骗我？"她问。

"我没办法，如果告诉你实情，你会叫我回家。那是神圣的谎言！"

"看看你干了什么好事？"

"但是我要和他在一起……"

我一辈子感激安格林娜·瓦西里耶芙娜·古斯科瓦。一辈子！其他人的妻子也来了，但是她们不能进医院，只有他们的母亲和我在一起。

沃洛佳·帕维克的妈妈不停祈求上帝："拿我的性命和他交换。"

负责骨髓移植手术的美国人盖尔医生安慰我："有一点希望，虽然希望不大，但是仍有一线生机，因为他们都还年轻力壮！"

他们通知他所有的亲戚，他的两个姐妹从白俄罗斯过来，在列宁格勒当兵的弟弟也来了。年纪较小的妹妹娜塔莎才十四岁，她很害怕，一直哭，可是她的骨髓是最合适的。（沉默）我现在可以讲这件事，之前没办法，我十年没讲这件事了。（沉默）

他得知他们打算取小妹的骨髓时断然拒绝，他说："我宁可死掉。她那么小，不要碰她。"

他的姐姐柳达当时二十八岁，是护士，很了解移植骨髓的过程，但是她愿意移植，她说："只要他能活下去。"

我透过手术室的大窗观看手术过程。他们躺在并排的手术台上，手术一共历时两小时。结束之后，柳达看起来比他还虚弱。他们在她胸前刺了十八个洞，麻药几乎退不掉。她从前是健康漂亮的姑娘，现在却体弱多病，一直没结婚。我在他们的病房间穿梭，他不再住普通病房了，而是住特殊的生物室，躺在透明帷幕里，没有人可以进去。

他们有特殊仪器，不用进入帷幕就可以帮他注射或放置导管。帷幕用魔术贴粘着，我把帷幕推到旁边，走到里面，坐在床边的小椅子上。他的情况变得很糟，我一秒钟都离不开他。他一直问："露德米拉，你在哪里？小露！"一直问。

其他生物室的消防员都由士兵照顾，勤务工因为没有防护衣物，所以拒绝照顾他们。那些士兵端卫生器皿，擦地，换床单，什么都做。他们从哪里找来那些士兵？我们没问。但是他……他……我每天都听到："死了，死了，堤斯古拉死了，堤特诺克死了。"死了，死了，就像大锤敲在我的脑袋上。

他一天排便二十五到三十次，伴随着血液和黏液。手臂和双腿的皮肤开始龟裂，全身长疮。只要一转头，就可以看到一簇头发留在枕头上。我开玩笑说："这样很方便，你不需要梳子了。"

不久他们的头发都被剃光，我亲手替他剃，因为我想为他做所有事。如果可以的话，我会一天二十四小时都待在他身边，我一刻也闲不下来。（沉默许久）

我弟弟来了，他很害怕地说："我不让你再进去！"

但是我父亲对我弟弟说："你以为你能阻止她吗？她不是从窗户，就是从逃生口爬进去！"

我回到医院，看到床边桌上摆了一颗橙子，很大，粉红色的。他微笑着说："我的礼物，拿去吧。"

护士在帷幕外对我比手势说不能吃。已经摆在他身边好一阵子了，所以不但不能吃，甚至连碰都不该碰。

"吃啊，"他说，"你喜欢吃橙子。"

我拿起那颗橙子，他闭上眼——他们一直替他注射，让他入睡。护士惊恐地看着我。而我呢，我只希望尽可能让他不想到死亡，不去管他会不会死得很惨，或是我怕不怕他。我记得当时有人说："你要知道，那不是你的丈夫了，不是你心爱的人了，而是有强烈辐射、严重辐射中毒的人。你如果没有自杀倾向。就理智一点。"

我发狂似地说："但是我爱他！我爱他！"

他睡觉时，我轻声说："我爱你！"走在医院中庭："我爱你。"端着托盘："我爱你。"我记得在家的时候，他晚上都要牵我的手才睡得着。他习惯一整夜握着我的手睡觉，所以在医院里我也牵着他的手不放。

有一天晚上，万籁俱寂，四周只剩下我们。他专注地看着我，突然说："我好想看我们的孩子，不知道他好不好。"

"我们要替他取什么名字？"

"你自己决定。"

"为什么我自己决定？我们有两个人。"

"这样的话，如果是男孩，就叫瓦西里；如果是女孩，就叫娜塔莎。"

我当时不知道自己有多爱他！他……只有他。我就像瞎了眼一样！甚至感觉不到心脏下面小小的心跳，尽管那时我已经有六个月身孕，我以为宝宝在我身体里很安全。

医生不知道我晚上在生物室陪他，是护士让我进去的。起初他们求我："你还年轻，为什么要这样？他已经不是人了，是核子反应器，你只会和他一起毁灭。"

但我像小狗一样在他们身旁打转，到门口站好几个小时，不断恳求，最后他们说："好吧！不管你了！你不正常！"

早上八点，医生开始巡房前，护士会在帷幕外喊："快跑！"我就去宿舍待一个小时。上午九点到晚上九点，我有通行证。我的小腿肿胀，变成蓝色，我实在累坏了。

他们趁我不在的时候帮他拍照，没有穿任何衣服，赤裸裸的，只盖一小片薄布。我每天替他换那片布，上面都是血。我把他抬起来，他的皮肤粘在我手上。我告诉他："亲爱的，帮我一下，你自己用手臂或手肘尽可能撑着，我帮你理顺床单，把皱的地方弄平。"

床单只要稍微打结，他的身上就会出现伤口。我把指甲剪得短到流血，才不会不小心割伤他。没有护士接近他，他需要什么都会叫我。

他们替他拍照，说是为了科学。我放声大叫，把他们推走！捶打他们！他们怎么敢这样做？他是我一个人的——是我的爱，真希望可以永远不让他们接近他。

我离开房间，走向走廊的沙发，因为我没看到他们。

我告诉值班护士："他要死了。"

她对我说："不然呢？他接受了一千六百伦琴的辐射。四百伦琴就会置人于死地，你等于坐在核子反应炉旁边。"

都是我的……我的爱。他们都死掉之后，医院进行"大整修"，刮掉墙壁，挖开地板。

到最后……我只记得零星的片段。

有一天晚上，我坐在他身旁的小椅子上。晚上八点钟，我跟他说："我去散个步。"他睁开眼睛又闭上，表示他听到了。

我走到宿舍，躺在地板上，我没办法躺在床上，全身都好痛。

清洁妇敲我的门说："快去找他！他像发疯一样一直叫你！"

那天早上唐雅·克比诺克拜托我："陪我去墓园，我没办法自己一个人去。"

维佳·克比诺克和沃洛佳·帕维克要下葬了，他们是我和瓦西里的朋友，我们和他们两家很要好。爆炸前一天，大家在消防局合拍了一张照片，我们的丈夫都好英俊！好开心！那是另一种生活的最后一天，我们都好快乐！

我从墓园回来后，马上打电话到护理站问："他怎么样？"

"他十五分钟前死了。"

什么？我整晚都待在那里，只离开三个小时！

我对着窗户大叫："为什么？为什么？"我朝天空大喊，整栋楼都听得到，但是没有人敢过来。然后我想：我要再看他一眼！我跑下楼，看到他还在生物室，他们还没把他带走。

他临终前最后一句话是："露德米拉！小露！"护士告诉他："她只离开一下子，马上回来。"他叹了口气，安静下来。我后来再也没有离开他，一路陪他到墓地。虽然我记得的不是坟墓，是那只大塑料袋。

他们在太平间问我："想不想看我们替他穿什么衣服？"

当然想！他们替他穿制服，戴消防帽，可是没法穿鞋，因为他的脚太肿了。他们也必须把衣服割开，因为没有完整的身体可以穿，全身都是⋯⋯伤口。

在医院的最后两天——我抬起他的手臂，感觉骨头晃来晃去的，仿佛已经和身体分离。他的肺和肝的碎片都从嘴里跑出来，他被自己的内脏呛到。我用绷带包着手，伸进他的嘴里，拿出那些东西。我没办法讲这些事，没办法用文字描写，觉得好难熬。都是我的回忆，我的爱。

他们找不到他可以穿的鞋子，只好让他光着脚下葬。他们当着我的面，把穿着制服的瓦西里放进玻璃纸袋，再把袋口绑紧，放入木棺，然后又用另一层袋子包住木棺。玻璃纸袋是透明的，厚得像桌布，最后他们把所有东西塞进铅制棺材里，只有帽子放不进去。

他的父母和我的父母都来了，他们在莫斯科买了黑色手帕。特别委员会召见我们，他们的说辞都一样："我们不可能交出你丈夫或你儿子的遗体，他们都有强烈辐射，要用特别的方式——密封的铅制棺材，上面盖水泥砖——安葬在莫斯科公墓，所以你们要签这份文件。"

如果有人抗议，说想把棺木带回家，他们会说，死者是英雄，不再属于他们家了，他们是国家的英雄，属于国家。

几个军人和我们坐上灵车，包括一名上校和他的手下，他们遵照指令行事。我们在莫斯科环城公路绕了两三个小时，又回到莫斯科，他们说："现在不能让任何人进入墓园，墓园被外国记者包围了，再等一下。"

两家父母都没有说话，妈妈手里拿着黑色手帕。我觉得自己快昏过去了："他们为什么要躲躲藏藏？我的丈夫是什么？杀人犯？罪犯？我们要埋葬什么人？"

妈妈摸摸我的头说："女儿，安静，安静。"

上校说："我们进墓园吧，妻子歇斯底里了。"

我们到了墓园，那些士兵负责抬棺木和包围、护送我们，只有我们可以进去。他们不到一分钟就用土盖好棺木，上校在旁边大喊："快一点！快一点！"他们甚至不让我拥抱棺木。接着我们就被送上巴士，整个过程都是偷偷摸摸的。

他们马上帮我们买好回程机票，第二天就出发。从头到尾都有便衣军人跟着我们，不让我们离开宿舍购买旅途要吃的食物，也不让我们，尤其是我，和别人交谈，好像我当时有办法说话一样，其实我连哭都哭不出来。

离开时，值班女工清点物品，她当着我们的面，叠好毛巾和床单，放进聚乙烯袋，很可能准备拿去烧掉。我们支付宿舍费用。十四个晚上，那是治疗辐射中毒的医院，十四个晚上，一个人在十四天内死掉。

回家后，我一走进屋子就跌到床上，整整睡了三天。救护车来了，医生说："她会醒的，只是睡了一场可怕的觉。"

我当年二十三岁。

我记得，我梦到死去的奶奶穿着下葬时的衣服来找我，我看到她在装饰新年树，便问："奶奶，为什么我们有新年树？现在是夏天。"

她说："因为你的瓦西里马上要来找我。"

他在森林里长大，我记得那场梦——瓦西里穿着白袍，呼唤着娜塔莎——我们还未出世的女儿。在梦里她已经长大了，瓦西里把她抛向天空，两人笑成一团。我看着他们，想到：幸福真的好简单。我在梦里和他们在水边一直

走。他很可能是叫我不要悲伤，这是他从天上给我的暗示。（沉默许久）

两个月后我去莫斯科，从火车站直奔他身边！我在墓园里对他说话时，突然开始阵痛，他们替我叫救护车。帮我接生的就是安格林娜·维西里耶芙娜·古斯科瓦。她之前就告诉我："你要来这里生小孩。"离预产期还有两个礼拜。

他们把她抱来给我看——是女孩。我唤她："小娜塔莎，爸爸替你取的名字。"

她看起来很健康，四肢健全，但是她有肝硬化，肝脏有二十八伦琴的辐射，还有先天性心脏病。四小时后，他们告诉我她死了，又是同一套说辞："我们不会把她交给你。"

不把她交给我是什么意思？是我不把她交给你们！你们要拿她去研究。我恨你们的科学！我恨科学！（沉默）

我一直讲错话……我中风后不该大叫的，也不应该哭，所以我才一直说错话。但是我要讲一件没人知道的事——他们带来一只小木盒，告诉我："她在里面。"

我看了看，她被火化了，变成骨灰。我哭着要求："把她放在他的脚边。"

墓园里没有娜塔莎·伊格纳坚科的墓碑，只有他的名字。她还没有名字，什么也没有，只是一个灵魂，我埋葬在那里的是一个灵魂。

我每次都带两束花去，一束给他，另一束摆在角落的是给她的。我跪在地上，绕着坟墓爬，一定用跪的。（开始语无伦次）我杀了她……我……她……救了，我的小女儿救了我，她吸收了所有辐射，就像避雷针。她那么小，好小。（她呼吸困难）她救了……可是我好爱他们，因为……因为你不能用爱杀人，对不对？那么浓烈的爱！为什么爱情和死亡会并存，谁能解释给我听？我跪在地上，绕着坟墓爬……（她沉默了很久）

他们给我一间基辅的公寓，在一栋大楼里，所有核电厂的人都被安置在那里。公寓很大，有两间房，是瓦西里和我梦寐以求的那种，可是我住在里面都快疯掉了！

我再婚之后，把所有事情告诉了我的先生，一切真相——我有一个很爱的人，我一辈子爱他。我把所有事情都告诉他，我们虽然见面，但是我从来没有邀请他到我家，因为那是瓦西里的家。

我在糖果店上班，一边做蛋糕一边流眼泪，我没有哭，眼泪却一直流。

我后来生了一个儿子，叫安德烈，小安德烈。

我的朋友阻止我："你不能生小孩。"

医生恐吓我："你的身体无法承受。"

后来他们说，他会少一只手，说仪器显示他没有右手臂。

"那又怎样？"我心想，"我可以教他用左手写字。"

可是他出生时完好无缺，是个漂亮的男孩，学业成绩优异。现在我有一个让我可以活下去和呼吸的人了，他是我的希望。他什么事都懂，他问我："妈妈，如果我去奶奶家两天，你能呼吸吗？"

不能，我生怕有一天我不得不离开他。

有一次我们在街上走，我突然跌到地上。那是我第一次中风，就在大街上。

"妈妈，你要喝水吗？"

"不用，你只要站在我旁边不要乱跑就行。"

我抓住他的手臂，不记得后来发生了什么事，只知道我被送到医院。我抓他抓得太用力，医生几乎无法把我拉开，他的手臂瘀青了好久。现在我们出门，他会说："妈妈，不要抓我的胳膊，我不会乱跑。"

他也生病了，两个礼拜在学校，两个礼拜待在家里看医生，这就是我们的生活。（她站起来，走到窗边）

这里有很多像我们一样的人，整条街都是，这里就叫切尔诺贝利区。

那些人一辈子都在核电厂工作，当中不少人还会去那里打工，现在没有人住那里了，都是以兼差的方式工作。那些人体弱多病，却没有离开工作岗位，他们甚至不敢想象，如果反应炉关闭了，还有什么地方需要他们？很多人突然死掉——走路走到一半，倒在地上，睡着后永远醒不过来；带花给护士时，心脏突然停止跳动。一个接一个死掉，但是没有人来问我们经历了什么、看到了什么，没有人想听和死亡或恐惧有关的事。

但是我告诉你的故事是关于爱情，关于我的爱……

——露德米拉·伊格纳坚科，

已故消防员瓦西里·伊格纳坚科的遗孀

阅读思考：为什么作者会说"我觉得自己像是在记录着未来"？

《物理学家》剧本节选[①]

迪伦马特

迪伦马特，著名瑞士剧作家，小说家。此文选自其最有代表性的话剧剧本《物理学家》。该剧是在二战结束前美国对日本使用原子弹的背景下，人们开始反思科学家的作用，场景被虚构于一所精神病院中，做出重大发现并装疯进入精神病院的物理学家默比乌斯，与为窃取其成果而追踪至精神病院的两个间谍的精彩对话。其中多有发人深省之处。

牛顿　吃什么啦？

默比乌斯不语。

牛顿　（把汤盆盖子打开）尕猪肝丸子汤。（他揭开桌上的其他饭菜）烤仔鸡，煎嫩牛排，难得吃到的珍馐。自从别的病人转到新楼以来，平时晚饭我们吃得都很简单。（他喝起汤来）不饿吗？

默比乌斯沉默不语。

牛顿　明白啦。我的护士死了以后，我也不想吃东西。

他坐下吃尕猪肝丸子。默比乌斯站起来，想回他的房间去。

牛顿　你留下。

默比乌斯　什么事，艾萨克爵士？

牛顿　我得跟您谈一谈，默比乌斯。

默比乌斯　（停下来）谈什么呢？

牛顿　（指着桌上的菜）看来您不想尝一尝尕猪肝丸子汤？它味道可鲜哪。

默比乌斯　不想尝。

---

① [瑞士]迪伦马特.老妇还乡——迪伦马特喜剧选[M].北京：外国文学出版社，2002.

牛顿　亲爱的默比乌斯，我们不再由女护士护理了，我们由男看护们——几条彪形大汉——监视着。

默比乌斯　这是起不了任何作用的。

牛顿　对于您也许是这样，默比乌斯。您显然想要在精神病院里过一辈子。但是，它对我是起作用的，我是想出去的。（他吃罢余猪肝丸子）喏，让我们开始吃烤仔鸡吧。（他动手吃）看护们迫使我采取行动，就在今天。

默比乌斯　这是您的事情。

牛顿　不完全是。说句实话，默比乌斯，我没有疯。

默比乌斯　当然没有疯啰，艾萨克爵士。

牛顿　我不是艾萨克·牛顿爵士。

默比乌斯　我知道。您是阿尔伯特·爱因斯坦。

牛顿　傻瓜。也不是像这里大家所认为的，是什么赫伯特·格奥尔格·博伊特勒。我的真实名字叫基尔顿，我的年轻人。

默比乌斯　（震惊地凝视着他）亚历克·贾斯帕·基尔顿？

牛顿　对。

默比乌斯　相应论的创始人？

牛顿　正是。

默比乌斯　（走到桌旁）您是咋进这里来的？

牛顿　我以装疯的办法进来的。

默比乌斯　为了……侦破我？

牛顿　为了探知您疯的背景。我地道的德语就是在我们的情报机关的所在地学会的。这是一种可怕的工作。

默比乌斯　而由于可怜的多罗特娅护士看出了真相，您就……

牛顿　对，我就那样做了。这件事使我再难过没有了。

默比乌斯　可以理解。

牛顿　命令毕竟是命令啊！

默比乌斯　那当然啰！

牛顿　我没有别的办法。

默比乌斯　当然没有。

牛顿　我的使命就是完成我们情报机关的最机密任务，现在它发生了问题，为了避免使人怀疑，我不得不杀人。多罗特娅护士不再认为我是疯子，主任女医生认为我病情并不严重。这就需要通过一起凶杀来最后证明我精神错乱。您哪，这烤仔鸡可实在是好吃极了。

　　2号房间传来爱因斯坦拉提琴的声音。

　　默比乌斯　听，爱因斯坦又在拉提琴了。

　　牛顿　巴赫的加伏特舞曲。

　　默比乌斯　他的饭菜都凉了。

　　牛顿　您让这疯子安安静静地拉下去吧。

　　默比乌斯　您想威胁我？

　　牛顿　我无限尊敬您。如果迫不得已对您采取断然措施，那会使我感到难过。

　　默比乌斯　您的任务是来绑架我的？

　　牛顿　假如我们的情报机关对您的猜疑得到证实的话。

　　默比乌斯　什么怀疑？

　　牛顿　通过一个偶然的机会，我们发现您是当代最有天才的物理学家。

　　默比乌斯　我是个严重的精神病患者，不足道啊，基尔顿。

　　牛顿　我们的情报机关对此有不同的看法。

　　默比乌斯　那么您对我是怎样想的呢？

　　牛顿　我毫不含糊地认为您是有史以来最伟大的物理学家。

　　默比乌斯　那么，您的情报机关是怎样找到我的踪迹的呢？

　　牛顿　通过我。我偶尔读到您的一篇关于新物理学基础的学术论文。起初我把它当作一种消遣。后来我眼前豁然开朗。我面前的这篇论文原来是近代物理学方面最有天才的文献。我开始探索它的作者：但搞不下去。接着我把这情况报告给情报机关，他们继续搞下去了。

　　爱因斯坦　您不是这篇论文的唯一读者，基尔顿。（他腋下夹着提琴，手里拿着弓弦，悄悄地从2号房间出来）其实我也没有疯。我可以自我介绍一下吗？我也是物理学家，一个情报机关的成员。但是是一个与众不同的情报机关的成员。我的名字是约瑟夫·艾斯勒。

　　默比乌斯　艾斯勒效应的发现者？

　　爱因斯坦　正是。

　　牛顿　1950年失踪了。

　　爱因斯坦　自愿的。

牛顿（突然拔出一支手枪）艾斯勒，我可不可以请您把脸转过去，对着墙壁？

爱因斯坦　当然可以啰。（他若无其事地缓步向壁炉走去，把提琴放在炉台上，然后霍地转过身来，手里握着一支手枪）我最友好的基尔顿，我想，由于我们俩都很善于使用武器，所以我们还是尽可能避免一次决斗好，您不这样认为吗？我愿意把我的勃郎宁手枪放在一边，假如您也把您的科尔特手枪……

牛顿　同意。

爱因斯坦　放到炉栅后头，跟白兰地一起，免得看护突然出现。

牛顿　很好。

两人把手枪放到炉栅后头。

爱因斯坦　您把我的计划打乱了，基尔顿，我曾经真的以为您疯了呢。

牛顿　您可以自慰，我也曾认为您疯了。

爱因斯坦　有些事根本搞得不好，比如今天下午发生的伊雷尼护士的事。她起了怀疑，于是就对她判了死刑。这件事使我极为难过。

默比乌斯　可以理解。

爱因斯坦　命令毕竟是命令啊。

默比乌斯　那还用说。

爱因斯坦　我没有别的法子可想。

默比乌斯　当然没有。

爱因斯坦　我的使命就是完成我的情报机关的最机密任务，它也发生了问题。让我们坐下好吗？

牛顿　我们坐下吧。

他坐在桌子左边，爱因斯坦在右边。

默比乌斯　艾斯勒，我估计您也是想逼迫我……

爱因斯坦　您说哪里话，默比乌斯。

默比乌斯　……说服我到贵国去。

爱因斯坦　我们毕竟也把您当做最伟大的物理学家。但我现在很想吃这顿晚餐。这是最纯洁的刽子手的盛宴。（他喝汤）胃口还一直不好，默比乌斯？

默比乌斯　是啊，很突然，就在现在，在你们探出我的底细的现在。（他

紧挨着桌子坐在两个人的中间，和他们一起喝起汤来）

牛顿　要不要来杯勃艮第酒，默比乌斯？

默比乌斯　请斟吧。

牛顿　（斟酒）我来吃煎嫩牛排。

默比乌斯　您不必客气。

牛顿　吃吧。

爱因斯坦　吃。

默比乌斯　吃。

他们正在吃，三个看护从右边出来：看护长手里拿着笔记本。

看护长　患者博伊特勒！

牛顿　有。

看护长　患者埃内斯蒂！

爱因斯坦　有。

看护长　患者默比乌斯！

默比乌斯　有。

看护长　我是看护长西弗斯，这两位是：看护穆里洛，看护麦克阿瑟。（他把笔记本放回去）奉当局的指示，首先要采取一定的安全措施。穆里洛，上窗格子。

穆里洛把窗子上面备用的窗格子放下来。屋子里一下子就形成了一种牢房的气氛。

看护长　麦克阿瑟，上锁。

麦克阿瑟把窗格子锁上。

看护长　先生们，今夜还有什么要求吗？患者博伊特勒？

牛顿　没有。

看护长　患者埃内斯蒂？

爱因斯坦　没有。

看护长　患者默比乌斯？

默比乌斯　没有。

看护长　先生们，我们告辞了，晚安。

三个看护下。场上寂静。

爱因斯坦　一群畜生。

牛顿　花园里还有些彪形大汉在监视呢。我早就从我的窗口注意到他们了。

爱因斯坦　（站起来端详窗格子）很牢固。有一把专门的锁。

牛顿　（走向他的房间，推开门，朝里看了看）在我的窗上一下子也上了窗格子，就像施了魔法似的。

他打开后头另两个房间的门。

牛顿　艾斯勒的窗子也一样。还有默比乌斯的。（他走向右边的门）锁上了。

他又坐了下来。爱因斯坦也坐下。

爱因斯坦　被捕了。

牛顿　合乎逻辑。我们和我们的护士们一道成了牺牲品。

爱因斯坦　现在我们只有共同行动，才能离开疯人院。

默比乌斯　我才不愿意逃走呢。

爱因斯坦　默比乌斯……

默比乌斯　我认为没有丝毫的理由要逃走，恰恰相反，我对我的命运很满意。

沉默。

牛顿　我可对此不感到满意。这是一个相当重要的关头，您不觉得吗？我尊重您个人的感情。但您是一个天才，并且是作为全人类的财富而存在的。您突入了物理学的一些领域，但是科学并没有跟你订立典当的契约。对于我们这些非天才之辈，您也有义务把科学的大门向我们打开。跟我走吧，一年之内，我们准让您穿上燕尾服，把您送到斯德哥尔摩，去接受诺贝尔奖奖金。

默比乌斯　您的情报机关真高尚。

牛顿　我承认，默比乌斯，对我的情报机关产生影响的首先是猜测，认为您也许能够解决万有引力问题。

默比乌斯　是的。

寂静。

爱因斯坦　您这样回答是心安理得的吗？

默比乌斯　不然我到底该怎么说呢？

爱因斯坦　我的情报机关认为，您也许能解决基本粒子的统一论。

默比乌斯 我也可以向您的情报机关告慰，统一的磁场论找到了。

牛顿 （用手巾擦去额上的汗珠）世界公式。

爱因斯坦 笑话。多少薪俸优厚的物理学家，在国立大图书馆里钻研物理，花了好几年工夫毫无所获，而您在疯人院的写字台旁就顺便解决了。（他也用手巾擦去额上的汗珠）

牛顿 那么，默比乌斯，各种可能发明一切的体系呢？

默比乌斯 这也是有的。我出于新奇把它提了出来，作为我的论文的实践性要点。我应该扮演无辜者的角色吗？有所想，就有所得。研究我的空间论和万有引力论可能产生的实际作用，这是我的义务。结果是灾难性的。一旦我的探索被人们掌握，新的、难以想象的能量将释放出来，并将产生一种可以嘲笑任何幻想的技术。

爱因斯坦 这几乎是不可避免的。

牛顿 问题就在于，谁首先掌握它。

默比乌斯 （笑起来）基尔顿，您是希望这一运气属于您的情报局及其后台陆军参谋部？

牛顿 为什么不呢？为了把一位空前伟大的物理学家引回到物理学家的队伍里来，我觉得不论哪个总参谋部都是值得尊崇的。

爱因斯坦 对我来说，只有我的总参谋部才是值得尊崇的。我们向人类提供强大的实力手段。这给了我们提出条件的权利。我们必须抉择：我们的科学为谁的利益服务，我已经做出抉择了。

牛顿 扯淡，艾斯勒。这涉及我们科学的自由，仅此而已。我们得从事开拓性的工作，除此以外还有什么呢？至于人类会不会去走我们为之开辟的道路，这是他们的事情，与我们无关。

爱因斯坦 基尔顿，您是一个可怜的唯美论者。如果您的问题仅仅是要求科学的自由，那么您为什么不到我们这边来呢？我们早已不再左右物理学家的行为了。我们也需要做出成绩来。我们的政治制度对于科学也是十分顺从的。

牛顿 艾斯勒，我们两家的政治制度现在得首先顺从默比乌斯。

爱因斯坦 相反，他必将听从我们。我们俩将最终决定他的行动。

牛顿 真的吗？恐怕更多的是，要考虑我们得对自己的行动做出决定。可惜我们的情报机关已经得出同样的看法。如果默比乌斯跟您走，我是无法反对的，因为反对的话您会加以阻止。而如果默比乌斯决心为我们效劳，您也毫无办法。在这里可以选择的是他，而不是我们。

　　爱因斯坦 （庄严地站起来）让我们把手枪拿来吧。

　　牛顿 （也站起来）让我们决斗吧。

　　牛顿从壁炉栅后面取出两支手枪，把爱因斯坦的那支给了他。

　　爱因斯坦 我很遗憾，事情落得个流血的结局。但是我们不得不开枪。互相瞄准，当然还得对着看护人员，迫不得已的时候还要对着默比乌斯。尽管他是世界上最重要的人物，但他的手稿更为重要。

　　默比乌斯 我的手稿？我把它烧掉了。

　　死一般寂静。

　　爱因斯坦 烧掉了？

　　默比乌斯 （窘状）不多一会儿，就在警察来到之前。为了保险起见。

　　爱因斯坦 （爆发出一阵绝望的大笑）烧掉了。

　　牛顿（暴跳如雷）十五年的劳动啊！

　　爱因斯坦 真要叫人发疯。

　　牛顿 人们都知道，我们已经疯了嘛。

　　他们收起手枪，颓丧地坐在沙发上。

　　爱因斯坦 这样一来，我们最终得听您支配了，默比乌斯。

　　牛顿 而且为此我不得不把一个护士勒死，并不得不学习德语。

　　爱因斯坦 这期间我却向人家学拉小提琴，这对一个于音乐一窍不通的人来说真是酷刑啊。

　　默比乌斯 我们吃不下去了？

　　牛顿 没有胃口了。

　　爱因斯坦 可惜这煎嫩牛排。

　　默比乌斯 （站起来）我们是三个物理学家。我们要采取的抉择是物理学家的抉择。我们必须持科学态度。我们不能让观点，而要让逻辑的结论来决定我们的弃取。我们必须设法找到理智的东西。我们不可犯思维性的错误，因为错误的结论必定会导致灾难。出发点是清楚的。我们三个人都有相同的目标，但我们的策略是不同的。目标就是物理学的发展。您，基尔顿，您想保护物理学的自由而拒绝它承担义务。您呢，艾斯勒，您正相反，您要物理学为某一国家的实力政策承担义务。但目前现实情况是怎样的呢？如果要我做出决定的话，我要求给我详细谈谈这方面的情况。

牛顿　有几个最著名的物理学家在等待着您。薪俸和居住条件都很理想，那一带地区气候恶劣，但空调设备是再好不过的。

默比乌斯　这些物理学家都自由吗？

牛顿　亲爱的默比乌斯，这些物理学家都表示要解决对于国防有决定意义的科学问题。因此您务必明白……

默比乌斯　哦，是不自由的。（他转向爱因斯坦）约瑟夫·艾斯勒，您搞实力政策，然而它是要有权力的。您拥有权力吗？

爱因斯坦　您误解我了，默比乌斯。我的实力政策恰恰在于：为了党的利益，我已经放弃了我的权利。

默比乌斯　您能够本着您的责任感左右党吗？或者您正遇到被党左右的危险？

爱因斯坦　默比乌斯！这太可笑了。我当然只能希望党听从我的建议，仅此而已。现在这个时候，没有希望那就无所谓有政治态度了。

默比乌斯　起码，您的物理学家是自由的吧？

爱因斯坦　由于他们也要为国防……

默比乌斯　真怪。向我赞颂的理论各人不同，但人们向我呈示的现实却是一样：一座监狱。因此我宁愿住我的疯人院。这样我至少可以保证不被政治家们所利用。

爱因斯坦　冒一定的风险毕竟是免不了的。

默比乌斯　有的风险是切不可冒：人类的毁灭就是属于这样的风险。世界用它所拥有的武器正在造成什么灾难，这我们是知道的；它用那些我们促使其产生的武器将会招致什么，这我们是能够想象的。我的行动服从于这一观点。我从小就很穷。我有过一个老婆和三个孩子。大学里的名誉曾向我招手，工业界的金钱曾向我眨眼示意。两条路都太危险了。我若是把我的著作发表，其结果可能就是我们科学事业的崩溃和经济结构的解体。责任迫使我走另一条路。我放弃了在科学上飞黄腾达的念头，摒除了在工业中发财致富的想法，并把我的家庭交由命运去安排。我选择了装疯卖傻的办法，假托所罗门国王向我显灵，于是人家把我关进了疯人院。

牛顿　这可解决不了问题啊！

默比乌斯　理智要求这样做。我们在科学上已经到达可知物的界限了。

我们知道了几种可以精确把握的规律，弄清了一些不可理解的现象之间的几种基本关系，这就是一切，剩下的很大部分还是个秘密，智力难于接近。我们已经到达我们所走的道路的尽头。但是人类还没有走到这么远。我们已经打下前哨站，而眼下没有后继者。我们已突入空无一人的地带。我们的科学已经变成恐怖，我们的研究是危险的，我们的认识是致命的。现在摆在我们物理学家面前的唯一出路是向现实投降。我们是不能同现实相抗衡的，它正从我们的身边走向毁灭。我们必须把我们的知识收回来，而我已经把它收回来了。没有别的解决办法，对你们也一样。

爱因斯坦　您这番话想说明什么？

默比乌斯　你们有秘密发报机吧？

爱因斯坦　啊，要这个？

默比乌斯　你们向布置你们任务的上司报告，说你们搞错了，默比乌斯确实是疯了。

爱因斯坦　那我们一辈子就得蹲在这里啦。

默比乌斯　是的。

爱因斯坦　失败了的间谍，再也没有人会理睬他了。

默比乌斯　正是。

牛顿　啊，这样？

默比乌斯　你们必须和我一起待在疯人院里。

牛顿　我们？

默比乌斯　你们两位。

沉默。

牛顿　默比乌斯！您可不能要求我们永远……

默比乌斯　我还保持着秘密身份，这是我唯一的侥幸。只有在疯人院里我还有自由，只有在疯人院里我还可以思想，而在外面，我们的思想却是爆炸品。

牛顿　可我们毕竟没有疯啊。

默比乌斯　然而是杀人犯。

他们惊愕地凝视着他。

牛顿　我抗议！

爱因斯坦　您可不能这样说啊，默比乌斯！

默比乌斯　杀人犯就是杀人犯，而我们都杀人了。我们每个人都曾经有一项使他进院的任务。我们每个人都曾经为了某一个特定目的而杀害了自己的护士。你们杀害护士是为了不致危及你们的秘密使命，而我呢，由于莫尼卡护士信任我，把我当做一个被埋没的天才。她不理解，今天一个天才的义务就是永远让人误解。杀人是比较可怕的事情。我杀了人，这样，一种更为可怕的屠杀就不会发生。现在你们来了。我固然不能除掉你们，但或许能说服你们？我们杀人难道是毫无意义的吗？我们要么牺牲，要么被杀。我们不住疯人院，世界就要变成一座疯人院。我们不在人们的记忆中消失，人类就要消失。

沉默。

牛顿　默比乌斯！

默比乌斯　基尔顿？

牛顿　这所疗养院，这些可怕的看护，这个驼背的女医生！

默比乌斯　怎么啦，他们？

爱因斯坦　他们把我们像野兽似的关着！

默比乌斯　我们是野兽嘛，人家不能让我们到处乱跑，去袭击人类。

沉默。

牛顿　难道真的就没有别的出路了吗？

默比乌斯　没有。

沉默。

爱因斯坦　约翰·威廉·默比乌斯，我是个正直的人。我留下来。

沉默。

牛顿　我也留下来，永远留在这里。

沉默。

默比乌斯　我们这次小小的晤谈机会使世界幸免于难。为此我感谢你们。（他举起酒杯）为哀悼我们的护士们干杯！

他们庄严地站了起来。

牛顿　我为哀悼多罗特娅·莫塞尔干杯。

其余二人　为哀悼多罗特娅护士干杯！

牛顿　多罗特娅！出于迫不得已，我把你作为牺牲品。为了你的爱情，我给了你死亡。我绝不辜负你的心意。

爱因斯坦　我为伊雷尼·施特劳布干杯。

其余二人　为伊雷尼护士干杯！

爱因斯坦　伊雷尼！出于迫不得已，我把你作为牺牲品。现在我要用理智的行动来表彰你，赞美你的献身。

默比乌斯　我为哀悼莫尼卡·施泰特勒干杯。

其余二人　为哀悼莫尼卡护士干杯！

默比乌斯　莫尼卡！出于迫不得已，我把你作为牺牲。我们三位物理学家以你的名义结下了友谊，现在祝福你的爱情。给我们力量吧，让我们作为傻子忠实地保守我们的科学秘密。

他们干杯，把杯子摆在桌上。

牛顿　我们重新变成疯子吧。就让我们化作牛顿的幽灵吧！

爱因斯坦　我们照旧胡拉那些克赖斯勒和贝多芬的乐曲好了。

默比乌斯　我们照旧让所罗门显灵。

牛顿　发疯，但聪明。

爱因斯坦　囚禁，但自由。

默比乌斯　物理学家，但一身清白。

阅读思考：在结尾处，默比乌斯讲，"物理学家，但一身清白"，这是什么意思？